普通高等教育农业农村部“十四五”规划教材

普 通 高 等 教 育“ 十 四 五 ”规 划 教 材
普通高等学校动物科学类专业系列教材

动物营养学实验教程

第2版

郑树贵　主编
袁　缨　主审

中国农业大学出版社
· 北京 ·

内 容 简 介

《动物营养学实验教程》是一本专为动物科学、畜牧学及相关领域的学生和研究人员精心编写的实用教材。本教材旨在通过透彻的理论解析和详尽的实验操作指导，使读者全面理解和掌握动物营养学实验的基本原理和操作要点。本教材内容涵盖广泛，系统地介绍了饲料营养成分分析、动物体内实验和体外实验多个动物营养学实验技术内容。同时，结合现代动物营养学研究的最新动态和趋势，教材中融入了现代动物营养学研究的最新实验方法，使读者能够紧跟学科前沿，掌握最新的研究技术和手段，为未来的学术研究和实践工作奠定坚实的基础。

本教材可作为动物科学、畜牧学和动物营养与饲料科学等相关专业师生的教材，同时也可作为动物营养学领域的科研人员和从业人员的参考书籍。无论是初学者还是具备一定研究基础的专业人士，本教材均能提供丰富实用的知识和技能，为广大读者的科研探索和职业发展提供强有力的支持。

图书在版编目(CIP)数据

动物营养学实验教程 / 郑树贵主编． -- 2 版． -- 北京 : 中国农业大学出版社，2024. 10. -- ISBN 978-7-5655-3288-7

Ⅰ. S816-33

中国国家版本馆 CIP 数据核字第 2024GY6429 号

普通高等教育农业农村部“十四五”规划教材审定编号:NY-1-0193

书　名　动物营养学实验教程　第 2 版
Dongwu Yingyangxue Shiyan Jiaocheng

作　者　郑树贵　主编　　袁　缨　主审

策划编辑　张　程　　　**责任编辑**　翟海汝

封面设计　郑　川　李尘工作室

出版发行　中国农业大学出版社

社　址　北京市海淀区圆明园西路 2 号　　　**邮政编码**　100193

电　话　发行部 010-62733489,1190　　　读者服务部 010-62732336
编辑部 010-62732617,2618　　　出　版　部 010-62733440

网　址　http://www.caupress.cn　　　**E-mail** cbsszs @ cau.edu.cn

经　销　新华书店

印　刷　北京溢漾印刷有限公司

版　次　2024 年 10 月第 2 版　　2024 年 10 月第 1 次印刷

规　格　185mm×260mm　　16 开本　　13.75 印张　　334 千字

定　价　40.00 元

图书如有质量问题本社发行部负责调换

第2版编审人员

主　编　郑树贵（沈阳农业大学）

副主编　王昕陟（沈阳农业大学）
　　　　　芦春莲（河北农业大学）

参　编　（按姓氏笔画排列）
　　　　　任清长（安徽科技学院）
　　　　　张瑞阳（沈阳农业大学）
　　　　　何玉华（吉林农业科技学院）
　　　　　杨　凯（沈阳农业大学）
　　　　　赵　元（吉林农业大学）
　　　　　曹庆云（华南农业大学）
　　　　　潘　珂（江西农业大学）

主　审　袁　缨（沈阳农业大学）

第1版编审人员

主　编　袁　缨（沈阳农业大学）

副主编　赵国先（河北农业大学）
芦春莲（河北农业大学）
兰云贤（西南大学）

参　编　胡忠泽（安徽科技学院）
潘　珂（江西农业大学）
车向荣（山西农业大学）
刘　强（山西农业大学）
武晓红（河南科技大学）

第 2 版前言

《动物营养学实验教程》于 2006 年 8 月出版，迄今已 18 年。其间，我国畜牧业和饲料工业迅猛发展，取得了举世瞩目的辉煌成就。与此同时，动物营养学实验方法不断完善和标准化，新的实验技术与方法不断涌现，为学科的进步提供了强有力的支撑。

随着我国高等教育改革的持续深化，对高等学校的教学质量和人才培养质量提出了更高要求。党的二十大报告明确指出，教育、科技、人才是全面建设社会主义现代化国家的基础性、战略性支撑。在这一时代背景下，教材建设显得尤为重要，它不仅承载着培养新时代高素质人才的重任，更是学科发展前沿和方向的体现。

在这样的背景下，我们启动了《动物营养学实验教程》第 2 版的修订工作。本次修订，我们邀请了沈阳农业大学、河北农业大学、吉林农业大学、江西农业大学、华南农业大学、安徽科技学院和吉林农业科技学院 7 所高校中长期从事动物营养学教学和研究工作的专家参加，收集了多年来师生在使用本教材过程中发现和提出的问题，经过充分讨论，明确了修订原则，编写了修订大纲，并对每一个具体实验内容都进行了深入讨论和反复修改完善。经过一年的努力，完成了修订任务。

本次修订主要依据近年来高等学校动物营养学实验教学大纲的最新要求，充分体现本领域的最新进展，由第 1 版的 19 个实验增加到第 2 版的 33 个实验，旨在满足新形势下动物营养学实验教学的需要。修订内容如下。

一是依据最新的国家标准对第 1 版中的饲料常规成分分析和纯养分分析方法进行更新和完善。

二是根据畜牧业和饲料行业发展需求，在常规成分分析中增加近红外光谱分析方法。在纯养分分析中增加真蛋白质、淀粉、挥发性脂肪酸的测定方法。

三是随着动物营养学的发展，近年提出了标准回肠可消化氨基酸、标准全肠道可消化磷和猪净能等新概念和新营养指标。为体现动物营养学新方法和新技术，在第二章动物体内实验和体外实验部分增加猪饲料标准回肠可消化氨基酸、鸡饲料标准回肠可消化氨基酸、猪饲料标准全肠道可消化磷以及猪饲料净能的测定。

四是近十几年来，反刍动物营养研究方法和技术取得了显著进步。为更好地适应反刍动物营养实验的教学要求，在第 1 版的基础上增加瘤胃饲料营养物质降解率的测定(尼龙袋法)、反刍动物食糜小肠消化率的测定以及放牧家畜采食量的测定。

五是随着动物肠道健康越来越受到动物营养学界的重视，对肠道微生物的研究已经成为动物营养学研究的一个重要内容。为此，在第 2 版中增加动物消化道(瘤胃、小肠和大肠)微生物高通量测序。

六是在动物体外实验中，增加最新的饲料养分体外消化率的测定(模拟口腔-胃-小肠消化实验)和猪饲料营养物质小肠模拟吸收实验。

总之，在本次修订中，我们顺应时代的发展，面向行业需求，以各高校本课程新教学大纲为依据，对第 1 版内容进行更新和标准化，并将动物营养学最新的实验方法和技术引入教材，使教材修订后能够充分反映本学科最新成果和当今技术发展的前沿，满足新形势下人才培养的需求。

本教材可作为动物科学、畜牧学和动物营养与饲料科学等相关专业师生的教材，同时也可作为动物营养学领域的科研人员和从业人员的参考书籍。无论是初学者还是具备一定研究基础的专业人士，本教材均能提供丰富实用的知识和技能，为广大读者的科研探索和职业发展提供强有力的支持。

因时间仓促和编写人员水平所限，书中错误和不妥之处在所难免，敬请广大读者批评指正。

编　者

2024 年 5 月

第1版前言

本教材适用于高等农业院校畜牧、动物科学、动物营养与饲料加工、草业科学、水产养殖等专业的本、专科生和研究生，也可作为科研单位、饲料加工企业以及饲料科技工作者参考用书。

本书结合面向21世纪课程教材《动物营养学》的教学内容，以全国高等农业院校试用教材《家畜饲养学实验指导》(1979年)为基础，由沈阳农业大学、西南大学、河北农业大学、安徽科技学院、江西农业大学、山西农业大学和河南科技大学等7所大学中长期从事动物营养学教学和研究工作的专家和教授编写。编写成员认真负责，为保证教材质量，从教材的编写大纲到每一个实验内容都进行了反复讨论和修改。

为了适应动物生产对动物营养学科和饲料分析检测技术方法研究的更高需求，使学生更好地了解动物营养学科的前沿知识，在编写过程中我们力求反映20世纪90年代以来有关动物营养学中饲料营养价值评定方法的研究进展。虽然现代化分析仪器在这一领域中的应用越来越广泛，但是现代精密仪器的使用，对样品的预处理要求更高，同样对学生分析化学的基本理论知识和操作技能的要求也更加严格。因此本书编写的原则是加强学生基础理论和基本操作技能的训练，培养学生动手能力和基本分析技能。

本书内容包括饲料营养成分分析、畜禽的消化代谢试验和畜禽饲养试验设计三部分。为启发学生思考、扩大知识面，在每个实验的后面都列有思考题，并附参考文献，以便查阅。全书共3章19个实验。

因编者水平有限，书中不足之处，恳请采用这本教材的老师和同学多多提出意见，以便再版修订时进一步完善。

编　者

2006年

使用说明

本教材包括两部分内容：饲料营养成分分析（包括饲料总能的测定）、动物体内实验和体外实验。在学习这些实验内容之前，必须掌握有关的基本理论、基本知识和基本操作技能，包括与实验内容有关的数学、物理、化学知识，分析测试和实验室安全知识，动物生理、生物化学、生物统计与实验设计知识等。

由于动物营养学、生物化学、动物生理学等基础理论科学的发展，动物营养学的研究方法已经融入了现代仪器分析，如气相和液相色谱分析、原子吸收光谱以及分子生物学技术等，这些知识可参考相关的专业书籍。本教材的实验内容是为培养学生掌握上述研究方法的基本技能和积累相关知识而设计的。

动物体内实验和体外实验是研究营养物质在动物体内消化、吸收、代谢和转化为动物产品的最基本方法。在本实验课程中，学生必须独立操作，从而得到系统的技能训练。

一、对动物营养学实验室的要求

在进行动物营养学实验课的教学工作时，应建立两类实验室：一类是营养成分分析实验室，可进行营养成分分析实验内容的教学；另一类是动物体内实验和体外实验室，可进行动物消化代谢实验、饲养实验方面的教学。

二、对学生进行动物营养学实验的要求

（一）如何上好实验课

学生在进行实验之前，必须预习实验课内容，明确实验的目的，掌握有关实验的理论知识；仔细阅读操作步骤，并把准备工作做完（包括准备工作的检查在内）；应清楚地知道要做什么和为什么要这样做；要养成严谨的科学态度，避免忙乱，浪费时间。

在实验室中学生应培养自己具备以下素质。

①在实验开始之前，认真检查实验所需仪器设备及材料是否齐备，然后再开始实验。

②在实验过程中，要有计划地操作并细致认真地观察实验现象，利用间隙时间完成一些零星工作，如洗涤仪器等。

③在实验过程中，要使用清洁的仪器，并保持实验台整洁。

④在实验过程中发现问题时，应先自己试行分析，查找原因，并及时与教师讨论解决。

⑤在实验过程中，要认真记录实验数据，结果计算前必须理解计算公式的原理。

（二）实验报告的要求

在实验过程中，要严格按照操作步骤进行操作，并随时记录观察到的现象和实验数据，不能随便涂改实验数据。实验完毕后应及时对数据进行整理、统计，并将计算结果写成实验报告。

实验报告应具备科学性，书写详尽、文字通顺。实验报告一般应包括下列内容。

①实验日期。

②实验题目。

③实验目的:应清楚扼要地叙述本次实验所要说明的问题。

④操作步骤:应详尽描述实验的操作过程和所观察到的现象,便于在重复此项实验时参考。

⑤结果:应详细记录所得数据,并将计算结果列成表格或绘成曲线,便于做进一步分析与讨论。

⑥分析讨论及结论:应简要概括所得结论,可能时,应与文献资料或课堂学习材料进行比较与分析。

⑦思考题:应简单扼要地回答。

三、动物营养学实验室的基本知识

①实验室需保持清洁整齐,在实验中,必须做好清洁工作。凡是定量、生化分析工作应注意的事项,在本实验工作中都应注意。

仪器药品的放置应有次序,试剂药品应避免洒在桌面或地面上。玻璃仪器每次用过后,应随时洗净、烘干。饲料、粪、尿、血液、乳、肉等材料,在采集样本完毕后,应立即清除。实验室、实验工作服、抹布等要保持清洁整齐。实验完成后,擦净桌面、地面,物归原处后,才能离开实验室。

②使用的玻璃仪器必须清理干净。实验时产生的废液(高温液体冷却后)倒入水槽中,放水冲走;强酸、强碱溶液必须先用水稀释,然后倒入废液缸中,切勿倒入水槽中,以免腐蚀水管。固体物如滤纸、火柴头、残渣及其他废物应投入指定的垃圾桶中,不得投入水槽。

③实验操作过程中要注意人身安全,凡进行可能产生烟雾或有毒、有臭味气体的实验操作,必须在通风橱中进行;要避免与有毒有害气体直接接触。

④使用煤气灯时,应先将火柴划着,一手执火柴进火口,一手慢慢开煤气阀门。切勿先开阀门,而后再点火柴。熄火时,先关闭阀门,火焰自然熄灭。一切按操作规程进行。

使用易燃药品时,如乙醇、丙酮、石油醚、酒精等,应远离明火,以防着火,引起火灾;使用煤气、电炉、酒精灯、液化石油气时,人不得远离。用毕应及时关闭、灭火。使用高温电熔炉时,一般不超过 650 ℃(特殊情况例外),夜间使用时,须有值班人员负责。

实验室中应备有必要的急救箱和灭火器。

⑤使用恒温箱或冰箱时,应注意保持恒温箱或冰箱的严密。取放样本时,须随手轻开轻关,切勿随意开关。在恒温箱或冰箱内存放物品时,必须写清存放人姓名、日期等,以免混淆。

⑥一些精密仪器如分析天平、离心机、分光光度计、氧弹测热计、氨基酸自动分析仪等应有专人负责管理。使用前必须熟悉使用方法,必须在教师指导下严格按操作规程使用。如遇到问题,应随时请教教师,不得任意拆弄。

⑦取用试剂或标准溶液,用毕须立即将原瓶盖严,放回原处。自瓶中取出的试剂如未用尽,切勿倒回瓶内,以免掺混。

⑧配制的试剂,必须贴上标签,注明试剂名称、浓度、配制日期。其他样本瓶上也应贴有明细标签。

⑨进行实验时必须注意节约电、水、试剂、药品等,不要浪费滤纸及其他消耗物品,养成节

约的良好习惯。

⑩不要损坏仪器。遇有仪器损坏时，应立即报告教师，说明情况。遇有任何意外时，应保持冷静，采取应急措施。

⑪在实验室内禁止吸烟。使用电学仪器时应先检查线路是否正确、电压是否相符，用毕立即关闭电源。

⑫管理实验动物必须认真负责，饲喂、清扫等一切工作须按动物实验室要求进行，严格执行交接班制度。

四、分析结果的误差

分析结果得出后，首先要检验是否符合要求，即是否在规定的误差范围内，如果不超出所规定的误差，所得的结果是可靠的；否则是不可靠的，要重新测定。测定项目不同，所用的方法不同，允许的误差也不同。

根据误差的来源可把误差分为两种：系统误差（仪器、试剂、方法、个人误差）和偶然误差（温度、气压、电压偶然变化引起的）。系统误差是决定测定结果准确度的因素，偶然误差是决定精密度的因素。消除系统误差的方法是设置对照实验和空白实验，消除偶然误差的方法是设置 2 次以上的重复。

（一）准确度与误差

准确度是指测定值与真值相接近的程度。准确度的高低用误差来衡量。误差表示测定值（x）或测定值的平均值（$\overline{x}$）与真值（T）之间的差异。准确度有两种表示方法：绝对误差和相对误差。

$$\text{绝对误差}=\text{测定值}(x)-\text{真值}(T)$$

$$\text{相对误差}=\frac{\text{测定值}(x)-\text{真值}(T)}{\text{真值}(T)}\times 100\%$$

误差小，说明测定的准确度高，实验结果好；反之，误差大，说明测定的准确度低，实验结果差。

（二）精密度与偏差

精密度是指用相同方法对同一个试样平行测定几次，所得分析结果彼此间接近的程度，即分析结果重现性好坏的程度。偏差是指测定值偏离算术平均值（$\overline{x}$）的程度，用于表示分析结果的精密度。

$$\text{绝对偏差}(d_i)=\text{个别测定值}(x_i)-\text{平均值}(\overline{x})$$

$$\text{相对偏差}=\frac{\text{个别测定值}(x_i)-\text{平均值}(\overline{x})}{\text{平均值}(\overline{x})}\times 100\%$$

$$\text{平均偏差}(\overline{d})=\frac{|d_1|+|d_2|+\cdots+|d_n|}{n}=\frac{\sum_{i=1}^{n}|d_i|}{n}$$

$$\text{相对平均偏差}=\frac{\overline{d}}{\overline{x}}\times 100\%$$

一般分析中常用平均偏差($\overline{d}$)或相对平均偏差来衡量一组测定值的精密度。

误差和偏差虽有不同的含义,但二者又难以截然区分,即使由许多分析技术水平较高的人员进行多次仔细测定所得的"真实结果",实质上还是一个实测的平均值,用来计算误差,实质上还是偏差。

在一般的分析中通常只做2次平行测定,为简单计,可以用2个数值的相差(绝对相差或相对相差,都不计正、负号)来说明分析结果的符合程度。

$$绝对相差=|分析结果1-分析结果2|$$

$$相对相差=\left|\frac{分析结果1-分析结果2}{平均值}\right|\times100\%$$

目　录

第一章　饲料营养成分分析

饲料和动物粪、尿、食糜及动物产品等的营养成分分析可分为概略养分分析和纯养分分析。概略养分分析一般又称为常规成分分析或近似成分分析，是目前国际上通用的 Weende 系统分析方法。该方法是 1864 年由德国 Weende 实验站的 Henneberg 和 Stohmann 两位科学家创立的，迄今已有 160 年历史。概略养分分析将饲料粗略地分为水分（moisture）、粗蛋白质（crude protein，CP）、粗脂肪（ether extract，EE）、粗纤维（crude fiber，CF）、粗灰分（ash）和无氮浸出物（nitrogen free extract，NFE）六大概略养分，其中每种概略养分都不是单一的营养物质。这种分析方法的优点是操作简单容易，不需要昂贵的仪器设备，可根据近似成分的数量及其互相关系，概略地确定某种饲料的营养价值，并作为进一步分析的基础。概略养分分析的缺点主要是：①粗蛋白质含量是根据氮含量估计的，以氮含量乘以 6.25 换算为粗蛋白质（按蛋白质平均含氮 16%计算）。但很多饲料和动物产品中含有非蛋白质氮，计算结果有一定偏差。②粗纤维的测定方法误差大，不能准确反映植物细胞壁中的纤维素、半纤维素和木质素的含量。③粗脂肪、无氮浸出物也不能真实反映脂类和可溶性糖的含量。④粗灰分含量的分析结果在营养上的意义不大。

随着动物营养研究的快速发展，对饲料和动物粪、尿、食糜及动物产品的营养成分分析提出了更高的要求，所以纯养分分析被广泛采用。纯养分分析包括对饲料中各种氨基酸、脂肪酸、糖类、矿物元素（常量矿物元素和微量矿物元素）、维生素（脂溶性维生素和水溶性维生素）等的分析检测。20 世纪 80 年代以来，一些近代分析仪器和方法已广泛用于纯养分分析，如氨基酸分析仪、原子吸收分光光度计、气相色谱仪、高效液相色谱仪、薄层色谱法、荧光法、紫外光谱法、极谱法等。本章主要介绍概略养分分析和部分纯养分分析的技术和方法，通过学习和掌握这些技术和方法，培养学生动物营养学的基本实验技能。

第一节　饲料样品的采集和制备

实验一　饲料样品的采集

一、目的和要求

饲料样品的采集即采样，是饲料营养成分分析的前提和基础。采样的根本目的是采集具有代表性的样品，通过对样品的理化指标的分析，客观反映受检饲料原料或产品的品质。

本实验要求学生掌握不同种类饲料原料和产品采样的原理和方法。

二、原理

一次提供、发送或接收的特定数量的饲料原料或产品（包括配合饲料、浓缩饲料、精料补充料、添加剂预混合饲料等）称为交付物（consignment）。假定特性一致的某一确定量的交付物称为批或批次。特性的一致性多源于由单一的生产商提供的产品，而且该生产商总是使用相同生产工艺，生产稳定，个体特性遵循正态分布或近似于正态分布。从中抽取样品并用于检验的一定量的交付物称为检验批。从待检验的一批饲料原料或产品中获取一定量具有代表性的样品的过程称为样品的采集，简称为采样。

采样是为了获得能代表同一批饲料原料或产品的部分样品，通过对样品的特性进行分析，所得的结果能代表这批饲料原料或产品该特性的平均值，为饲料工业选择饲料原料、设计饲料配方、控制产品质量及评判生产工艺等提供依据，所以采集的样品必须具有代表性，即能代表这一批饲料原料或产品的总体。

从同一批饲料原料或产品的不同部位、不同深度和广度的某一点采集的样品称为份样(increment)。将采自同一批饲料原料或产品的所有份样合并、混合得到的样品称为总份样(bulk sample)，也称为原始样品或初级样品。

总份样经过连续分取或缩减得到的具有代表性的部分样品，称为缩分样(reduced sample)，也称为次级样品或平均样品。由缩分样进一步分取或缩减得到的能代表整批饲料原料或产品状况，用于实验室分析和检测的样品，称为实验室样品(laboratory sample)。利用实验室样品进行分析检测，最后得出的分析结果即作为整批饲料原料或产品的平均值。采样的基本要求如下。

1. 样品必须具有代表性

检验批饲料原料或产品的容积和质量一般很大，而分析时所用样品仅为其中很小的一部分。采样的正确与否决定样品是否具有代表性，直接影响分析结果的准确性。因此，在采样时，应根据分析要求，遵循正确的采样方法，使采集的样品具有代表性，采样引起的误差降至最低，分析结果能为生产实际所参考和使用。

2. 运用正确的采样方法

正确的采样应该从具有不同代表性的区域随机选取份样，然后把这些份样合并，充分混合成代表整批饲料原料或产品的总份样，然后再从中缩分出缩分样和实验室样品用于分析。采样过程要做到随机、客观，避免受到主观和人为因素的影响。

3. 样品必须有一定的数量

为获得代表整批产品的样品，必须取得足够的份样数和样品量，不同的饲料原料或产品需采集的份样数和样品量主要取决于以下因素。

(1)检验批的批量大小　一般采集的份样数和样品量由检验批饲料原料或产品的量决定。

(2)饲料原料或产品的均匀度　如果原料或产品的均匀度差，应增加份样数，以确保样品的代表性。

(3)饲料原料和产品的水分含量　水分含量高，则采集的样品量应多，以便干燥后的样品量能够满足分析测定的需要；反之，水分含量少，则采集的样品量可相应减少。

4. 防止污染

采样人员应佩戴一次性手套，采集不同样品时要更换手套。利用采样设备在不同饲料原料或产品之间采样时应将设备彻底清理干净，避免交叉污染。

三、仪器设备

(一)采样设备

采样设备种类很多，但必须符合以下要求：第一，采样设备应洁净，对饲料样品无污染，不增加样品中金属元素的含量或引入外来生物或霉菌毒素。采样设备的制造材料不影响产品的品质。第二，采样设备应与饲料的颗粒大小、采样量和产品的物理状态相适应，能够采集饲料原料和产品中任何粒度的物料，无选择性。

固态饲料原料和产品可以利用普通铲子、手柄勺、取样钎、管状取样器、锥形取样器等进行手工采样。运输车载散装饲料可以利用自动扦样机进行自动采样。生产线上的流动产品可以利用机械设备进行间隔采样。流动速度较快的产品可以通过手动控制的机械完成采样。液态或半液态产品可以利用适当大小的搅拌器、长柄勺、取样瓶、取样管和分层取样器等进行手工采样。

1. 管状取样器

管状取样器，也叫作探管，是最常用的采样工具。其规格有多种，有带槽的单管或双管，具有锐利的尖端（图 1-1）。

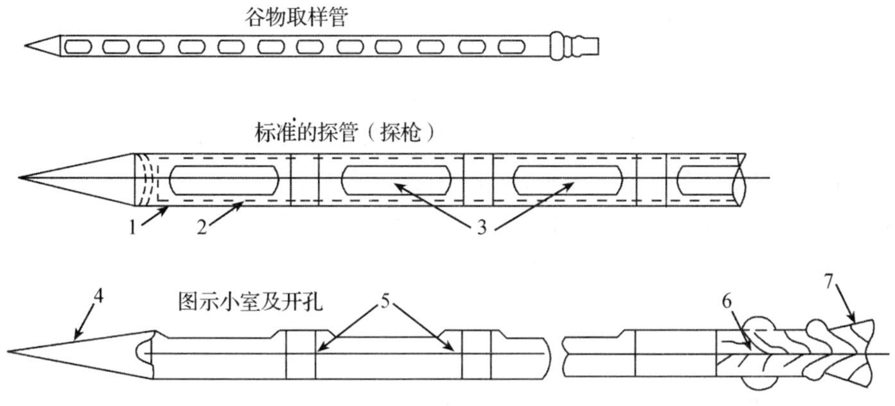

1. 外层套管　2. 内层套管　3. 分隔小室　4. 尖顶端　5. 小室间隔　6. 锁扣　7. 固定木柄

图 1-1　管状取样器（探管）

2. 锥形取样器

锥形取样器一般由不锈钢制成，具有尖头、锥形体和开启的进料口（图 1-2）。

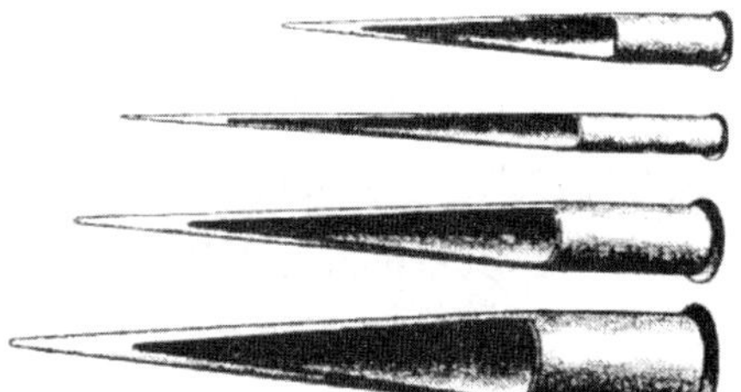

图 1-2　锥形取样器

3. 自动采样设备

自动采样设备包括自动采样器和自动扦样机。

自动采样器可安装在饲料厂的输送管道、分级筛或打包机等处，可以定时、定量采集样品。自动采样器适用于大型饲料企业，其种类很多，可根据物料类型和特性、输送设备等进行选择。

自动扦样机是专门为实现车载散装玉米等谷实类饲料的自动采样而设计的，在自动装置的控制下，可上下、左右和前后移动，能根据设置的取样点自动、灵活地进行采样。

4. 其他采样器

普通铲子、手柄勺（短柄或长柄勺）等是生产中常用的采样器。

(二)样品容器

样品容器和盖子应由防水、不透油的材料,如玻璃、不锈钢、锡纸、塑料等制成,容器应牢固、密闭、防水,最好是圆柱形,广口,容量应与样品量相匹配。对光敏感的饲料样品应选用不透明的容器。固态样品也可使用合适的塑料样品袋。

四、方法和步骤

采样应在不受潮湿空气、灰尘等外来污染影响的环境下进行。如果条件许可,采样可在装货或卸货的过程中进行。对于直接用传送带传送到仓库或筒仓的饲料原料或产品,可在传送过程中采样。如果不能在装货或卸货时采样,可将每批产品堆放好,使采样时可以接近各部位,以便获得具有代表性的样品。

(一)采样的基本步骤

1. 采样前对产品的检查和记录

采样前要仔细检查该批产品是否有问题,核对该批产品的件数、质量(或体积)以及产品标签和标识;检查包装是否完整、有无破损、霉变等;记录产品相关资料,如生产厂家、生产日期、批号、种类、总量、包装堆积形式、运输情况、储存条件和时间等信息。如果产品过于混杂不匀,应将性质相似的部分放在一起,然后将每一部分作为单独的检验批进行采样。

2. 份样和总份样的采集

从生产现场同一批饲料原料或产品的不同部位、不同深度和广度分别采集的样品即为份样,然后将采自同一批饲料原料或产品的所有份样合并、混合即得总份样。最小总份样量由该批次饲料原料或产品的量决定。

3. 缩分样的采集

将总份样经过连续分取或缩减即得到缩分样。缩分样的量为实验室样品的总量,一般最小为 2～4 kg。

4. 实验室样品的采集

缩分样经进一步分取或缩减得到的样品即为实验室样品。一般缩分样可以分为 3 份或 4 份实验室样品,其中 1 份用于分析检测,其余保存以备复检。最小实验室样品量为 0.5～1 kg。如果需要超过 4 份的实验室样品,则需要增加缩分样的量,以满足实验室样品的最低要求。

(二)采样的基本方法

采样的方法随饲料原料或产品的不同而不同,但一般来说,采样的基本方法有 2 种,即几何法和四分法。

1. 几何法

把整堆饲料原料或产品看作近似规则的几何立体,如正方体、长方体、圆柱体、圆锥体等。取样时首先把这个几何立体分成若干体积相等的部分,或在想象中将其分成若干部分。这些部分必须在全体中分布均匀,即不只在表面或只在一个侧面,而是遍布全体的各个部位。从这些部分中取等量的样品即为份样,再把这些份样混合即得总份样。几何法常用于采集总份样。

2. 四分法

将饲料平铺在一张平坦而光滑的方形纸或塑料布、帆布、漆布上，其面积大小依据样品量而定。提起一角，使饲料流向对角，随即提起对角使其流回，然后再依次提起另外两个角，使饲料反复滚动混合均匀。然后将饲料铺平，使之成为等厚的四方形。用铲子尖端或其他适当器具在饲料上沿对角线划一“十”字，将饲料分成四等份，弃去对角的两份。然后将剩余的两份混合，继续按前述方法混合、缩分，直至剩余的饲料量与所需要的样品量接近为止。

对于大量的籽实、粉碎饲料，可先将其在洁净的地板上堆成圆锥体，然后用铲子将其移至另一处，移动时将每一铲倒在前一铲饲料之上，使籽实、饲料粉末由锥顶向下流动到周围。如此反复移动多次，混合均匀。之后将饲料堆成圆锥体，将顶部压平，再从上表面中间分割为“十”字形的四等份，弃去对角的两份，缩减 1/2。然后按如上方法继续缩减直至剩余的饲料量与所需要的样品量接近为止（图 1-3）。四分法常用于采集缩分样和实验室样品。

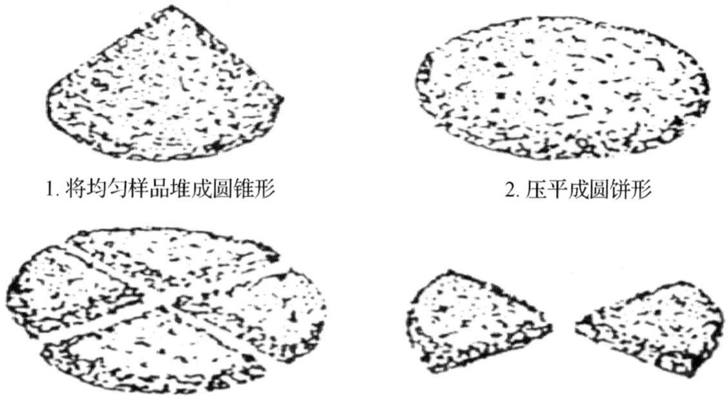

1. 将均匀样品堆成圆锥形　2. 压平成圆饼形

3. 分成四等份　4. 移去对角部分，进行缩分

图 1-3　四分法

不容易混合的饲料原料或产品可将其收集到一起，尽量充分混合后将其分成两部分，分别标为 A 和 B。再将 A 分成两部分，分别标为 C 和 D，随机选取 C 或 D。将 B 分为两部分，分别标为 E 和 F，随机选取 E 或 F。将随机选取的两部分合并，充分混合。然后再重复该过程，直至达到所需要的样品量为止。

除了上述人工方法，也可采用机械分样法，如使用钟鼎式分样器、离心式分样器或槽格式分样器缩分样品，重复缩分，每次均需要混合，直至获得适量的样品。

（三）不同饲料样品的采集

不同饲料样品的采集因饲料原料或产品的性质、状态、颗粒大小或包装方式不同而异。

1. 籽实、颗粒状和粉状产品

（1）散装　散装的籽实、颗粒状和粉状产品，采集的最小份样数应符合表 1-1 规定，采集的最小样品量应符合表 1-2 规定。

集装箱中散装的饲料原料或产品可在装货和卸货过程中取样。直接用传送带传送到仓库或筒仓的产品可在传送过程中取样。流动传送过程中的产品需要根据流动速度和本批次产品的量，计算产品的通过时间。用该时间除以所需采集的份样数，即得到采样的时间间隔。于每个时间间隔点通过机械或人工方法插至流动物料的横截面采样。

对于堆放的散装产品，确定每一个份样的采样位置时，既要考虑表面区域，又要考虑深度，确保该批产品的各部分均有同样的采样机会，可根据几何法原理采样。

表 1-1 散装的籽实、颗粒状和粉状产品采集的最小份样数

批次内产品的量(m)/t	最小份样数
≤2.5	7
>2.5	$\sqrt{20m}$

引自:《饲料 采样》(GB/T 14699—2023)。

表 1-2 散装或袋装的籽实、颗粒状和粉状产品采集的最小样品量

批次内产品的量(m)/t	最小总份样量/kg	最小缩分样量/kg	最小实验室样品量/kg
≤1	4	2	0.5
1～5	8	2	0.5
5～50	16	2	0.5
50～100	32	2	0.5
100～500	64	2	0.5

注:最小缩分样量为提供 4 份实验室样品的最小量。

引自:《饲料 采样》(GB/T 14699—2023)。

(2)袋装 对于袋装的籽实、颗粒状和粉状产品，根据批次内包装袋数确定最小份样数。采集的最小份样数应符合表 1-3、表 1-4 规定，采集的最小样品量应符合表 1-2 规定。

表 1-3 袋装的籽实、颗粒状和粉状产品采集的最小份样数(质量≤1 kg 的产品)

批次内包装袋数(n)	最小份样数
1～6	每袋取样
7～24	6
>24	$\sqrt{2n}$

引自:《饲料 采样》(GB/T 14699—2023)。

表 1-4 袋装的籽实、颗粒状和粉状产品采集的最小份样数(质量>1 kg 的产品)

批次内包装袋数(n)	最小份样数
1～4	每袋取样
5～16	4
>16	$\sqrt{2n}$

引自:《饲料 采样》(GB/T 14699—2023)。

采样时，随机选取采样的包装袋后，将袋口缝线拆开，采集所需份样。把包装袋放在洁净的塑料布或地面上，拆开袋口缝线，缓慢放倒，双手握住袋底两角，稍稍提起，边拖边倒。根据包装袋的大小拖动 1 m 至数米，使袋中饲料全部倒出，然后用取样铲从相当于袋的中部和底部位置取样，每袋各点取样数量一致，然后混匀成总份样。或者将袋装产品倒在干净的塑料布或地面上，使用四分法充分混合后，用手柄勺或普通铲子采集份样。

对于密封的包装袋，也可以使用麻袋取样钎或取样器取样。取样时沿着包装袋的对角线插入，可由整个深度或分顶部、中部、底部 3 个水平取样，然后混合成总份样。取样完成后，封好包装袋的采样孔。

对于粉状产品，采样时要控制空气粉尘的密度，防止发生爆炸。粉状产品易受微生物侵害而变质，在采样前要仔细检查批次内产品有无异常。如有异常，需要将异常部分与其他部分分开，单独采样。粉状产品易于结块和分级，当发生严重的结块和分级时，应对不同部分分别采样。

2. 液态或半固态饲料

(1)液态饲料　包括低黏度易于搅拌混合的液态植物油，以及高黏度不易搅拌混合的产品，如糖蜜等。

对于散装的液态产品，采集的最小份样数应符合表 1-5 规定。如果不能保证产品的均匀性，则应增加份样数，以保证样品的代表性。对于容器装的液态产品，应从不同的承装容器(桶或瓶)中分别取样，取样时最小份样数应符合表 1-6 和表 1-7 规定。液态产品采集的最小样品量应符合表 1-8 规定。

表 1-5　散装的液态产品或半固态产品采集的最小份样数

批次内产品的量		最小份样数
质量/t	体积/L	
≤2.5	≤2 500	4
>2.5	>2 500	7

引自:《饲料　采样》(GB/T 14699—2023)。

表 1-6　容器装的液态产品或半固态产品采集的最小份样数(容器体积≤1 L)

批次内包含的容器数(n)	最小份样数
≤16	4
>16	$\sqrt{n}$

引自:《饲料　采样》(GB/T 14699—2023)。

表 1-7　容器装的液态产品或半固态产品采集的最小份样数(容器体积>1 L)

批次内包含的容器数(n)	最小份样数
1～4	逐个取样
5～16	4
>16	$\sqrt{n}$

引自:《饲料　采样》(GB/T 14699—2023)。

表 1-8　液态产品或半固态(半液态)产品采集的最小样品量

最小总份样量		最小缩分样量		最小实验室样品量	
质量/kg	体积/L	质量/kg	体积/L	质量/kg	体积/L
8	8	2	2	0.5	0.5

引自:《饲料　采样》(GB/T 14699—2023)。

对散装(液池)的液态饲料,采样时应按散装液体高度分上、中、下 3 层分层布点采样。对于容器装(罐装、桶装或瓶装等)的液态饲料,可能不均匀,采样前需要将待采样容器内的液体搅拌均匀或摇匀,再用适当的器具从顶部开口穿插至底部采集样品。对于采样前不能混合的容器装的产品,则每个容器需要从不同方向、不同层面(如顶部和底部)采集样品,也可在产品装罐和倒出的过程中采样。

(2)半固态(半液态)饲料　对于贮罐中的油脂等半固态饲料,可使用沿对角线插入罐底的适当工具采样,至少在 3 个深度采集份样。如果可能,在贮罐的整个截面采集份样。或者每隔一定深度采集一个份样,每个份样的量与该特定深度处罐的横截面大小成正比。将采集的份样充分混合,如果可能,可将份样放入适当容器加热融化后混合均匀,即得总份样。半固态(半液态)产品采集的最小份样数见表 1-5 至表 1-7,采集的最小样品量见表 1-8。

3. 舔砖、舔块产品的采样

矿物质舔砖和营养性舔块产品应采集的最小份样数和最小样品量应符合表 1-9 和表 1-10 规定。采样时,按照几何法原理从不同的堆放部位采集份样。如果舔砖、舔块产品很小,可取整块产品作为一个份样;如果舔砖、舔块产品较大,可以从每块中切取对角的小三角形块作为份样。将份样合并,敲碎后充分混合成总份样。将总份样缩减得到缩分样,再将缩分样充分混合后进一步缩分获得 3 份或 4 份实验室样品。

表 1-9　舔砖、舔块产品采集的最小份样数

批次内包含的产品单元(块)数(n)	最小份样数/产品单元数
≤25	4
26～100	7
>100	$\sqrt{n}$

引自:《饲料　采样》(GB/T 14699—2023)。

表 1-10　舔砖、舔块产品采集的最小样品量　　kg

最小总份样量	最小缩分样量	最小实验室样品量
4	2	0.5

引自:《饲料　采样》(GB/T 14699—2023)。

4. 油饼类饲料的采样

油饼类饲料应采集的最小份样数和最小样品量参考舔砖、舔块产品的采样规定(表 1-9、表 1-10)。

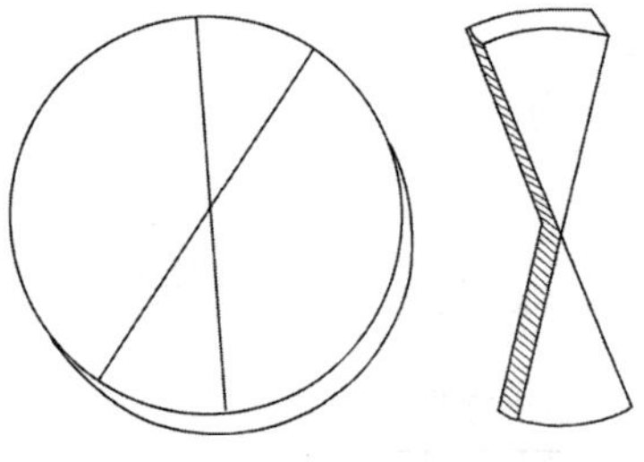

图 1-4　油饼类饲料的采样

油饼类饲料采样依饼块的大小而异。大块油饼类饲料,采样时按照几何法原理从不同的堆积部位选取不少于最小份样数的块数,然后从每块中切取对角的小三角形块作为份样(图 1-4),将全部小三角形块粉碎混合后得到总份样,然后再按照四分法原理缩分得到缩分样,并进一步缩分得到实验室样品。对于小块的油饼,从不同的堆积部位随机选取具有代表性的饼块,粉碎混合后即得到总份样,再按照四分法原理缩分得到缩分样,并进一步缩分得到实验室样品。

5. 青绿饲料、青贮饲料和粗饲料的采样

青绿饲料、青贮饲料以及干草、秸秆等粗饲料通常使用手工方法进行采样，采集的最小份样数和最小样品量应分别符合表 1-11 和表 1-12 的规定。

表 1-11　青绿饲料、青贮饲料和粗饲料采集的最小份样数

批次产品的量(m)/t	最小份样数
≤5	10
>5	$\sqrt{40m}$

引自:《饲料　采样》(GB/T 14699—2023)。

表 1-12　青绿饲料、青贮饲料和粗饲料采集的最小样品量　kg

产品类型	最小总份样量	最小缩分样量	最小实验室样品量
青绿饲料、青贮饲料	16	4	1
粗饲料，干燥的根块、茎块	8	4	1

注:最小缩分样量为提供 4 份实验室样品的最小量。

引自:《饲料　采样》(GB/T 14699—2023)。

(1)青绿饲料　对于堆放的青绿饲料，根据该批次产品的量确定最小份样数，采集份样时要遍及整堆，保证其对各层产品均具有代表性。

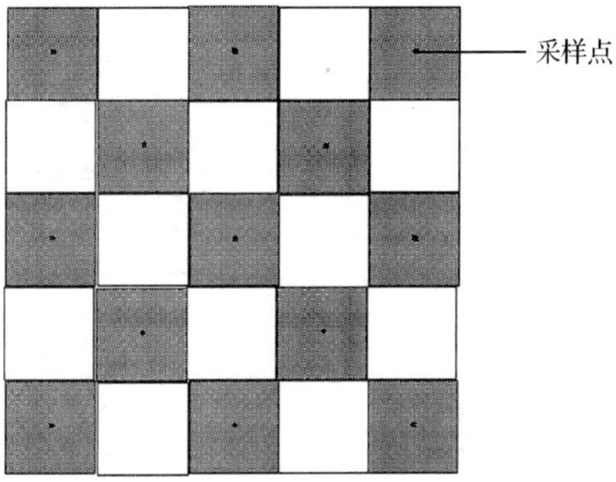

图 1-5　草地及田间的采样

未收割的青绿饲料包括天然牧草、蔬菜类、作物茎叶和藤蔓等可进行现场采样。采样时，对大面积的天然牧场应划区分点采样(图 1-5)。每个采样点在距离地面数厘米(如 3～4 cm)处割取一定量牧草，将各采样点采集的牧草样品剪碎混合后得到总份样。栽培的青绿饲料应视田块的大小，按上述方法划区分点采样，每点采数株，切碎混合后得到总份样。同样这一方法也适用于水生饲料，注意采样后应先晾干样品外表的游离水分，然后切碎混合，得到总份样。将总份样按照四分法原理缩分得到缩分样，并进一步缩分得到实验室样品。

新鲜的块根、块茎和瓜类饲料特点是含水量大，由不均匀的较大体积单位组成。采样时，依据表 1-11 和表 1-12 的规定确定最小份样数和最小样品量，从储藏窖不同部位随机分点采集份样，然后合并为总份样，再按大、中、小分堆称重计算出比例，按比例缩分得到缩分样。用水将缩分样洗干净，洗涤时注意勿损伤样品外皮，洗涤后拭去表面的水分，然后从各块根、块茎或瓜类的顶端至根部纵切具有代表性的对角 1/4、1/8 或 1/16 等，直至得到适量的实验室样品。将实验室样品迅速切碎后混合，取适量制备半干样本，或将样品用线串起来或平铺于洁净的瓷盘中，置于阴凉通风处风干备用。

(2)青贮饲料　青贮饲料一般在圆形青贮窖、青贮塔或长形青贮壕内采样。采样前应除去覆盖的泥土及表层发霉变质的饲料，依据几何法原理采集份样。对于圆形青贮窖和长形青贮

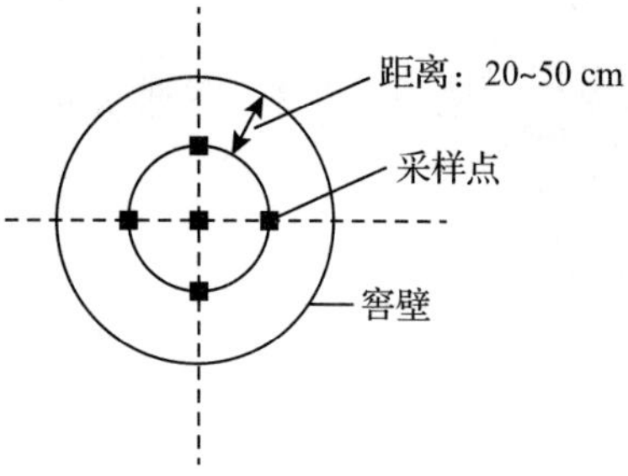

图 1-6 圆形青贮窖的采样部位

壕可视其半径、长度分为若干段，每段设采样点分层采集份样（图 1-6、图 1-7）。

（3）粗饲料 对于秸秆、干草等粗饲料，依据几何法原理在秸秆或干草堆垛中选取多个部位采集份样。由于干草的叶子极易脱落，影响其营养价值。采样时应避免叶子脱落，保持饲料中茎叶比例。将采取的份样放在纸或塑料布上，剪成小段或剪碎，充分混合后得到总份样，然后缩分得到缩分样，再进一步缩分得到实验室样品。

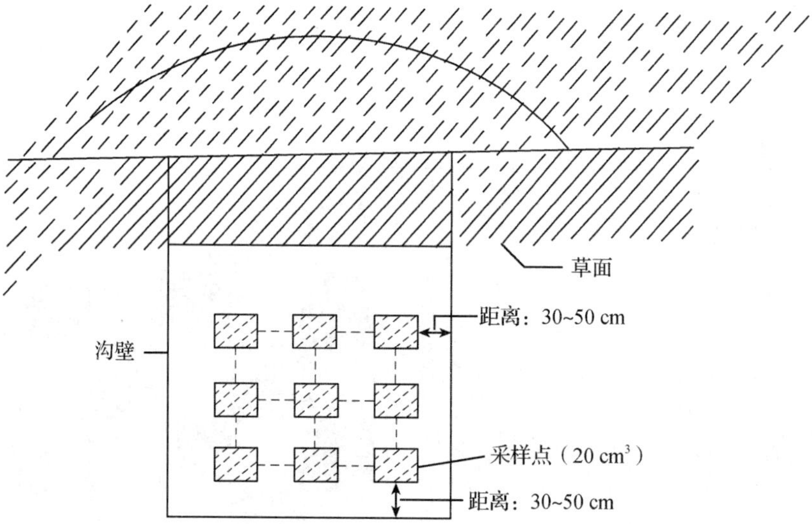

图 1-7 长形青贮壕的采样部位

对于成捆的饲料，在确定最小份样数后，随机从每一捆产品的一个完整截面采集一个份样。然后将其粉碎或切成小段，充分混合得到总份样。再利用四分法缩分得到适量的缩分样，再进一步缩分得到实验室样品。

（四）样品的封装、发送及采样报告

1. 样品的封装

装有实验室样品的容器应由采样人密封，也可将容器装入结实的亚麻、棉、塑料袋或信封中，再将其密封，贴好实验室样品信息标识。

实验室样品信息标识包括以下信息：样品的名称、等级、规格；样品的数量；样品的批号、货运代码或有关交付物托运识别信息；采样人的姓名及单位名称；采样的日期、时间和地点；样品的运输和贮存要求。

2. 实验室样品的发送

每批饲料原料或产品应将至少一个实验室样品及时发送至分析实验室，成分随时间变化的样品需在冷藏或冷冻条件下发送。

3. 采样报告

采样后，采样人要及时完成采样报告。采样报告至少包括以下信息：采样的目的；实验室样品信息标识上所要求的信息；制造商、进口商或经销商的名称；批次量（质量或体积）；采样过程中出现任何偏差的详细说明；其他相关信息。

实验二 饲料样品的制备

一、目的和要求

样品制备的目的是使样品均匀，样品中任何部分都能代表被测饲料的平均组成。

本实验要求学生掌握不同种类饲料原料和产品样品制备的原理和方法。

二、原理

对采集的样品进行干燥、粉碎、混匀、缩分等处理过程称为样品的制备，可分为风干样品的制备和新鲜样品的制备。风干样品是指自然含水量在15%以下的饲料样品，风干样品的制备主要是对样品进行粉碎、混匀、缩分等处理。新鲜样品含有大量的水分，总含水量为70%～90%，包括青绿饲料、青贮饲料以及鲜肉、鲜蛋、鲜奶、罐装宠物食品、畜禽粪便等。新鲜样品可直接均质、混合、缩分进行样品制备，或者将新鲜样品在60～70 ℃的恒温烘箱中烘8～12 h，除去部分水分，然后回潮使其与周围环境的空气湿度保持平衡。这种条件下制备的样品称为半干样品，半干样品按照与风干样品相同的方法进行样品进一步制备。

三、仪器设备

（一）干燥设备

样品制备常用的干燥设备为电热鼓风干燥箱（图2-1），又名烘箱，是采用电加热方式进行鼓风循环干燥的设备，鼓风循环干燥即通过循环风机吹出热风，保证箱内温度平衡，从而对样品进行干燥。

（二）粉碎设备

样品制备常用的粉碎设备有植物样品粉碎机、旋风磨、咖啡磨等（图2-2），其中最常用的有植物样品粉碎机和旋风磨。植物样品粉碎机易清洁，不会过热使水分发生明显变化，能使样品经研磨后完全通过适当筛孔的筛。旋风磨粉碎效率较高，但在粉碎过程中水分有损失，需注意校正。

（三）分样设备

样品制备常用的分样设备为分样器或四分装置，常见的有圆锥分样器（图2-3）和具备分类系统的复合槽分样器（图2-4）。

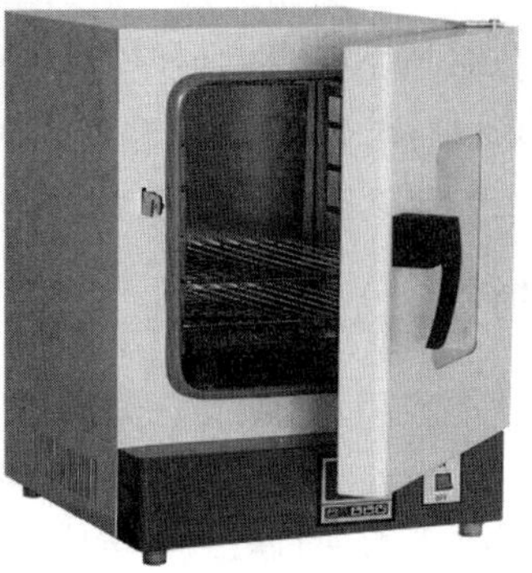

图 2-1　电热鼓风干燥箱

1. 旋风磨　2. 植物样品粉碎机　3. 咖啡磨

图 2-2　常见的样品粉碎机类型

四、方法和步骤

(一)风干样品的制备

1. 实验室样品的制备

由缩分样进一步缩分得到的能代表整批饲料原料或产品状况，用于实验室分析和检测的样品称为实验室样品。实验室样品一般不少于 0.5 kg。

对于颗粒状和粉状饲料，将采集的所有份样混合得到总份样。总份样可以放入适当的容器或袋子。总份样的缩分可以采用四分法等手工方法，也可以采用钟鼎式分样器、离心式分样器、槽格式分样器等机械分样方法。总份样经重复缩分，每次均充分混匀，直至获得适量的缩分样，其量至少为 2 kg。将缩分样充分混合，将其进一步分成质量相等的 3 份或 4 份实验室样品，每份实验室样品至少 0.5 kg，贮存于适当的容器中。

对于干燥的粗饲料，如干草、秸秆等，将采集的份样充分混合得到总份样，必要时将总份样经一定的处理，如切成小段、剪碎或捶碎，然后利用四分法将其逐渐缩减，以获得适量的缩分样，缩分样一般不少于 4 kg。将缩分样充分混合，分成至少 3 份或 4 份质量大致相等的实验室样品。每份实验室样品至少 1 kg，保存于适当的容器中。

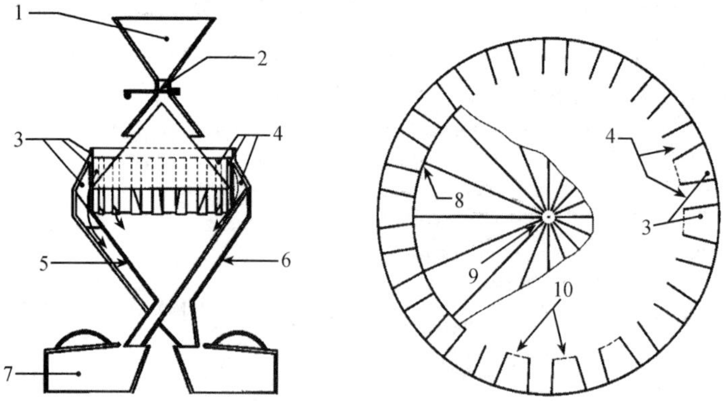

1. 加料斗　2. 截断阀门　3. 通向外斗的槽　4. 通向内斗的槽　5. 内斗
6. 外斗　7. 容器　8. 圆锥底　9. 圆锥顶　10. 与圆锥底相连的槽

图 2-3　圆锥分样器

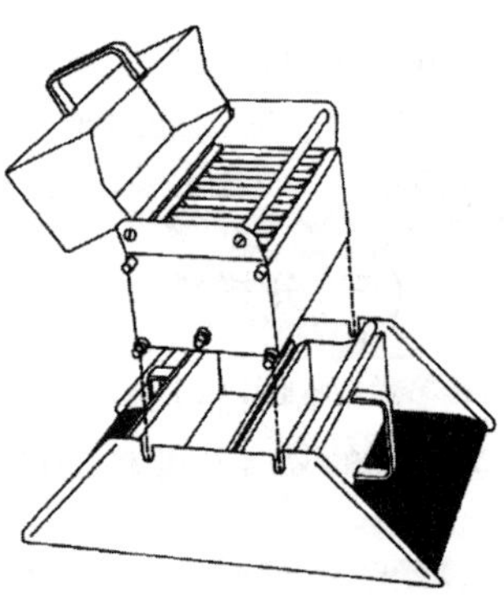

图 2-4　具备分类系统的复合槽分样器

2. 试样的制备

由实验室样品经进一步分样，必要时经研磨后制得的有代表性的样品称为测试样品，简称试样，应不少于 100 g。试样中用以分析测定所称取的部分样品称为试料。

风干的实验室样品经过研磨、粉碎、充分混合后分样，直至得到适当粒度的试样，使试样和试料可以真实代表实验室样品。

对于粒度小于 2.8 mm 的实验室样品(能够全部通过孔径为 2.8 mm 的筛)，将样品充分混合，利用四分法或分样器(或四分装置)逐次分样，直至获得需要的试样量(不少于 100 g)。对于粒度大于 2.8 mm 的实验室样品(不能全部通过孔径为 2.8 mm 的筛)，需利用饲料样品粉碎机或机械磨粉碎样品，直至全部通过孔径为 2.8 mm 的筛，充分混匀后，如上利用四分法或分样器(或四分装置)逐次分样，直至获得需要的试样量(不少于 100 g)。

然后利用饲料样品粉碎机粉碎试样，使之通过孔径为 0.25～1 mm 的筛。主要分析指标对样品粉碎粒度的要求见表 2-1。

如果研磨操作导致样品失水或吸水，有必要利用校正因子对分析结果进行校正以获得原样的水分含量。校正因子按照公式(2-1)计算。

$$f = (100\% - X_0)/(100\% - X_1) \tag{2-1}$$

式中：f 为校正因子；X_0 为实验室样品水分的质量分数，%；X_1 为制备的试样水分的质量分数，%。

表 2-1　主要分析指标对样品粉碎粒度的要求

分析指标	分析筛规格/目	筛孔直径/mm
水、粗蛋白质、粗脂肪、粗灰粉、钙、磷、盐	40	0.45
粗纤维	18	1
氨基酸、微量元素、维生素、脲酶活性、蛋白质溶解度	60	0.25

对于不易粉碎的粗饲料如秸秆等，在粉碎机中会剩下少量难粉碎的饲料渣，不能通过筛孔。对这部分饲料渣应尽量弄碎弄细，如用剪刀仔细剪碎或研钵磨碎后全部均匀混入试样中，切勿丢弃，确保试样能够真实代表实验室样品。

(二)新鲜样品的制备

新鲜样品的制备包括如下两个过程。

1. 实验室样品的制备

将从生产现场采集的份样充分混合得到总份样，必要时将总份样切成小段、切碎或捣碎，然后利用四分法将其逐渐缩减，获得适量的缩分样。缩分样一般不少于 4 kg。将缩分样充分混合，至少分成 3 份或 4 份质量大致相等的实验室样品。每份实验室样品不少于 1 kg。

2. 试样的制备

由实验室样品经进一步分样，必要时经匀浆后制得的有代表性的样品称为测试样品，简称试样。对于湿的实验室样品可利用机械搅拌器或均质器均质，然后将均质化的样品充分混合，分取适量试样装入一干燥洁净的样品容器中，密封，0～4 ℃下保存。对于冷冻样品，用适当工具切碎或打碎，立即放入绞肉机中充分绞碎混合，分取适量试样装入干燥洁净的样品容器中，0～4 ℃密封保存。对于液体样品，利用机械搅拌器或均质器混合实验室样品，使其组成成分能够完全分散，边摇边分取 100 mL 试样至适当样品容器中，在适宜条件下保存。

除必须用新鲜样本测定的成分外，大多数营养成分的测定需要将新鲜样品制备成半干样品，即将新鲜样本置于(65±5) ℃的恒温干燥箱(烘箱)中烘 8～12 h 除去游离水分，然后回潮使其与周围环境的空气湿度保持平衡。在这种条件下失去的水分称为初水分，测定初水分时获得的样品为半干样品。半干样品可按照风干样品同样的方法制样、保存。

新鲜样品制备成半干样品(初水分的测定)方法如下。

(1)搪瓷盘称重　取干燥洁净的搪瓷盘(规格 20 cm×15 cm×30 cm)，用普通天平(感量 0.01 g)称取搪瓷盘的质量。

(2)样品称重　用已知质量的搪瓷盘在普通天平上称取新鲜样品 200～300 g。

(3)灭酶　将装有新鲜样品的搪瓷盘放入 120 ℃烘箱中烘 10～15 min。其目的是使新鲜饲料中存在的各种酶失活，以减少对饲料养分分解造成的损失。

(4)烘干　将搪瓷盘迅速放入 60～70 ℃烘箱中烘一定时间，直到样品干燥容易磨碎为止。烘干时间一般为 8～12 h，取决于样品含水量和样品数量。含水量低、数量少的样品也可能只需 5～6 h 即可烘干。

(5)回潮和称重　取出搪瓷盘，放置在室内自然条件下冷却 24 h，然后用普通天平称重。

(6)再烘干　将搪瓷盘再次放入 60～70 ℃烘箱中烘 2 h。

(7)再回潮和称重　取出搪瓷盘，同样在室内自然条件下冷却 24 h，然后用普通天平称重。如果两次质量之差超过 0.5 g，则将瓷盘再放入烘箱。重复步骤(6)和(7)，直至两次称重之差不超过 0.5 g 为止。以最低的质量为半干样品的质量，失去的水分为初水分。

(8)结果与数据处理　初水分含量(%)按照公式(2-2)计算。

$$\text{初水分含量}=\frac{\text{新鲜样品质量}-\text{半干样品质量}}{\text{新鲜样品质量}}\times 100\% \tag{2-2}$$

五、样品的保存和登记

1. 样品的保存

样品应保存在密封的样品瓶或样品袋内备用。样品瓶或样品袋外应贴有标签，标明样品名称、采样和制样时间、采样和制样人等。

(1)保存条件　样品应避光保存，尽可能低温保存，做好防虫措施。对需长期保存的样品可用铝箔纸软包装，经抽真空充氮气(高纯氮气)后密封，在冷库中保存备用。

(2)保存时间　饲料质量检验监督机构的样品保存期一般为 3～6 个月。有时为了特殊目的，饲料样品需保存 1～2 年。

2. 样品的登记

分析实验室应有专门的样品登记本，系统、详细地记录与样品相关的资料。一般要求登记的内容如下。

①样品名称(一般名称、学名和俗名)和种类(必要时须注明品种、质量等级)。

②调制和加工方法及储存条件。

③外观性状及混杂度。
④采样地点和采集部位。
⑤生产厂家、批次和出厂日期。
⑥质量。
⑦采样和制样人姓名。

思考题

1. 样品为什么要具有代表性？在采样过程中怎样才能正确获得所需有代表性的样品？
2. 采样的目的是什么？对于不同性状、形态的原料应如何采样？
3. 样品的容器应具备什么条件？
4. 对于制备好的样品，应如何保存和登记？

第二节　饲料常规成分分析

实验三　饲料中水分的测定

饲料中水分的测定是饲料营养价值评定的基础，由于各种饲料的水分含量不一致，故饲料营养价值表中多以干物质为基础表示各种营养成分含量。饲料中的水分常以两种状态存在：一种是存在于动植物体细胞间、与细胞结合不紧密、容易挥发的水，称为游离水或自由水；另一种是与细胞内胶体物质紧密结合在一起、形成胶体水膜、难以挥发的水，称为吸附水、结合水或束缚水。新鲜样品含有大量的游离水和少量的吸附水，两者的总质量占样品质量的70%～90%，如青绿饲料和青贮饲料等。而风干样品是指饲料原样中不含有游离水，仅含有吸附水，吸附水的含量在15%以下，如籽实、糠麸、饼粕、干草、秸秆、乳粉、血粉、肉骨粉等。

水分的测定通常有以下几种方法。

(1)常压恒温干燥法　将样品在常压下放入(103±2) ℃干燥箱烘干至恒重，样本的失重即代表水分含量。在水分蒸发的同时，一些短链脂肪酸和有机酸可能挥发损失而影响测定结果。

(2)减压干燥法　在减压条件时，水的沸点降低，因此，减压干燥法可用来减少其他挥发性化合物的损失。

(3)冷冻干燥法　把样品在低温下冻结，使水分在真空状态下升华的干燥方法称为冷冻干燥法。冷冻干燥法可防止样本中很多挥发性物质的损失。

(4)水分的快速测定　用不同的水分测定装置可快速测定饲料和粮食中的水分含量，可满足饲料厂购进饲料原料时快速测定水分的需要。

对于一般的饲料原料和产品，通常可采用常压恒温干燥法或减压干燥法测定其水分含量。

一、目的和要求

本实验要求学生掌握应用常压恒温干燥法和减压干燥法测定饲料和其他动物性产品样品中水分含量的原理和方法。

二、原理

试样在(103±2) ℃干燥箱中，在一个大气压(101.325 kPa)下烘干直至恒重，或者在(80±2) ℃的真空干燥箱中，在减压条件(13 kPa)下烘干至恒重，所逸失的部分为水分，其中可能含有其他挥发性物质。

三、仪器设备

①分析天平：感量 0.000 1 g。

②电热干燥箱：温度可控制在(103±2) ℃。

③电热真空干燥箱：温度可控制在(80±2) ℃，真空度可达 13 kPa，具有以氯化钙为干燥剂的装置或通入干燥空气的导入装置。

④称量皿：玻璃或其他耐腐蚀的金属材质(带盖)，直径 5 cm，高 3 cm；直径 7 cm，高 3.5 cm。

⑤样品勺。

⑥干燥器。

四、试剂和材料

①砂：经酸洗或市售海砂。

②干燥剂：无水氯化钙或变色硅胶。

五、方法和步骤

(一)常压恒温干燥法

1. 风干或半干样品水分的测定

将洁净的称量皿(直径 5 cm，高 3 cm)放入干燥箱，打开称量皿盖放在称量皿旁边，于(103±2) ℃下干燥 1 h。盖好称量皿盖，将称量皿取出，放入干燥器中冷却至室温(30 min)，称量其质量(m_1)。称取 2～5 g 试料(m)于称量皿中，摊平。将称量皿放入干燥箱，打开称量皿盖放在称量皿旁边，于(103±2) ℃下干燥 4 h。盖好称量皿盖，将称量皿取出，放入干燥器冷却至室温(30 min)，称量其质量(m_2)。再次将称量皿放入干燥箱，于(103±2) ℃下干燥 30 min，盖好称量皿盖取出，放入干燥器冷却至室温(30 min)，称量其质量(m_3)。

如果两次称量值(m_2、m_3)的变化不大于试料质量的 0.1%，以第一次的称量值(m_2)计算水分含量。如果两次称量值的变化大于试料质量的 0.1%，则将称量皿再次放入干燥箱，于(103±2) ℃下干燥 2 h 后取出，放入干燥器冷却至室温(30 min)，称量其质量，如果此次称量值与第二次称量值(m_3)的变化不大于试料质量的 0.2%，则以第一次称量值(m_2)计算水分含量；若大于 0.2%，需要利用减压干燥法测定水分。

2. 液体、半固体或含脂肪高的样品水分的测定

在洁净的称量皿(直径 7 cm，高 3.5 cm)中放一层薄砂和一根玻璃棒。将称量皿放入干燥箱，打开称量皿盖放在称量皿旁边，于(103±2) ℃下干燥 1 h，盖好称量皿盖，将培养皿取出，放入干燥器冷却至室温(30 min)，称量其质量(m_1)。称取 5～10 g 试料(m)于称量皿中，用

玻璃棒将试料与砂混匀、摊平，玻璃棒留在称量皿中。将称量皿放入干燥箱，打开称量皿盖放在称量皿旁边，于(103±2) ℃下干燥 4 h。盖好称量皿盖，将称量皿取出，放入干燥器冷却至室温(30 min)，称量其质量(m_2)。再次将称量皿放入干燥箱，于(103±2) ℃下干燥 30 min 后取出，放入干燥器冷却至室温(30 min)，称量其质量(m_3)。

如果两次称量值(m_2、m_3)的变化不大于试料质量的 0.1%，以第一次的称量值(m_2)计算水分含量；如果两次称量值的变化大于试料质量的 0.1%，则将称量皿再次放入干燥箱，于(103±2) ℃下干燥 2 h 后取出，放入干燥器冷却至室温(30 min)，称量其质量，如果此次称量值与第二次称量值(m_3)的变化不大于试料质量的 0.2%，则以第一次称量值(m_2)计算水分含量；若大于 0.2%，需要利用减压干燥法测定水分。

(二)减压干燥法

1. 风干或半干样品水分的测定

利用与常压恒温干燥法相同的方法干燥称量皿，称量其质量(m_1)。称取 2～5 g 试料(m)于称量皿内，摊平。将称量皿放入真空干燥箱，打开称量皿盖放在称量皿旁边，在(80±2) ℃和 13 kPa 的条件下干燥 4 h。待干燥箱恢复至常压后，盖好称量皿盖，将称量皿取出，放入干燥器中冷却至室温(30 min)，称量其质量。将称量皿再次放入真空干燥箱干燥 30 min 后取出，放入干燥器冷却至室温(30 min)，称量其质量。直至连续两次称量值变化小于试料质量的 0.2%，以最后一次干燥称量值(m_2)计算水分含量。

2. 液体、半固体或含脂肪高的样品水分的测定

利用与常压恒温干燥法相同的方法干燥称量皿，称量其质量(m_1)。称取 5～10 g 试料(m)于称量皿中，用玻璃棒将试料与砂混匀、摊平，玻璃棒留在称量皿中。将称量皿放入真空干燥箱，打开称量皿盖放在称量皿旁边，在(80±2) ℃和 13 kPa 的条件下干燥 4 h。待干燥箱恢复至常压后，盖好称量皿盖，将称量皿取出，放入干燥器中冷却至室温(30 min)，称量其质量。将称量皿再次放入真空干燥箱干燥 30 min，直至连续两次称量值变化小于试料质量的 0.2%，以最后一次干燥称量值(m_2)计算水分含量。

六、结果和数据处理

(一)结果计算

试样中水分含量 X(%)按照公式(3-1)计算。

$$X = \frac{m-(m_2-m_1)}{m} \times 100\% \tag{3-1}$$

式中：m 为试料的质量，g；m_2 为干燥后试料和称量皿的质量，如使用砂和玻璃棒，也包括干燥后砂和玻璃棒的质量，g；m_1 为称量皿的质量，如使用砂和玻璃棒，也包括砂和玻璃棒的质量，g。

每个试样取两个平行样进行测定，以其算术平均值为测定结果，结果保留 2 位小数。

(二)重复性

常压恒温干燥法：水分含量小于 15% 的样品时，两个平行测定结果的绝对相差不大于

0.2%；水分含量不小于15%的样品，两个平行测定结果的相对偏差（即两次测定结果与其算术平均值的绝对差值与该平均值的比值）不大于1.0%。

减压干燥法：两个平行测定结果的绝对相差不大于0.2%。

七、注意事项

①利用常压恒温干燥法测定水分时，平均每立方分米干燥箱空间至多放一个称量皿。

②操作人员应佩戴一次性手套，尤其是利用玻璃棒将砂与液体、半固体或含脂肪高的饲料摊平操作时要佩戴手套，避免带来污染。

③脂肪含量高的样品，在烘干的过程中可能因脂肪的氧化而使样本质量增加。

④含糖分高或易焦化的样品，可用减压干燥法测定水分。

⑤新鲜样品制备成半干样品（测定初水分）后，再测定半干样品水分。以新鲜样品为基础的总水分含量（%）按照公式（3-2）计算。

$$总水分含量=初水分含量+(100\%-初水分含量)\times 半干样品水分含量 \tag{3-2}$$

例如：某新鲜饲料的初水分含量为70%，用半干样品测得的水分含量为14%，则新鲜饲料的总水分含量＝70%＋（100%－70%）×14%＝74.2%。

思考题

1. 什么是半干样品和风干样品？
2. 测定水分时应注意哪些问题？
3. 新鲜饲料的总水分含量为何不是初水分含量与吸附水含量之和？

实验四　饲料中粗蛋白质的测定

饲料中含氮物质包括真蛋白质和非蛋白质含氮化合物（氨基酸、酰胺、硝酸盐及铵盐等），两者总称为粗蛋白质。

饲料中粗蛋白质的测定最常用的方法是凯氏定氮法。该法是19世纪（1833年）由丹麦人开道尔（J. Kjeldahl）建立的经典方法，由于所用设备比较简单，测定结果可靠，为一般实验室所采用。长期以来人们在经典方法的基础上不断改进粗蛋白质的测定方法，一是选择催化剂，更有效地缩短消化时间，加快分析速度；二是改进氨的蒸馏和测定方法，以提高测定效率；三是当今许多国家包括我国都已研制出蛋白质测定仪、自动定氮仪等。本实验主要介绍测定饲料中粗蛋白质的凯氏定氮法，并在拓展知识中简要介绍快速定氮仪。

一、目的和要求

本实验要求学生掌握应用凯氏定氮法测定饲料样品和其他动物性产品样品中粗蛋白质含量的原理和方法。

二、原理

各种生物样品的有机物质在有催化剂（如硫酸铜）参与下，用浓硫酸消煮的过程中，各种蛋白质和含氮有机物，经过复杂的高温分解反应，转化为氨；氨与浓硫酸结合成硫酸铵；而非含氮物质，则以二氧化碳、二氧化硫等气体状态逸出。消化液经碱化后蒸馏，重新释放出氨，氨被硼酸吸收结合成硼酸铵，以标准酸溶液滴定，使用溴甲酚绿-甲基红指示剂，计算出样品的含氮量，再乘以一定的换算系数①，得出样品中粗蛋白质的含量。

其主要化学反应如下：

$$2CH_3CHNH_2COOH + 13H_2SO_4 \longrightarrow (NH_4)_2SO_4 + 6CO_2\uparrow + 12SO_2\uparrow + 16H_2O$$

$$(NH_4)_2SO_4 + 2NaOH \longrightarrow 2NH_3\uparrow + 2H_2O + Na_2SO_4$$

$$H_3BO_3 + NH_3 \longrightarrow NH_4H_2BO_3$$

$$NH_4H_2BO_3 + HCl \longrightarrow H_3BO_3 + NH_4Cl$$

三、仪器设备

①分析天平：感量 0.000 1 g。

②消煮炉或电炉。

③酸式滴定管：25 或 50 mL。

④凯氏烧瓶：250 mL。

⑤消煮管：250 mL。

⑥凯氏蒸馏装置：半微量蒸馏式或常量直接蒸馏式。

⑦定氮仪：利用凯氏定氮法原理制造的半自动凯氏定氮仪。

⑧锥形瓶：150 mL。

⑨容量瓶：100 mL。

⑩移液管：10、20 mL。

四、试剂

①浓硫酸：分析纯。

②混合催化剂：将硫酸铜（$CuSO_4 \cdot 5H_2O$，分析纯）和无水硫酸钠（Na_2SO_4，分析纯）或硫酸钾（K_2SO_4，分析纯）按照 1∶15（质量比）混合，研碎混匀。

③400 g/L 氢氧化钠溶液：称取 40 g 氢氧化钠溶于 100 mL 水中。

④20 g/L 硼酸吸收液：称取 2 g 硼酸溶于 100 mL 水中。

⑤盐酸标准滴定溶液：配制方法如下。

盐酸标准溶液（0.02 mol/L）：量取 1.8 mL 盐酸（分析纯），注入 1 000 mL 水中，摇匀。

盐酸标准溶液（0.1 mol/L）：量取 9 mL 盐酸（分析纯），注入 1 000 mL 水中，摇匀。

按照附录 5 利用基准物质无水碳酸钠标定。

⑥甲基红指示剂（1 g/L 甲基红乙醇溶液）：称取 0.1 g 甲基红，用乙醇溶解并稀释至 100 mL。

⑦溴甲酚绿指示剂（5 g/L 溴甲酚绿乙醇溶液）：称取 0.5 g 溴甲酚绿，用乙醇溶解并稀释至 100 mL。

⑧ 混合指示剂：1 g/L 甲基红乙醇溶液与 5 g/L 溴甲酚绿乙醇溶液等体积混合，于阴凉处

---

①　一般饲料中粗蛋白质的含氮量变异范围为 14.7%～19.5%，平均为 16%。一般饲料可用 6.25 平均系数乘以含氮量换算成粗蛋白质含量。粗蛋白质的含氮量已经确定的饲料，可用它们的实际系数来换算。例如荞麦、玉米用系数 6 换算，箭舌豌豆、大豆、蚕豆、燕麦、小麦、黑麦用系数 5.7 换算，牛奶用系数 6.38 换算。

保存，有效期为3个月。

⑨ 硫酸铵：分析纯。

⑩ 蔗糖：分析纯。

五、方法和步骤

（一）消煮

同时做2个平行样品。称取0.5～2 g(精确至0.000 1 g)试料(含氮5～80 mg)。将样品无损地转移到干燥的凯氏烧瓶或消化管底部，加入混合催化剂6.4 g，与试样混合均匀，再加入浓硫酸12 mL。在凯氏烧瓶或消化管口加一小漏斗，放在通风柜里的变温电炉或消煮炉上，小火加热。开始时加热温度约为200 ℃，待样品焦化、泡沫消失、反应缓和后，加强火力，使加热温度达到约400 ℃。消煮的温度以硫酸蒸气在瓶颈上1/3处冷凝回流为宜。如瓶壁溅有黑色固体，小心拿起烧瓶稍待冷却后，轻轻摇进消煮液中，再继续加热。直至溶液呈透明的蓝绿色，无悬浮的黑色颗粒后，再继续消煮2 h，取出，冷却至室温。

空白测定：另取凯氏烧瓶或消化管一个，称取0.5 g蔗糖代替试样，或不加蔗糖，再加入混合催化剂6.4 g，浓硫酸12 mL，加热消煮至溶液澄清。

（二）蒸馏

1. 半微量水蒸气蒸馏法

如图4-1所示，蒸馏前先检查蒸馏装置是否漏气，并通过水的流出液将管道洗净。蒸汽发生器的水中应加入甲基红指示剂数滴、硫酸数滴，在蒸馏过程中保持此溶液为橙红色，否则需补加硫酸。

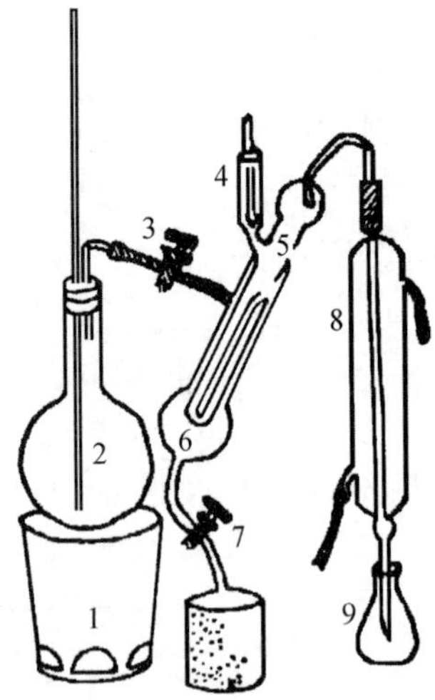

1. 电炉 2. 蒸汽发生器 3. 螺丝夹 4. 小玻璃杯及棒状玻璃塞 5. 反应室 6. 反应室外层 7. 橡皮管及螺丝夹 8. 冷凝器 9. 锥形瓶

图4-1 半微量蒸馏装置

引自：《饲料分析及饲料质量检测技术》第4版(2016)。

将试样消煮液冷却，加水10～20 mL，摇匀移入100 mL容量瓶中，反复冲洗4次，溶液均转移至容量瓶中。冷却后用水稀释至刻度，摇匀，作为试样分解液。取20 mL 20 g/L硼酸吸收液，加混合指示剂2滴，将半微量蒸馏装置的冷凝管末端浸入此溶液。准确移取试样分解液10～20 mL(含氮1 mg左右)，经半微量蒸馏装置入口4注入反应室5，用少量蒸馏水冲洗进样入口，塞好入口玻璃塞。然后向入口4注入10 mL 400 g/L NaOH溶液，小心提起玻璃塞使之缓缓流入反应室5，将玻璃塞塞好。加水于入口4处，提起玻塞使少量水流入反应室5洗涤碱液，剩余水封在入口处，防止漏气。立即夹紧螺丝夹7，同时打开螺丝夹3，使烧瓶的蒸汽通入反应室5，开始蒸馏，待硼酸吸收液变为蓝绿色，继续蒸馏4 min，使冷凝管末端离开吸收液面，再蒸馏1 min，至流出液pH为中性。用水冲洗冷凝管末端，洗液均流入锥形瓶内，然后停止蒸馏。取下锥形瓶，利用气压差原理，使反应室5中的残液倒流入反应室外层6，如此操作重复 4 次,即可洗净反应室,供下次使用。

2. 常量直接蒸馏法

将试样消煮液冷却,加入蒸馏水 60～100 mL,摇匀,冷却。将蒸馏装置的冷凝管末端浸入预先加入 25 mL 20 g/L 硼酸吸收液和 2 滴混合指示剂的锥形瓶液面下。然后小心地向凯氏烧瓶中加入 50 mL 400 g/L 氢氧化钠溶液,混匀后加热蒸馏,直至流出液体积约 100 mL。移动锥形瓶,使冷凝管末端离开液面,继续蒸馏 1～2 min,直至流出液 pH 为中性。用蒸馏水冲洗冷凝管末端,洗液均流入锥形瓶内,然后停止蒸馏。

3. 半自动凯氏定氮仪

待试样消煮液冷却后,将消煮管插在半自动凯氏定氮仪蒸馏装置上,将蒸馏装置的冷凝管末端浸入已加入 25 mL 20 g/L 硼酸吸收液和 2 滴混合指示剂的锥形瓶液面下。然后向消煮管中加入 50 mL 400 g/L 氢氧化钠溶液进行蒸馏,直至流出液体积达到约 100 mL,流出液 pH 为中性。然后用蒸馏水冲洗冷凝管末端,洗液均流入锥形瓶内,停止蒸馏。

(三)滴定

将蒸馏后的吸收液立即用盐酸标准溶液滴定,溶液由蓝绿色变为灰红色为终点,记录所用标准溶液的体积(mL)。空白测定所用 0.1 mol/L 盐酸标准溶液的体积不得超过 0.2 mL,所用 0.02 mol/L 盐酸标准溶液的体积不得超过 0.3 mL。

(四)测定步骤的检验

准确称取 0.2 g 硫酸铵代替试样,用蒸馏水溶解后移入 100 mL 容量瓶中定容。按 2 和 3 测定步骤操作,测得硫酸铵含氮量应为 21.19%±0.2%,否则需检查加碱、蒸馏和滴定各步骤是否正确。

六、结果和数据处理

(一)结果计算

试样中粗蛋白质含量 X(%)按照公式(4-1)计算。

$$X=\frac{(V-V_0)\times c\times 10^{-3}\times 14\times 6.25}{m\times\dfrac{V'}{V_1}}\times 100\% \qquad (4\text{-}1)$$

式中:V 为滴定试液时所用盐酸标准溶液的体积,mL;V_0 为滴定空白时所用盐酸标准溶液滴定的体积,mL;c 为盐酸标准滴定溶液的浓度,mol/L;14 为氮原子的摩尔质量,g/mol;6.25 为氮换算成蛋白质的平均系数;m 为试料的质量,g;V'为试样消煮液蒸馏用体积,mL;V_1 为试样消煮液定容体积,mL。

每个试样取两个平行样进行测定,以其算术平均值为测定结果,结果保留 2 位小数。

(二)重复性

两次测定结果的相对偏差应该符合以下要求:当粗蛋白质含量在 25%以上时,相对偏差不超过1%；当粗蛋白质含量为10%～25%时，相对偏差不超过2%；当粗蛋白质含量在10%以下时，相对偏差不超过3%。

七、注意事项

①试料的含氮量为5～80 mg。

②混合催化剂中，无水硫酸钠或无水硫酸钾与硫酸铜的比例一般为15∶1。硫酸铜在饲料样品消化过程中起催化作用。其反应如下：

$$C(\text{有机物质})+2CuSO_4 \longrightarrow Cu_2SO_4+SO_2\uparrow+CO_2\uparrow$$
$$Cu_2SO_4+2H_2SO_4 \longrightarrow 2CuSO_4+2H_2O+SO_2\uparrow$$

硫酸铜不仅起催化作用，而且在有机物全部消化后，可使溶液呈清澈的蓝绿色，并在下一步蒸馏过程的碱性反应中又还原为红褐色。所以硫酸铜又可作为指示剂。

③无水硫酸钠或无水硫酸钾的作用相同，可提高浓硫酸的沸点。其反应如下：

$$Na_2SO_4+H_2SO_4 \longrightarrow 2NaHSO_4$$
$$2NaHSO_4 \longrightarrow Na_2SO_4+H_2O+SO_3$$

在消化过程中，随着硫酸的不断分解、水分的不断蒸发，硫酸钠或硫酸钾的浓度逐渐增大，导致沸点升高，加速对有机物的分解作用。

消化时的温度要求控制在约400 ℃，温度过低（低于360 ℃）时，消化不完全；温度过高（高于410 ℃）时，容易引起氨的损失。温度的高低受加入硫酸钠或硫酸钾量的控制，如加入硫酸钠或硫酸钾过少，消化时间延长；过多虽可缩短消化时间，但当盐的质量浓度超过0.8 g/mL时，消化内容物冷却后易结块。

④浓硫酸在样品消化时作为分解剂，以其强酸性和强氧化性使有机物分解。消化时浓硫酸的用量以淹没样品为度，但对脂肪含量较高的样品，应适当增加用量。在消煮过程中如果硫酸消耗过多，将影响盐的浓度，一般在凯氏瓶口插入一小漏斗，以减少硫酸的损失。

拓展知识

快速定氮仪

传统的凯氏定氮法在进行样品的消煮、蒸馏和滴定等操作过程中，才能测定出样品中粗蛋白质含量。其测定过程需消耗大量的时间，应用浓硫酸消煮还存在有毒化合物的排放问题。近年来快速定氮仪在饲料分析中的应用越来越普遍。这种仪器应用杜马斯原理测定氮/蛋白质含量。以下对这种仪器的使用原理做简单介绍。

1. 燃烧

杜马斯燃烧法是基于在高温（大约900 ℃）下，通过控制进氧量、氧化消解样品的原理而进行氮测定的。燃烧生成的气体被载气（氦气或二氧化碳）携带直接通过氧化铜（作为催化剂）氧化。此外，化合物中一定量的难氧化部分会被载气携带通过作为催化剂的氧化铜和铂混合物进一步氧化。

2. 还原

燃烧生成的氮氧化物被还原剂还原为分子氮，同时过量的氧也会被结合。快速定氮仪使用一个传感器来控制最佳燃烧所需的氧气量，这可以保证氧气和还原剂的消耗量最少。使用的主要还原剂有钨和铜，钨的使用寿命比铜要长4倍。

3. 净化

一系列适当的吸收剂将干扰成分如卤化氢从被检测气流中分离出去。冷凝器后精细洗涤器可确保水蒸气的去除。

4. 检测

快速定氮仪使用一个热导检测器来检测载气流中的氮。氮体积含量会引发一种电子测量信号，通过它，再经过物质的独立校正，仪器会自动计算出被测样品的氮含量，并将结果打印和存储。

使用快速定氮仪可以对试样直接进行全自动分析，加入样品后只需几分钟就可得到氮/蛋白质含量数据。

思考题

1. 简述凯氏定氮法的基本原理。
2. 本实验中在样品消煮前为什么要加入 Na_2SO_4 和 $CuSO_4$？
3. 本实验中怎样避免样品在消煮后不结块？

实验五　饲料中粗脂肪的测定

饲料中粗脂肪是饲料中脂溶性物质的总称，包括真脂肪和其他溶于脂溶性溶剂（石油醚、无水乙醚等）的物质，如叶绿素、胡萝卜素、有机酸、树脂和脂溶性维生素等。粗脂肪的主要成分是脂肪。脂肪作为饲料中的重要营养成分，在动物营养中起着重要作用。首先，脂肪通过体内氧化为机体提供能量，使动物具有饱腹感，不易感到饥饿。其次，粗脂肪可以提高饲料的适口性。此外，脂肪还是脂溶性维生素A、维生素D、维生素E、维生素K及胡萝卜素的携带者，这些维生素随着脂肪被摄入体内而被吸收利用。

饲料中粗脂肪的测定方法常用的有油重法和残余法等。在国际上，为了区分直接提取法和经过水解再提取的测定方法，一般把前者称为粗脂肪，后者称为酸解脂肪（acid ether extract，AEE）或总脂肪（total fat），但目前在我国饲料行业还普遍统一称为粗脂肪。本实验主要介绍测定饲料中粗脂肪的油重法和残余法，并在拓展知识中简要介绍粗脂肪测定仪。

一、目的和要求

本实验要求学生掌握应用油重法和残余法测定饲料中粗脂肪含量的原理和方法，并用以测定各类饲料中粗脂肪含量。

二、原理

饲料中的油脂可溶于有机溶剂（无水乙醚、石油醚等）中，用有机溶剂反复浸提试样，并使溶有脂肪的有机溶剂流集于抽提瓶中，然后将溶剂蒸发，直接称量抽提瓶中残渣（粗脂肪）的质量，或称量样品包浸提前后的质量，即可计算出试样中粗脂肪含量。饲料中被石油醚所溶解的物质，除真脂肪外，还有麦角固醇、胆固醇、脂溶性维生素、叶绿素等。由于所得的脂肪残渣不纯，故称为粗脂肪。

脂肪不经预先水解不能提取的纯植物性饲料（如谷蛋白、大豆及马铃薯蛋白）、纯动物性饲料（包括乳制品）等样品，需首先用盐酸加热水解，过滤，洗涤残渣并干燥后用有机溶剂提取。提取物再经蒸馏、干燥除去溶剂后，残渣即为粗脂肪。

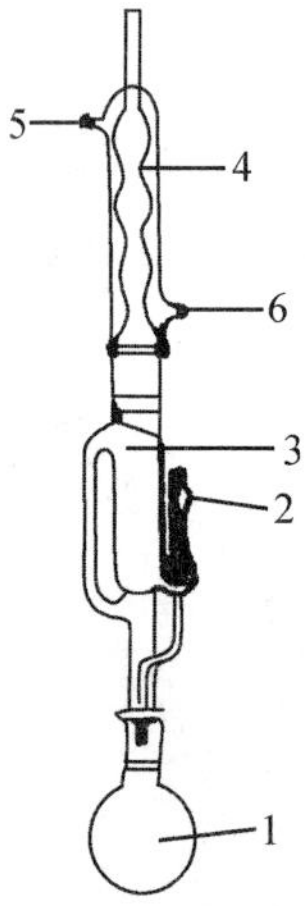

1. 抽提瓶　2. 虹吸管　3. 浸提管
4. 冷凝管　5. 出水口　6. 入水口

图 5-1　索氏提取器

《饲料分析及饲料质量检测技术》第 4 版(2016)。

三、仪器设备

①分析天平：感量 0.000 1 g。

②索氏提取器：虹吸容积约为 100 mL，或用其他循环提取器。

③电热恒温水浴锅。

④电热恒温鼓风干燥箱：温度能控制在(103±2) ℃。

⑤电热真空箱：温度能控制在(80±2) ℃，并减压至 13.3 kPa 以下，配有引入干燥空气的装置，或以氧化钙为干燥剂的装置。

⑥干燥器：用氯化钙或变色硅胶作为干燥剂。

四、试剂和材料

①无水乙醚。

②石油醚：沸程为 40～60 ℃。

③盐酸：3 mol/L。

④滤纸或特制滤纸筒：中速，脱脂。

⑤金刚砂或玻璃细珠。

⑥滤器辅料：例如硅藻土，在盐酸（6 mol/L）中消煮 30 min，用蒸馏水洗至中性，然后在 130 ℃下干燥。

五、方法和步骤

（一）一般饲料样品粗脂肪的测定

1. 油重法

①索氏提取器由 3 部分组成，下部为抽提瓶，中间为浸提管，上部为冷凝管。冷凝管上端加棉花，以减少无水乙醚逸出。索氏提取器应干燥。

②在洁净的抽提瓶中加入数粒沸石，在(103±2) ℃干燥箱中烘 60 min，放入干燥器中冷却至室温（30 min）后，称重。再烘 30 min，同样冷却，称重，两次称重之差小于 0.000 8 g 为恒重。

③称取试料 1～5 g（精确至 0.000 1 g）于滤纸筒中或用滤纸包好，放入(103±2) ℃干燥箱中烘 2 h，将滤纸筒或滤纸包放入提取器中，滤纸筒应高于提取器虹吸管的高度，滤纸包大

小应以可完全浸入石油醚或无水乙醚中为准。在抽提瓶中加入石油醚或无水乙醚 60～100 mL。利用水浴锅(加入蒸馏水)加热,如果溶剂为石油醚,温度控制在 40～60 ℃,如果溶剂为无水乙醚,温度控制在 60～75 ℃。石油醚或无水乙醚在抽提瓶中蒸发,石油醚或无水乙醚蒸气至冷凝管处冷凝为液体,仍流回浸提管中,样本受石油醚或无水乙醚的浸渍后,其中所含脂肪即被溶解。当浸提管中石油醚或无水乙醚积聚相当高度时,即由虹吸管回流入抽提瓶,样本所含脂肪可全部浸提出而积存于抽提瓶中。控制回流速度为每小时约 10 次,提取时间为 5～7 h,或以提取器流出的石油醚或无水乙醚滴到滤纸上挥发后不留下油迹为抽提终点。

④提取完毕后,移去上部的冷凝管,取出滤纸筒或滤纸包,将冷凝管复原,再蒸馏,使管中石油醚或无水乙醚再回流 1 次,以冲洗浸提管中残留的脂肪,然后继续蒸馏。当石油醚或无水乙醚聚积至虹吸管 2/3 高度处时,取下装置,将管中石油醚或无水乙醚倒入收醚瓶中,继续进行,直至抽提瓶中石油醚或无水乙醚几乎全部收完为止。

⑤取下抽提瓶,在水浴上蒸发除去残余石油醚或无水乙醚,擦净瓶外壁。将抽提瓶置于(103±2) ℃干燥箱内烘 2 h,放到干燥器中冷却至室温(30 min),称重。再烘 30 min,同样冷却、称重,两次称重之差小于 0.001 g 为恒重。

2. 残余法

①用滤纸折叠一大小适当的滤纸包,用铅笔做好标记,称取试料 1～5 g(精确至 0.000 1 g)放到滤纸包中,并取一根脱脂棉线系好,一起放入洁净的称量皿或称量瓶中。将称量皿放入干燥箱中,打开称量皿盖放在旁边,于(103±2) ℃干燥 3 h,盖好称量皿盖取出,放入干燥器中冷却至室温(30 min),称重。再烘 1 h,同样冷却、称重,两次称重之差小于 0.001 g 为恒重。

②将滤纸包放入提取器中,使滤纸包完全浸入石油醚或无水乙醚。在抽提瓶中加入石油醚或无水乙醚 60～100 mL。利用水浴锅加热,温度控制在 40～60 ℃(溶剂为石油醚)或 60～75 ℃(溶剂为无水乙醚),控制回流速度为每小时约 10 次,提取时间为 5～7 h,或以提取器流出的石油醚或无水乙醚滴到滤纸上挥发后不留下油迹为抽提终点。

③提取完毕后,移去上部的冷凝管,取出滤纸包放入原称量皿中,开盖置于通风橱中 30 min,挥发掉石油醚或无水乙醚。将称量皿放入干燥箱中,打开称量皿盖放在旁边,于(103±2) ℃下烘 2 h。盖好称量皿盖,取出,放入干燥器中冷却至室温(30 min),称重。再烘干 30 min,同样冷却称重,两次称重之差小于 0.001 g 为恒重。

(二)特殊样品的水解处理

对于脂肪不经预先水解则不能提取的纯植物性饲料(如谷蛋白、大豆及马铃薯蛋白)、纯动物性饲料(包括乳制品)等提取前需要水解处理。

①称取试料 2～5 g,置于一个烧杯或锥形瓶中,加入 100 mL 3 mol/L 的盐酸和金刚砂,覆盖表面皿,或与回流冷凝器连接,在电热板上加热混合物至微沸,保持 1 h,其间每 10 min 旋转摇动一次,避免试料黏附于容器壁上。

②室温冷却,加入一定量的滤器辅料。将一块适当大小的脱脂纱布放在布氏漏斗中,再放上无脂的双层滤纸,经湿润后倒入上述溶液及辅料,抽滤,残渣用冷水洗涤至中性。

③将脱脂纱布连同带有残渣的双层滤纸放入一干净的表面皿中,在(80±2) ℃真空干燥箱中减压(13.3 kPa)条件下干燥 60 min,用滤纸将残渣包好,按照油重法测定粗脂肪含量。

六、结果和数据处理

(一)结果计算

油重法测定的试样中粗脂肪含量 X(%)按照公式(5-1)计算。

$$X=\frac{m_2-m_1}{m}\times 100\% \tag{5-1}$$

式中:m_2 为烘干后抽提瓶与粗脂肪的质量,g;m_1 为烘干后抽提瓶的质量,g;m 为试料的质量,g。

残余法测定的试样中粗脂肪含量 X(%)按照公式(5-2)计算。

$$X=\frac{m_2-m_1}{m}\times 100\% \tag{5-2}$$

式中:m_2 为浸提前装有试料的滤纸包、脱脂棉线和称量皿烘干后的质量,g;m_1 为浸提后装有试料的滤纸包、脱脂棉线和称量皿烘干后的质量,g;m 为试料的质量,g。

每个试样取两个平行样进行测定,以其算术平均值为测定结果,结果保留 2 位小数。

(二)重复性

当粗脂肪含量不小于 10%时,允许两个平行样测定值的相对偏差为 3%;当粗脂肪含量小于 10%时,允许两个平行样测定值的相对偏差为 5%。

七、注意事项

①石油醚或无水乙醚易燃烧,在用于脂肪提取时,实验室内严禁点酒精灯、擦火柴、吸烟等,以防着火。

②进行折叠滤纸包、加试料、用棉线包扎滤纸包及取放称量皿等操作时,应先将手洗净并戴上白手套,以免影响结果。

③经提取后的滤纸包在称重时容易吸收空气中的水分,影响数据准确性,因此操作时宜盖好称量瓶(盒)盖,并迅速称重。

④试样水解的过程中,如果在滤液表面出现油脂,则可能得出错误结果,可减少测定试料或提高酸的浓度重复进行水解。

八、注解

肉类(猪肉、鸡肉、鱼肉等)中脂肪含量测定前须先烘干肉中的水分,具体方法如下:称取磨碎混匀的鲜肉 5~10 g 放在经烘干称重并铺有少量石棉的滤纸筒或滤纸包内,将滤纸筒或滤纸包移入瓷盘或称量皿中,在 103 ℃干燥箱中烘干(4~6 h),取出瓷盘或称量皿,放入干燥器冷却后称量。以下步骤按照饲料中粗脂肪的测定方法进行。

思考题

1. 本实验中盛有粗脂肪的抽提瓶在(103±2) ℃烘箱中的时间为什么不能过长?过长是否会影响测定结果?

2. 本实验中水浴的温度为什么要控制在 40～60 ℃(溶剂为石油醚)或 60～75 ℃(溶剂为无水乙醚)? 过高或过低对脂肪的抽提有什么影响?

拓展知识

粗脂肪测定仪

传统的粗脂肪含量测定方法主要依赖于索氏浸提法原理,通过萃取称重方法来获取最终结果。然而,这种方法涉及一系列烦琐的实验步骤,并且需要耗费大量的时间。为能够快速准确地测定样品中的脂肪含量,现已研制出各种型号的脂肪测定仪。

其中一种脂肪测定仪(图 5-2)依据经典的索氏浸提法原理,采用自动控温封闭电加热技术,操作时可根据试剂沸点和环境温度的不同而调节温度。试样在抽提过程中会经历反复浸泡和抽提处理,可显著缩短浸提时间,从而实现脂肪含量的快速测定。

另一种脂肪测定仪(图 5-3)采用快速批量抽提脂肪技术,操作时样品被分装在一种由特殊材料制作的滤袋中,在溶剂的作用下,脂肪溶解透出滤袋,而样品基质颗粒不能通过滤袋而留在滤袋中,从而实现脂肪与样品基质的分离。

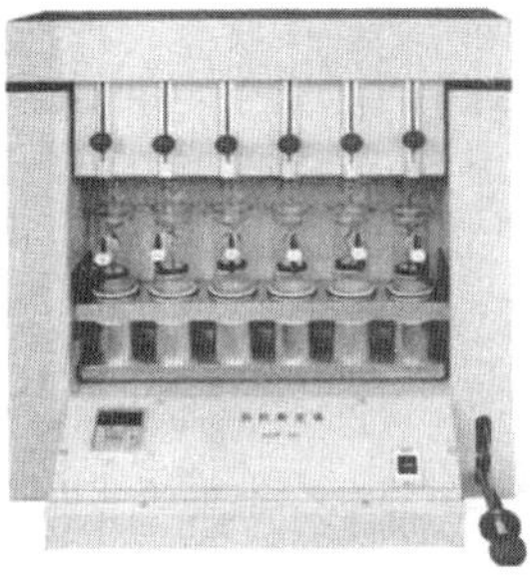

图 5-2　SZF-06 脂肪测定仪

图 5-3　Ankom XT20 脂肪测定仪

实验六　饲料中纤维性物质的测定

饲料中纤维性物质主要包括纤维素、半纤维素和木质素等成分。这些成分主要存在于植物细胞壁中,是植物细胞壁的主要结构物质。它们对饲料的物理特性和营养价值都有重要影响。纤维素是由葡萄糖分子通过 β-1,4 糖苷键连接而成的线性高分子多糖。它是植物细胞壁的主要成分之一。半纤维素是由多种单糖形成的杂聚多糖,包括木糖、甘露糖、半乳糖和阿拉伯糖等。它与纤维素紧密结合,共同构成植物细胞壁的结构。木质素是一种复杂的有机聚合物,主要由苯丙烷单元通过醚键和碳-碳键连接而成。它赋予植物细胞壁以硬度和刚性。这些成分在饲料中的含量和种类因植物种类和生长条件的不同而有所差异。

传统的粗纤维测定方法主要基于酸碱消煮原理,通过酸碱溶液处理样品去除非纤维性物质,最终得到的残渣即为粗纤维。这种方法较为粗略,无法详细区分饲料中纤维素、半纤维素和木质素的真实含量。为了更精确地分析饲料中的纤维性成分,Van Soest 提出了中性洗涤纤维(neutral detergent fiber,NDF)、酸性洗涤纤维(acid detergent fiber,ADF)和酸性洗涤木质素(acid detergent lignin,ADL)测定法。

中性洗涤纤维(NDF)测定法通过中性洗涤剂处理饲料,得到的残渣主要包括半纤维素、

纤维素、木质素和硅酸盐等。酸性洗涤纤维(ADF)测定法则利用酸性洗涤剂处理饲料,剩余的残渣主要为纤维素、木质素和硅酸盐。而酸性洗涤木质素(ADL)测定法则是在ADF的基础上进一步分离和测定木质素的含量。综合运用这3种方法,可以更全面地了解饲料中的纤维性成分,包括不同种类纤维性成分的含量和特性。因此,在现代饲料分析和营养学研究中,Van Soest提出的中性洗涤纤维、酸性洗涤纤维和酸性洗涤木质素测定法得到了广泛应用。

本实验主要介绍饲料中粗纤维的测定方法,以及饲料中中性洗涤纤维(NDF)、酸性洗涤纤维(ADF)和酸性洗涤木质素(ADL)的测定方法,同时,在拓展知识中简要介绍国产和进口粗纤维测定仪的使用方法。

一、粗纤维的测定

(一)目的和要求

本实验要求学生掌握测定饲料中粗纤维含量的原理和方法,并用以测定各类饲料中粗纤维含量。

(二)原理

粗纤维的常规测定方法是在公认的强制规定条件下,将试样用一定容量和一定浓度的预热硫酸和氢氧化钾溶液煮沸一定时间,水解饲料中淀粉、果胶物质和蛋白质,并除去脂肪,经高温灼烧除去矿物质,所余即为粗纤维。其中以纤维素为主,还有少量半纤维素和木质素。

(三)仪器设备

①分析天平:感量0.000 1 g。

②电热恒温干燥箱。

③高温电阻炉。

④电炉或电热板。

⑤消煮器:有冷凝球的600 mL高型无嘴烧杯或有冷凝管的600 mL锥形瓶。

⑥滤埚:可为陶瓷、石英或玻璃材质,有滤板,滤板孔径为40～100 μm。

注意:第一次使用前,新的滤埚需放入高温电阻炉中小心逐步升温,温度不要高于525 ℃,并在(500±25) ℃下保持数分钟。

⑦陶瓷筛板。

⑧真空抽滤装置:配备500～1 000 mL抽滤瓶、真空泵。

⑨坩埚:陶瓷或石英等材质,能耐受500～600 ℃的温度。

⑩干燥器:以氯化钙或变色硅胶为干燥剂。

⑪烧杯:配有冷凝装置,在溶液沸腾时可保持溶液体积不变。

(四)试剂和材料

①硫酸溶液[(0.13±0.005)mol/L]:量取0.72 mL浓硫酸(分析纯)小心加入装有

100 mL 水的烧杯中，混合均匀后，用氢氧化钠标准溶液标定。

②氢氧化钾溶液[(0.23±0.005)mol/L]：称取 1.29 g 氢氧化钾(分析纯)，用水溶解，定容至 100 mL，混合均匀后，用基准邻苯二甲酸氢钾法标定。

③盐酸溶液(0.5 mol/L)：量取 4.17 mL 浓盐酸(分析纯)，用水稀释，定容至 100 mL，混合均匀。

④石油醚：分析纯，沸程为 30～60 ℃。

⑤丙酮：分析纯。

⑥正辛醇：分析纯，防泡剂。

⑦海沙或硅藻土：作为助滤剂，使用前，用 4 mol/L 盐酸溶液浸洗海沙并煮沸，用蒸馏水冲洗至中性，放入(500±25) ℃高温电阻炉中灼烧 2 h，冷却后置于干燥器中备用。

⑧滤袋：孔径为 20～25 μm，热稳定性好，可耐受酸碱消煮。

⑨滤纸。

(五)方法和步骤

1. 滤埚法

①称取 1 g(精确至 0.000 1 g)通过 18 目(孔径为 1 mm)筛的试样，放入 600 mL 锥形瓶或高型无嘴烧杯。

注意：粗脂肪含量大于 10%的试样需预先脱脂；碳酸盐含量大于 5%的试样需预先除去碳酸盐。

②加入 150 mL 煮沸的(0.13±0.005)mol/L 硫酸溶液和 1 滴正辛醇，连接冷凝装置，立即加热，应使其尽快沸腾，并保持微沸 30 min，每 5 min 摇动 1 次锥形瓶或高型无嘴烧杯，将黏附于瓶壁上的样品冲入溶液，同时应注意保持硫酸溶液浓度不变(可补加蒸馏水)。

③微沸 30 min 后立即停止加热，将消煮液转移至铺有海沙或硅藻土的滤埚中，盖上筛板防溅，趁热真空抽滤，全部抽净。用热水反复冲洗残渣至滤液呈中性，真空抽滤至干。

④将滤渣全部转入原锥形瓶或高型无嘴烧杯中，加入 150 mL 煮沸的(0.23±0.005) mol/L 氢氧化钾溶液和 1 滴正辛醇，连接冷凝装置，立即加热，使其尽快沸腾，同样保持微沸 30 min，每 5 min 摇动 1 次锥形瓶或高型无嘴烧杯，将黏附于瓶壁上的样品冲入溶液，同时应注意保持氢氧化钾溶液浓度不变(可补加蒸馏水)。

⑤趁热将消煮液转移至铺有助滤剂的滤埚中，盖上筛板防溅，真空抽滤至干，以沸水洗涤残渣至滤液呈中性为止。

⑥向装有滤渣的滤埚中加入丙酮或石油醚浸没样品 5 min，真空抽滤至干，反复 3 次。

⑦将滤埚与残渣放入(130±2) ℃干燥箱中烘 2 h，取出放入干燥器中冷却至室温，称重(m_1)。

⑧将滤埚在电炉上炭化至无烟，移入(500±25) ℃高温电阻炉中灼烧 0.5 h，取出放入干燥器中冷却 30 min 后称重(m_2)，直至连续 2 次称重之差小于等于 0.002 g。

2. 滤袋法

①用耐溶剂记号笔给滤袋编号，将滤袋放入(103±2) ℃干燥箱中烘 2 h，取出放入干燥器中冷却至室温，称重(m_1)，精确至 0.000 1 g。

②称取 1 g 通过 18 目(孔径为 1 mm)筛的试样于滤袋中，精确至 0.000 1 g，给滤袋封口。

样品量一般不超过滤袋容量的一半，若太满，可减少称样量，但不得少于 0.2 g。

注意：粗脂肪含量大于 10%的试样需预先脱脂；碳酸盐含量大于 5%的试样需预先除去碳酸盐。

③将装有试样的滤袋放入烧杯中，按每个滤袋 100 mL 的量加入(0.13±0.005) mol/L 硫酸溶液，安装好冷凝装置，加热至微沸状态，保持 30 min，同时应注意保持硫酸溶液浓度不变。处理完毕后取出滤袋，用热水洗涤滤袋至中性，轻轻挤出滤袋中的水分，再用滤纸把滤袋轻轻吸干。

④将上述滤袋放入洁净的烧杯中，按每个滤袋 100 mL 的量加入(0.23±0.005) mol/L 氢氧化钾溶液，安装好冷凝装置，加热至微沸状态，保持 30 min，同时应注意保持氢氧化钾溶液浓度不变。处理完毕后取出滤袋，用热水洗涤滤袋至中性，轻轻挤出滤袋中的水分，再用滤纸把滤袋轻轻吸干。

⑤将处理后的滤袋放入干净烧杯中，于通风橱中加入丙酮，使滤袋完全浸没在丙酮中 5 min，其间用玻璃棒轻轻翻动滤袋 2 次，将丙酮倒掉，重复脱脂 3 次。取出滤袋，轻轻挤压除去丙酮，放置于通风橱中至少 30 min，使丙酮完全挥发。

⑥将脱脂后的滤袋放入(103±2) ℃干燥箱中烘 4 h，取出放入干燥器中冷却至室温，称重(m_2)，精确至 0.000 1 g，直至连续两次称重之差小于等于 0.002 g。

⑦将烘干、称重的滤袋放入已恒重的坩埚(m_3)中，在电热板或电炉上低温炭化至无烟，转移至(600±25) ℃的高温电阻炉中灰化 3 h，取出坩埚，于空气中冷却 1 min，放于干燥器中冷却至室温，称重(m_4)，再次灰化，冷却称重，直至连续两次称重之差小于等于 0.002 g。

⑧另取一滤袋，不加样品，按上述方法进行空白测定，灰化所引起的质量损失应不超过空白滤袋质量。

(六)结果和数据处理

1. 结果计算

滤埚法测定的试样中粗纤维含量 X(%)按照公式(6-1)计算。

$$X=\frac{m_1-m_2}{m}\times 100\% \tag{6-1}$$

式中：m_1 为烘干的滤埚和残渣质量，g；m_2 为灼烧后的滤埚和残渣灰分质量，g；m 为样品质量，g。

每个试样取两个平行样进行测定，以其算术平均值为结果，结果保留 1 位小数。

滤袋法测定的试样中粗纤维含量 X(%)按照公式(6-2)和公式(6-3)计算。

$$K=\frac{m_{b2}-(m_{b4}-m_{b3})}{m_{b1}} \tag{6-2}$$

$$X=\frac{(m_2-m_1\times K)-(m_4-m_3)}{m}\times 100\% \tag{6-3}$$

式中：K 为空白滤袋灰化校正系数；m_{b2} 为酸碱处理并脱脂后烘干的空白滤袋质量，g；m_{b4} 为空白测定中坩埚和滤袋灰分质量，g；m_{b3} 为空白测定中坩埚质量，g；m_{b1} 为烘干后空白滤袋质量，g；m_2 为酸碱处理并脱脂后烘干的滤袋和残渣质量，g；m_1 为烘干后滤袋质量，g；m_4 为灼烧后坩埚和灰分质量，g；m_3 为空坩埚质量，g；m 为样品质量，g。

每个样品取两个平行样进行测定，以其算术平均值为结果，结果保留 1 位小数。

2. 重复性

当粗纤维含量在 5%以下时，允许绝对相差小于等于 0.6%；当粗纤维含量在 5%～10%时，允许绝对相差小于等于其算术平均值的 10%；当粗纤维含量在 10%以上时，允许绝对相差小于等于其算术平均值的 6%。

(七)注意事项

1. 滤埚法

①试样应粉碎至可以过 18 目(孔径为 1 mm)筛。

②粗脂肪含量大于 10%的试样应预先脱脂。其方法为：取 1 g 试样于滤埚中，加入 30 mL 石油醚，浸没 5 min，真空抽滤至干，重复 3 次，转移至烧杯中用于后续测定。

③碳酸盐含量大于 5%的试样应预先去除碳酸盐。其方法为：取 1 g 试样于烧杯中，加入 100 mL 0.5 mol/L 盐酸溶液，连续搅拌 5 min，转入铺有海沙或硅藻土的滤埚中真空抽滤至干，再用 100 mL 水洗涤烧杯，转入滤埚抽滤至干，重复洗涤 1 次，即可用于后续测定。

④若试样所含脂肪不能直接用石油醚提取，可先用 30 mL 丙酮洗涤残渣，真空抽滤至干，反复 3 次；再用石油醚洗涤残渣，真空抽滤至干，反复 3 次。

⑤酸、碱处理时应准确微沸 30 min，并保持酸、碱溶液浓度不变。若有水分蒸发损失，可补充蒸馏水。

⑥在冲洗过程中应避免残渣损失。

2. 滤袋法

①在向滤袋中加入样品时，样品不能洒落到滤袋外面。

②滤袋封口的位置要合理，保证所有样品封闭在滤袋内，若袋口附近有样品，封口前可用手轻轻将样品弹入滤袋。

③脂肪含量大于 5%的试样应预先脱脂。其方法为：将装有试样的滤袋放入烧杯中，加入丙酮或石油醚浸泡 5 min，其间用玻璃棒搅拌翻动 2 次，倒掉丙酮或石油醚，再按如上重复操作 3 次。取出滤袋，在滤纸上挤压并在通风橱中挥发 30 min，去除丙酮或石油醚后，即可用于后续测定。

④碳酸盐含量大于 5%的试样应预先去除碳酸盐。其方法为：将装有试样的滤袋放入烧杯中，加入 0.5 mo/L 盐酸溶液浸泡 5 min，取出滤袋，用蒸馏水洗至中性，挤干水分，即可用于后续测定。

拓展知识一

国产粗纤维测定仪

一、概述

国产粗纤维测定仪(图 6-1)是一种用过滤法测定粗纤维含量的半自动化仪器，使用方便，既可用于实验室的常规工作，又可用于科研与开发。

图 6-1 CXC-06 型粗纤维测定仪

二、操作步骤

①将仪器放置于工作台上，工作台附近应有水池和水龙头。将 3 个烧瓶放置于仪器顶部的电加热板上，并将顶部伸出的标明酸、碱、蒸馏水的橡胶管套在相应的烧瓶底部的水龙头上。3 个烧瓶的位置从左到右依次为酸、碱、蒸馏水。然后将水龙头分别套上橡胶管，5 个水龙头中，靠前的 2 个为进水龙头，靠后的上面 2 个为出水龙头，靠后的下面 1 个为抽滤出水龙头，应用橡胶管引入水池。

②在仪器顶部的酸、碱、蒸馏水烧瓶中分别加入已配制好的酸、碱溶液和蒸馏水(不少于 2 000 mL)，将瓶盖盖上。

③在坩埚内放入 1～2 g 试样(试样粉碎过 18 目筛，脂肪含量大于 10%时必须预先脱脂)，并将装好试样的坩埚分别放入 6 个抽滤座中，注意应放置于抽滤座中央红色的硅橡胶圈上，并使其与上面的消煮管下套中的红色硅橡胶圈对齐，不要将坩埚放偏或放斜，否则将会漏液。在 6 个坩埚均放置准确后稍压下操纵杆柄不要松手(但不要锁紧)，再一次观察 6 个坩埚与消煮管下套的硅橡胶圈是否对准。在确信完全对准后再进一步压下操纵杆并锁紧。

④打开进水开关，注意进水量要适中，将面板上预热调钮和消煮调压旋钮逆时针旋到底，打开电源开关，调整定时器的设定时间为 30 min。

⑤开启酸、碱、蒸馏水预热开关，调节预热调压旋钮，顺时针将其调到最大，这时左边电压表显示电压为 220 V 左右。

⑥当酸、碱溶液和蒸馏水沸腾时，将预热电压调小至酸、碱溶液和蒸馏水微沸。

⑦打开加酸开关，分别按 1～6 号加液按钮在消煮管中加入已沸的酸溶液 200 mL(到消煮管中间刻度线)，再在每个消煮管内加 2 滴正辛醇。关闭酸预热开关，开启消煮加热开关(消煮加热开关有 3 个，其中 1 号加热开关对应控制 1 号和 2 号消煮管的加热，2 号加热开关对应控制 3 号和 4 号消煮管的加热，3 号加热开关对应控制 5 号和 6 号消煮管的加热，可视实际需要选择开启不同的加热开关)，将消煮调压旋钮调至最大，此时右边电压表显示电压为 220 V 左右，待消煮管内酸溶液再次微沸后再将电压调至 150～170 V，使酸溶液保持微沸，向上打开消煮定时开关，保持酸溶液微沸 30 min。30 min 消煮时间后，蜂鸣器鸣叫，自动切断消煮加热电源。

⑧关闭消煮加热开关，将消煮定时开关向下关闭，将消煮调压旋钮逆时针旋到底，打开 1～6 号抽滤开关(可以一个个打开，也可将 1～6 号全部打开后一起抽滤)，打开抽滤泵开关，将酸溶液抽掉。抽完酸溶液后，先关闭抽滤泵开关，再关闭抽滤开关。打开蒸馏水开关，再按下 1～6 号加液按钮，在消煮管中加入蒸馏水后再抽干，连续 2 或 3 次，直至用试纸测试显中性后关闭加蒸馏水开关。在抽滤过程中若发现坩埚堵塞，可关闭抽滤泵，开启反冲泵用气流反冲，直至出现气泡后关闭反冲泵，打开抽滤泵继续抽滤。洗涤完毕后关闭所有抽滤开关和泵开关。

⑨打开加碱开关，分别在消煮管中加入微沸的碱溶液 200 mL 后关闭加碱开关，再在每个消煮管中加入 2 滴正辛醇后重复⑦和⑧的操作，进行碱消煮、抽滤和洗涤。

⑩以上工作完成后，用吸管分别在消煮管上口加入 25 mL 左右石油醚或丙酮，浸泡十几秒钟后抽干。

⑪将操作杆手柄稍用力压下后拉出定位装置，使升降架上升复位。戴上手套后将坩埚取出，在通风橱中挥发干净丙酮或石油醚后，移入恒温干燥箱中进行干燥。

拓展知识二

进口粗纤维测定仪

一、概述

进口 Ankom 200 型粗纤维测定仪(图 6-2)是一种用滤袋法测定粗纤维含量的半自动化仪器，使用方便，既可用于实验室的常规测定，又可用于科研与开发。

图 6-2　Ankom 200 型粗纤维测定仪

二、仪器设备

①粗纤维测定仪(Ankom 200)。

②封口机。

③分析天平：感量 0.000 1 g。

④高温电阻炉：电加热，有高温计且可控制炉温在 500～600 ℃。

⑤电炉或电热板。

⑥电热恒温干燥箱：可控制温度在 100～105 ℃。

⑦坩埚：陶瓷或石英等材质，能耐受 500～600 ℃的温度。

⑧干燥器：以氯化钙或变色硅胶为干燥剂。

三、试剂和材料

①硫酸溶液[(0.13±0.005) mol/L]：量取 0.72 mL 浓硫酸(分析纯)，小心加入装有 100 mL 水的烧杯中，混合均匀后，用氢氧化钠标准溶液标定。

②氢氧化钾溶液[(0.23±0.005) mol/L]：称取 1.29 g 氢氧化钾(分析纯)，用水溶解，定容至 100 mL，混合均匀后，用基准邻苯二甲酸氢钾法标定。

③石油醚：分析纯，沸程为 30～60 ℃。

④丙酮：分析纯。

⑤滤袋：Ankom F57 滤袋，如果样品粉碎过细，应选用 F58 滤袋。

⑥耐溶剂记号笔或铅笔。

⑦干燥袋：袋内装有氯化钙或变色硅胶干燥剂。

四、操作步骤

①用耐溶剂记号笔给滤袋编号，称重(m_1)。

②直接准确称取 1 g(精确至 0.000 1 g)制备好的样品 (m) 于滤袋中。样品需要粉碎过 18 目(孔径为 1 mm)筛。

③在距离滤袋上边缘大约 4 mm 处用封口机封口。然后将样品在滤袋中展平,均匀分布。

④至少取一个空滤袋,称重(m_{b1}),不加样品,同时做空白测定。

⑤所有样品都需要预先脱脂。将装有样品的滤袋放入适合的容器中,加入石油醚使滤袋完全浸没,浸泡 10 min。倒掉溶剂,将滤袋放在网筛上晾干。若样品沉到滤袋底部结块,可通过摇动或轻弹消除结块。

⑥将装有样品的滤袋和空白滤袋放在滤袋架托盘上,滤袋架托盘共 9 层,下面 8 层用于放滤袋(8 层托盘必须全部使用,即使没有放样品),每层托盘最多放 3 个滤袋,一次最多可放 24 个滤袋。第 9 层托盘不放样品,置于滤袋架上顶层,层与层之间旋转错开 120 °。然后将滤袋架放入纤维测定仪消煮容器中,在顶部将金属压锤放上,以确保消煮过程中滤袋架不浮起。

⑦确保排液阀处于关闭状态,加入约 2 000 mL 室温的硫酸溶液(0.13±0.005) mol/L,确保滤袋托盘能完全浸没在溶液中。

⑧ 按下加热和搅拌开关,确保仪器搅拌正常。关闭仪器顶盖,旋紧手柄,确保完全密封好。设置处理时间为 40 min,包括加热升温时间,仪器将加热并保持溶液温度在 100 ℃。

⑨ 消煮结束,关闭加热和搅拌开关,打开排液阀(开始要慢一点),在打开盖子之前一定要将热的溶液排完。

*警示:消煮容器中是有压力的,在打开盖子之前一定要先将排液阀打开,排出废液以释放压力。

⑩ 溶液排完后,打开盖子,关闭排液阀,加入 2 000 mL 热蒸馏水 (50～90 ℃),搅拌 5 min。盖上盖子并打开加热开关;或打开盖子,只打开搅拌开关,此时务必使加热开关处于关闭状态。重复 1 次,热水洗涤共 2 次。

⑪确保排液阀处于关闭状态,加入约 2 000 mL 室温的氢氧化钾溶液 (0.23±0.005) mol/L,确保滤袋托盘能完全浸没在溶液中。

⑫按下加热和搅拌开关,确保仪器搅拌正常。关闭仪器顶盖,旋紧手柄,确保完全密封好。设置处理时间为 40 min,包括加热升温时间,仪器将加热并保持溶液温度在 100 ℃。

⑬消煮结束,关闭加热和搅拌开关,打开排液阀(开始要慢一点),排出废液。

⑭溶液排完后,打开盖子,关闭排液阀,加入 2 000 mL 热蒸馏水 (50～90 ℃),搅拌 5 min。盖上盖子并打开加热开关;或打开盖子,只打开搅拌开关,此时务必使加热开关处于关闭状态。重复 2 次,热水洗涤共 3 次。

⑮将滤袋从滤袋架上取下来,轻轻挤压去掉多余的水。然后将滤袋放入 250 mL 烧杯中,加入丙酮至浸没滤袋,浸泡 3～5 min,然后倒掉丙酮,用手轻轻挤压滤袋去掉多余的丙酮。

⑯在通风橱中展开滤袋，使其自然干燥。待其完全干燥后放入(102±2) ℃干燥箱中烘 2～4 h。

*警告：在丙酮完全挥发掉之前不能把滤袋放入干燥箱中。

⑰从干燥箱中取出滤袋，直接放入干燥袋中冷却 10～15 min 至室温，然后称重(m_2)。

⑱将滤袋放入已知质量(m_3)的坩埚中，在电炉上低温碳化至无烟，然后在(600±15) ℃条件下灰化 2 h，取出放入干燥器中冷却至室温，称重，记录坩埚和灰分质量(m_4)。

五、结果和数据处理

(一)结果计算

试样中粗纤维含量 X(%)按照公式(6-4)计算。

$$X=\frac{(m_2-m_1\times C)-(m_4-m_3)}{m}\times 100\% \tag{6-4}$$

式中：m_2 为烘干的滤袋和残渣质量，g；m_1 为滤袋质量，g；C 为空白袋校正系数(烘干后质量/原来质量)；m_4 为灼烧后坩埚和灰分质量，g；m_3 为空坩埚的质量，g；m 为样品质量，g。

每个样品取两个平行样进行测定，以其算术平均值为结果，结果保留 2 位小数。

(二)重复性

当粗纤维含量在 5%以下时，允许绝对相差小于等于 0.6%；当粗纤维含量在 5%～10%时，允许绝对相差小于等于其算术平均值的 10%；当粗纤维含量在 10%以上时，允许绝对相差小于等于其算术平均值的 6%。

二、中性洗涤纤维(NDF)的测定

(一)目的和要求

本实验要求学生掌握测定饲料中中性洗涤纤维含量的原理和方法，并用以测定各类饲料中中性洗涤纤维含量。

(二)原理

植物性样品经中性洗涤溶液(30 g/L 十二烷基硫酸钠)和热稳定 α-淀粉酶处理，溶解于溶液中的为细胞内容物，其中包括蛋白质、脂类、淀粉和糖等，总称为中性洗涤可溶物；不溶解于溶液中的残渣为中性洗涤纤维，主要为细胞壁成分，其中包括半纤维素、纤维素、木质素和硅酸盐等。

(三)仪器设备

①分析天平：感量 0.0001 g。

②消煮回流装置：配备 600 mL 烧杯、冷凝管和加热模块。

③真空抽滤装置：配备 500～1 000 mL 抽滤瓶、真空泵。

④砂芯坩埚：容积为 50 mL，孔径为 40～60 μm。

注意：第一次使用时，砂芯坩埚需先放入(500±20) ℃高温电阻炉中灼烧 1 h；每次使用后需清洗干净，放入(500±20) ℃高温电阻炉中灼烧 3 h，超声清洗 10 min，用热水淋洗后再用常温水浸泡至少 30 min。

⑤电热恒温干燥箱：可控制温度在(105±2) ℃。

⑥干燥器：用氯化钙或变色硅胶作干燥剂。

⑦pH 计：精度±0.01。

⑧高温电阻炉：可控制温度在(500±20) ℃。

⑨玻璃棒。

(四)试剂和材料

①中性洗涤溶液：称量 18.61 g 乙二胺四乙酸(ethylenediaminetetra-acetic acid，EDTA)二钠(EDTA·2Na，分析纯)、6.81 g 硼酸钠($Na_2B_4O_7 \cdot 10H_2O$，分析纯)和 4.56 g 无水磷酸氢二钠(Na_2HPO_4，分析纯)放入烧杯中，加入少量蒸馏水，加热溶解后放于通风橱中冷却。再加入 30 g 十二烷基硫酸钠($C_{12}H_{25}NaO_4S$，分析纯)，溶解后加入 10 mL 二缩三乙二醇($C_6H_{14}O_4$，分析纯)消泡。然后转入 1 000 mL 容量瓶中，加水至大约 950 mL，将溶液混合均匀，用浓盐酸或 NaOH 溶液调节溶液 pH 为 6.95～7.05 后，定容摇匀，保存备用。

②无水亚硫酸钠(Na_2SO_3)：分析纯。

③热稳定 α-淀粉酶溶液：按使用说明对热稳定 α-淀粉酶进行稀释和校准，确保 2 mL 稀释后的酶溶液可以去除 0.5 g 生玉米粉中的淀粉。稀释后的酶溶液可在 2～8 ℃下保存 5 d，保存过久会失效。

④丙酮(CH_3COCH_3)：分析纯。

⑤硅油：防泡剂。

⑥滤袋：孔径为 20～25 μm，可耐受热稳定 α-淀粉酶、中性洗涤溶液。

⑦滤纸。

⑧石英砂：作为助滤剂，粒径为 125～150 μm。使用前需用 4 mol/L 盐酸溶液浸泡，煮沸，然后用水反复冲洗至滤液呈中性，放入(500±20) ℃高温电阻炉中灼烧 2 h，取出放入干燥器中冷却备用。

(五)方法和步骤

1. 坩埚法

①将洁净的砂芯坩埚放入(105±2) ℃干燥箱中干燥 2 h，取出置于干燥器中冷却 30 min，称重(精确至 0.0001 g)。

②准确称取通过 18 目(孔径为 1 mm)筛的样品 0.4～1 g(精确至 0.000 1 g)，置于消煮回流装置的烧杯中，加入 50 mL 中性洗涤溶液、0.5 g 无水亚硫酸钠，轻轻摇动样品，防止黏附在消煮容器底部。

注意：若样品中脂肪含量大于 5%，应预先脱脂。

③打开冷凝水，开始加热，在 5 min 内煮沸，加入热稳定 α-淀粉酶溶液 2 mL，轻轻摇动，防止样品黏附在烧杯壁上或烧杯底部。从沸腾时开始计时，保持沸腾回流(60±1)min。尽量避

免样品黏附在容器壁上，若有少量样品黏附于容器壁上，可用尽可能少的中性洗涤溶液冲洗烧杯内壁，使样品消煮完全，冲洗次数不超过 2 次。

④煮沸完毕后，取下烧杯，静置 1 min，观察消煮液，若溶液上层有脂肪颗粒，或发生乳化，说明样品脂肪含量高，需重新取样并预先脱脂后再用中性洗涤溶液处理。

⑤若未发现脂肪颗粒或乳化现象，把铺有 5 g(精确至 0.000 1 g)石英砂的已知质量的砂芯坩埚安装在抽滤瓶上，加入沸水 40 mL 预热浸洗坩埚 1 min，真空抽滤至干，立即趁热将消煮液倒入坩埚中，第一次大约倒入 40 mL，然后向砂芯坩埚中持续倒入剩余全部消煮液，以最小真空度抽滤，并在快抽干前及时停止(真空度过高或过度抽干都会导致砂芯坩埚堵塞，影响后续清洗)。用玻璃棒和少量沸水将烧杯中剩余残渣全部无损转入砂芯坩埚中，向坩埚中加入沸水约 25 mL，再加入热稳定 α-淀粉酶溶液 2 mL，反应 1 min，真空抽滤，再加入沸水 50 mL 浸泡 5 min，抽滤至近干(不完全抽干)，反复 2 次。

⑥向砂芯坩埚残渣中加入丙酮 50 mL，用玻璃棒搅拌使残渣团块分散，浸泡 5 min，抽滤至干，反复 2 次，玻璃棒上的残渣颗粒也要冲洗到砂芯坩埚中，不能损失。在通风橱中挥发至少 30 min，确保所有丙酮挥发干净。

⑦将砂芯坩埚取下放入(105±2) ℃干燥箱中烘 4 h，取出放入干燥器中冷却 30 min，称重，精确至 0.0001 g，直至连续两次称重之差小于等于 0.002 g。

⑧称量 5 g 石英砂放入干燥、已知质量的砂芯坩埚中，不加样品，按上述方法进行空白测定。

2. 滤袋法

①用耐溶剂记号笔给滤袋编号，将滤袋放入(105±2) ℃干燥箱中烘 2 h，取出放入干燥器中冷却至室温，称重(m_1)，精确至 0.000 1 g。

②称取样品 0.5 g(精确至 0.000 1 g)于滤袋中，给滤袋封口。样品量一般不超过滤袋容量的一半，如太满，可适当减少称样质量，但不得少于 0.2 g。

注意：若样品中粗脂肪含量大于 5%，需预先脱脂；若样品中粗脂肪含量未知，建议预先脱脂。

③将装有样品的滤袋放入消煮烧杯中，每个滤袋加入无水亚硫酸钠 0.5 g、热稳定 α-淀粉酶溶液 2 mL、中性洗涤溶液 50 mL。安装好消煮回流装置，打开冷却水，开始加热，使溶液 5 min 内沸腾，保持溶液持续沸腾(60±1) min，必要时加入硅油 3～5 mL 消泡。每 10 min 至少用玻璃棒搅动 1 次滤袋，保证滤袋完全浸没在溶液中充分消煮。

④取出洗涤好的滤袋，轻轻挤压除去溶液，再用滤纸轻轻吸干。将滤袋放入烧杯中，倒入 80～100 ℃热水浸没洗涤滤袋 5 min，其间用玻璃棒轻轻翻动滤袋 2 次，倒去烧杯中的水，反复洗涤至浸出液无泡沫产生为止，轻轻挤压除去滤袋上的水，再用滤纸轻轻吸干。

⑤将洗涤好的滤袋放入烧杯中，加入丙酮，完全浸没滤袋 5 min，其间用玻璃棒轻轻翻动 2 次，倒出丙酮，重复洗涤至浸出液无色为止，轻轻挤压滤袋除去多余的丙酮，再用滤纸轻轻吸干。

⑥将滤袋放入通风橱中挥发 30 min，确保丙酮全部挥发干净，放入(105±2) ℃的干燥箱中烘 4 h，取出放入干燥器中冷却 30 min，称重，精确至 0.000 1 g，直至连续两次称量之差小于 0.002 g。

⑦另取一个已干燥的滤袋，称重，不加样品，按上述方法进行空白测定。

(六)结果和数据处理

1. 结果计算

过滤法测定的试样中中性洗涤纤维(NDF)含量 X(%) 按照公式(6-5)计算。

$$X=\frac{m_1-m_2-m_3-(m_{b1}-m_{b2}-m_{b3})}{m}\times 100\% \tag{6-5}$$

式中:m_1 为砂芯坩埚、石英砂和样品消煮烘干后的质量,g;m_2 为样品测定用砂芯坩埚的质量,g;m_3 为样品测定用石英砂的质量,g;m_{b1} 为空白测定用砂芯坩埚和石英砂消煮烘干后的质量,g;m_{b2} 为空白测定用石英砂的质量,g;m_{b3} 为空白测定用砂芯坩埚的质量,g;m 为样品的质量,g。

每个试样取两个平行样进行测定,以其算术平均值为结果,结果保留 1 位小数。

滤袋法测定的试样中中性洗涤纤维(NDF)含量 X(%)按照公式(6-6)计算。

$$X=\frac{m_1-m_2-(m_{b1}-m_{b2})}{m}\times 100\% \tag{6-6}$$

式中:m_1 为样品和滤袋消煮烘干后的质量,g;m_2 为样品测定用滤袋的质量,g;m_{b1} 为空白测定用滤袋消煮烘干后的质量,g;m_{b2} 为空白测定用滤袋的质量,g;m 为样品的质量,g。

每个试样取两个平行样进行测定,以其算术平均值为结果,结果保留 1 位小数。

2. 重复性

当 NDF 含量小于等于 10%时,允许相对偏差小于等于 5%;当 NDF 含量大于 10%时,允许相对偏差小于等于 3%。

(七)注意事项

①洗涤坩埚时,每次倒入坩埚的热水不能太满,用玻璃棒搅碎滤渣,浸泡 15~30 s 后开始轻轻抽气过滤。

②样品中脂肪含量大于 5%时应预先脱脂。其方法为:称取适量样品,精确至 0.0001 g,加入丙酮浸没样品 5 min,真空抽滤至干,重复脱脂 3 次,将砂芯坩埚或滤袋置于通风橱内 30 min,挥发掉多余的石油醚或丙酮,即可用于测定。

三、酸性洗涤纤维(ADF)的测定

(一)目的和要求

本实验要求学生掌握测定饲料中酸性洗涤纤维含量的原理和方法,并用以测定各类饲料中酸性洗涤纤维的含量。

(二)原理

植物性样品经酸性洗涤剂(20 g/L 十六烷基三甲基溴化铵)处理,溶于酸性洗涤剂的部分称为酸性洗涤可溶物,包括中性洗涤可溶物和半纤维素;剩余的残渣为酸性洗涤纤维,主要成分为纤维素、木质素和少量矿物质。

(三)仪器设备

①分析天平:感量 0.000 1 g。

②消煮回流装置:配备消煮容器、加热模块和冷凝装置。

③真空抽滤装置:配备 500～1 000 mL 抽滤瓶、真空泵。

④砂芯坩埚:容积为 50 mL,孔径为 40～60 μm。

注意:第一次使用时,砂芯坩埚需先放入(525±20) ℃高温电阻炉中灼烧 1 h;每次使用后需清洗干净,放入(525±20) ℃高温电阻炉中灼烧 3 h,用酸性洗涤剂浸泡,超声清洗 10 min,用热水冲洗后再用冷水浸泡坩埚至少 30 min。

⑤电热恒温干燥箱:可控制温度在(103±2) ℃。

⑥干燥器:用氯化钙或变色硅胶作干燥剂。

⑦高温电阻炉:可控制温度在(525±20) ℃。

⑧玻璃棒。

⑨耐溶剂记号笔:用于滤袋编号,编号需耐受酸性洗涤剂消煮。

(四)试剂和材料

①酸性洗涤剂:称量 20 g 十六烷基三甲基溴化铵,溶于标定过的 1 000 mL(0.5±0.025) mol/L 硫酸溶液中,充分搅拌使之全部溶解。

②硅油:消泡剂。

③石油醚:分析纯,沸程为 30～60 ℃。

④丙酮:分析纯。

⑤4 mol/L 盐酸溶液:量取 32.8 mL 浓盐酸,用水稀释到 100 mL,混合均匀备用。

⑥石英砂:作为助滤剂,粒径为 125～150 μm,使用前先用 4 mol/L 盐酸溶液浸泡,煮沸,用水反复冲洗至滤液呈中性,在(525±20) ℃高温电阻炉中灼烧 2 h,取出放于干燥器中冷却备用。

⑦滤袋:孔径为 25 μm,耐酸性洗涤剂消煮。

(五)方法和步骤

1. 过滤法

①将洁净的砂芯坩埚在(103±2) ℃干燥箱中烘干 4 h,取出放于干燥器中冷却 30 min,称重(精确至 0.000 1 g),直至连续两次称量之差小于 0.002 g。

②准确称取通过 18 目(孔径为 1 mm)分析筛的样品 1 g(精确至 0.000 1 g),放入消煮回流装置的容器中,加入 100 mL 酸性洗涤剂。

注意:若样品中脂肪含量大于 10%,应预先脱脂;若样品中脂肪含量未知或大于 5%,建议预先脱脂。

③连接冷凝装置,打开冷凝水,开始加热,使溶液在 5 min 内煮沸。从沸腾时开始计时,在微沸状态下消煮沸腾(60±1) min。泡沫多时可加入 2～4 滴硅油。若样品黏附到容器壁上,用尽可能少于 5 mL 的酸性洗涤剂冲洗,确保样品消煮完全。

④消煮完成后,取下消煮容器。称取助滤剂 5 g(精确至 0.000 1 g),铺在已知质量的砂

芯坩埚中，将消煮后的残渣全部无损转入砂芯坩埚，真空抽滤。用玻璃棒搅拌残渣使其松散，用沸水 40 mL 冲洗砂芯坩埚和残渣，反复冲洗直至滤液呈中性。用玻璃棒搅拌打碎团块，加入丙酮 40 mL 浸没残渣 5 min，尽可能使丙酮浸透纤维，真空抽滤，反复洗涤至滤液无色。

⑤将砂芯坩埚取下，放在通风橱中至少挥发 30 min，确保所有丙酮挥发干净后，置于(103±2) ℃干燥箱中烘 4 h，取出放入干燥器中冷却 30 min，称重，直至连续 2 次称重之差小于等于 0.002 g。

⑥另取石英砂 5 g 铺于干燥的已知质量的砂芯坩埚中，不加样品，按上述方法进行空白测定。

2. 滤袋法

①用耐溶剂记号笔给滤袋编号，将滤袋放入(103±2) ℃干燥箱中烘 2 h，取出放入干燥器中冷却至室温，称重，精确至 0.000 1 g。

②称取样品 0.5 g(精确至 0.000 1 g)于滤袋中，给滤袋封口。样品量一般不超过滤袋容量的一半，如太满，可适当减少称样质量，但不得少于 0.2 g。

注意：若样品中粗脂肪含量大于 10%，需预先脱脂；若样品中粗脂肪未知或含量大于 5%，建议预先脱脂。

③将装有样品的滤袋放入消煮容器中，加入酸性洗涤剂(加入体积按每个滤袋 100 mL 的量添加)，安装好冷凝装置，打开冷凝水，开始加热，使溶液在 10 min 内沸腾。从沸腾时开始计时，使溶液呈微沸状态，保持(60±1) min。泡沫多时可加入 2～4 滴硅油消泡。每 10 min 至少翻动 1 次滤袋，保证滤袋完全浸没在消煮溶液中充分消煮。

④取出消煮好的滤袋，用滤纸轻轻挤压吸干溶液。将滤袋放于烧杯中，倒入 90～100 ℃热水浸没滤袋，反复洗涤直至浸出液为中性，轻轻挤压去除滤袋中多余的水。

⑤将洗涤至中性的滤袋放入烧杯中，加入丙酮，浸没滤袋 5 min，倒出丙酮，轻轻挤压滤袋去除多余的丙酮，反复洗涤直至浸出液为无色。

⑥将洗涤好的滤袋放在通风橱中挥发 30 min，确保丙酮全部挥发干净，放入(103±2) ℃的干燥箱中烘 4 h，取出放入干燥器中冷却 30 min，称重，精确至 0.000 1 g，直至连续 2 次称量之差小于等于 0.002 g。

⑦另取一个干燥的滤袋，称重，不加样品，按上述方法进行空白测定。

(六)结果和数据处理

1. 结果计算

过滤法测定的试样中酸性洗涤纤维(ADF)含量 X(%)按照公式(6-7)计算。

$$X=\frac{m_1-m_2-m_3-(m_{b1}-m_{b2}-m_{b3})}{m}\times 100\% \tag{6-7}$$

式中：m_1 为砂芯坩埚、石英砂和样品消煮烘干后的质量，g；m_2 为样品测定用砂芯坩埚的质量，g；m_3 为样品测定用石英砂的质量，g；m_{b1} 为空白测定用砂芯坩埚和石英砂消煮烘干后的质量，g；m_{b2} 为空白测定用石英砂的质量，g；m_{b3} 为空白测定用砂芯坩埚的质量，g；m 为样品的质量，g。

每个试样取两个平行样进行测定，以其算术平均值为结果，结果保留 1 位小数。

滤袋法测定的试样中酸性洗涤纤维(ADF)含量 X(%)按照公式(6-8)计算。

$$X=\frac{m_1-m_2-(m_{b1}-m_{b2})}{m}\times 100\% \tag{6-8}$$

式中:m_1 为样品和滤袋消煮烘干后的质量,g;m_2 为样品测定用滤袋质量,g;m_{b1} 为空白测定用滤袋消煮烘干后的质量,g;m_{b2} 为空白测定用滤袋的质量,g;m 为样品的质量,g。

每个试样取两个平行样进行测定,以其算术平均值为结果,结果保留 1 位小数。

2. 重复性

当 ADF 含量小于 5%时,其绝对相差小于等于 1%;当 ADF 含量在 5%~10%时,其相对偏差小于等于 10%;当 ADF 含量大于 10%时,其相对偏差小于等于 6%。

(七)注意事项

①当样品中脂肪含量大于 10%时,应预先脱脂。其方法为:称取 1 g 样品(精确至 0.000 1 g),加入石油醚或丙酮,浸没滤袋 5 min,真空抽滤至干,重复脱脂 2 次。将滤袋置于通风橱内挥发 30 min,确保多余的石油醚或丙酮挥发干净,即可用于测定。

②石油醚和丙酮是易挥发、易燃的有机溶剂,在通风橱中使用,实验过程中禁止任何明火,样品放入干燥箱前,确保其完全挥发干净。

③十六烷基三甲基溴化铵会刺激黏膜,操作时需戴口罩。

四、酸性洗涤木质素(ADL)的测定

(一)目的和要求

本实验要求学生掌握测定饲料中酸性洗涤木质素含量的原理和方法,并用以测定各类饲料中酸性洗涤木质素含量。

(二)原理

酸性洗涤纤维经 72%的硫酸溶液处理后,溶于硫酸溶液的部分为纤维素,剩余的残渣包括木质素和硅酸盐。将残渣灰化灼烧,剩余的灰分为硅酸盐,灰化过程中燃烧掉的部分为酸性洗涤木质素。

(三)仪器设备

①分析天平:感量 0.000 1 g。

②消煮回流装置:配备有冷凝管的 600 mL 锥形瓶或有冷凝球的 600 mL 高型烧杯。

③真空抽滤装置:配备 500~1000 mL 抽滤瓶、真空泵。

④G_2 玻璃砂漏斗:30 mL。

⑤电热恒温干燥箱:可控制温度在 105 ℃。

⑥干燥器:用氯化钙或变色硅胶作干燥剂。

⑦高温电阻炉:可控制温度在(800±20) ℃。

⑧玻璃棒。

⑨烧杯或浅搪瓷盘。

(四)试剂和材料

①浓硫酸:96%~98%。

②酸性洗涤剂:称取 2 g 十六烷基三甲基溴化铵溶于标定过的 100 mL 1 mol/L 硫酸溶液中(充分搅拌使之全部溶解),配制成 2%的十六烷基三甲基溴化铵溶液。

③硫酸洗涤溶液(12 mol/L):准确量取 66.6 mL 或称取 123.55 g 浓硫酸慢慢倒入装有 30 mL 水的烧杯中,小心搅拌,冷却后倒入 100 mL 容量瓶中,用水定容至刻度,必要时用 1 mol/L 标准氢氧化钠溶液标定。

④丙酮(CH_3COCH_3):分析纯。

⑤正辛醇:防泡剂。

⑥热稳定 α-淀粉酶:活性为 100 kU/g,最高耐受温度为 105 ℃。

⑦助滤剂:酸洗石棉。使用前于 800 ℃高温电阻炉中灼烧 60 min,冷却至室温,用 12 mol/L 硫酸溶液浸泡 4 h,过滤,用水反复冲洗至中性,放入 105 ℃干燥箱中干燥,放入干燥器中冷却备用。

(五)操作步骤

①称取通过 18 目(孔径为 1 mm)分析筛的样品 1~2 g(精确至 0.000 1 g),于 600 mL 高型烧杯中,加入 100 mL 酸性洗涤剂、2~3 滴正辛醇防泡剂。

注意:若样品中脂肪含量大于 10%,应预先脱脂;若样品中淀粉含量高,可加入 0.3 mL 热稳定 α-淀粉酶再消煮测定。

②将高型烧杯放在消煮回流装置上,安装好冷凝器,打开冷凝水,立即加热至沸腾,保持微沸状态,消煮(60±1) min。

③将铺有 1 g(精确至 0.000 1 g)酸洗石棉的 G_2 玻璃砂漏斗预先在 105 ℃干燥箱中烘干至恒重,将消煮液趁热倒入漏斗,真空抽滤至干,将 G_2 玻璃砂漏斗放在 50 mL 烧杯或浅搪瓷盘中,加入 12 mol/L 硫酸洗涤溶液(15 ℃)至 G_2 玻璃砂漏斗容积的一半,用玻璃棒搅拌,并将结块打碎,呈均匀糊状。

根据硫酸流出漏斗的量,随时补加 12 mol/L 硫酸洗涤溶液,保持在 20~25 ℃消解 3 h,立即真空抽滤,然后用热水反复洗涤至滤液呈中性。

④将 G_2 玻璃砂漏斗和残渣于 105 ℃干燥箱中干燥 4 h 至恒重,取出放在干燥器中冷却 30 min,称重。再将 G_2 玻璃砂漏斗放入 500 ℃高温电阻炉中灼烧 3~4 h,至灰化完全无炭粒为止。取出冷却至 100 ℃后放入干燥器中冷却 30 min 至室温,称重,再将 G_2 玻璃砂漏斗放入 500 ℃高温电阻炉内灼烧 30 min,再冷却,称重,直至连续两次称量之差小于 0.002 g 为止。

⑤称取酸洗石棉 1 g(精确至 0.000 1 g),按上述方法进行空白测定。若空白测定灰分质量小于 0.002 g,则该批酸洗石棉的空白值可不再测定。

(六)结果和数据处理

1. 结果计算

试样中酸性洗涤木质素(ADL)含量 X(%)按照公式(6-9)计算。

$$X=\frac{m_1-m_2-m_b}{m}\times 100\% \tag{6-9}$$

式中：m_1 为硫酸洗涤溶液处理后 G_2 玻璃砂漏斗和样品残渣的质量，g；m_2 为灰化后 G_2 玻璃砂漏斗和灰分的质量，g；m_b 为酸洗石棉空白测定的灰分的质量，g；m 为样品的质量，g。

每个试样取两个平行样进行测定，以其算术平均值为结果，结果保留 1 位小数。

2. 重复性

两个平行样测定结果允许相对偏差小于等于 10%。

(七)注意事项

①当样品中脂肪含量大于10%时，应预先脱脂。其方法为：取样品 1～2 g(精确至 0.000 1 g)，加入石油醚或丙酮，浸没 5 min，真空抽滤至干，重复脱脂 2 次，置于通风橱内 20 min，挥发掉多余的石油醚或丙酮，即可用于测定。

②十六烷基三甲基溴化铵会刺激黏膜，操作时需戴口罩。

思考题

1. 饲料中粗纤维含量是在哪些公认的规定条件下测定的？如果这些规定的条件有变动，则所得结果可否作为粗纤维含量？试说明原因。

2. 粗纤维中含有哪 3 种主要成分？这 3 种主要成分是否全部在粗纤维内？

3. 中性洗涤纤维和酸性洗涤纤维各含有哪些成分？酸性洗涤纤维与粗纤维有何不同？

实验七　饲料中粗灰分的测定

粗灰分并不代表饲料中的某一具体成分，而是饲料中无机物的总量，其含量与饲料中矿物质的含量密切相关。由于粗灰分中既有饲料的养分成分，如钙、磷、钠、钾、氯和微量元素等，又有非养分的成分，如泥沙等，因此它不能确切地反映出饲料中矿物质的含量和营养价值。但是粗灰分作为饲料的一个常规指标，可以在一定程度上反映出饲料的品质和掺杂情况。例如，如果饲料中粗灰分的含量过高，可能意味着饲料中掺杂了较多的泥沙或无机物质，这会降低饲料的营养价值。因此，测定饲料中的粗灰分含量对评估饲料质量、控制饲料生产过程以及确保动物健康具有重要意义。同时，通过结合其他饲料质量指标，如粗纤维、粗蛋白质等，可以更全面地了解饲料的营养价值和品质特点。

一、目的和要求

本实验要求学生掌握测定饲料中粗灰分含量的原理和方法，并用以测定各类饲料中粗灰分含量。

二、原理

试样经高温(550 ℃)灼烧后所得的残渣，主要成分为饲料中的矿物质元素灼烧后形成的氧化物和盐类，也包括混入饲料中的沙石、泥土等，故称为粗灰分。

三、仪器设备

①实验室用样品粉碎机。

②分样筛:40 目(孔径为 0.45 mm)。

③分析天平:感量 0.000 1 g。

④电热板。

⑤马弗炉:可控制温度在(550±20) ℃。

⑥干燥器:用无水氯化钙或变色硅胶作干燥剂。

⑦瓷坩埚:50 mL。

⑧煅烧盘:铂、铂合金或其他材质;表面积约为 20 cm^2,高度约为 2.5 cm,或表面积约为 30 cm^2,高度约为 3 cm。

四、操作步骤

①将洁净的坩埚和坩埚盖置于马弗炉中,升温至(550±20) ℃灼烧 30 min,断电,使炉温降至 200 ℃以下,取出,移入干燥器中冷却 30 min,称重,再重复灼烧,冷却,称重,直至两次称重之差小于 0.000 5 g 为恒重。如使用煅烧盘,将洁净的煅烧盘放入(550±20) ℃马弗炉中灼烧 30 min,移入干燥器中冷却 30 min,称重,再重复灼烧,冷却,称重,直至恒重。

②称取样品 2~5 g(灰分含量大于 0.05 g)置于坩埚中,坩埚盖半开,在电热板上低温炭化至无烟。如使用煅烧盘,称取 5 g 样品于煅烧盘中,置于电热板上低温炭化至无烟。

③用烧热的坩埚钳把坩埚移入马弗炉中,将坩埚盖打开少许,升温至(550±20) ℃灼烧 3~4 h,直至样品灰化完全无碳粒。如使用煅烧盘,将煅烧盘置于(550±20) ℃马弗炉中灼烧 3~4 h,直至样品灰化完全。若残渣中存在碳粒,冷却后加几滴蒸馏水润湿,在(103±2) ℃干燥箱中蒸干水分,置于马弗炉中继续灼烧,直至灰化完全无碳粒。

④灼烧完毕后,待炉温低于 200 ℃,将坩埚移入干燥器中冷却 30 min,称重。再同样灼烧 1 h,冷却,直至两次称重之差小于 0.001 g 为恒重。如使用煅烧盘,可将煅烧盘直接取出放在干燥器中冷却 30 min,称重,再同样灼烧,冷却,称重,直至恒重。

五、结果和数据处理

(一)结果计算

试样中粗灰分含量 X(%)按照公式(7-1)计算。

$$X=\frac{m_3-m_1}{m_2-m_1}\times 100\% \tag{7-1}$$

式中:m_3为灰化后坩埚和灰分的质量,g;m_2为坩埚和样品的质量,g;m_1为恒重后空坩埚的质量,g。

每个样品取两个平行样进行测定,以其算术平均值为结果,结果保留 2 位小数。

(二)重复性

若粗灰分含量在 5%以上,允许相对偏差为 1%;若粗灰分含量在 5%以下,允许相对偏差为 5%。

六、注意事项

①坩埚在使用前应充分洗涤，一般情况下用水或稀酸煮沸清洗。

②用电炉炭化时应小心，以防炭化过快，造成干物质剧烈干馏而导致部分样品颗粒被逸出的气体带走。

③用水湿润残灰时，不要直接洒在灰上，以免残灰飞扬，应从容器边缘注入。

④灰化后样品应呈灰白色，但颜色与样品中各元素含量有关，含铁多时为红棕色；含锰多时为淡蓝色。如有黑色炭粒，则灰化不完全，应加入蒸馏水湿润并烘干后重新放入马弗炉灼烧直至灰化完全。

思考题

1. 本实验中在坩埚加热后，为什么坩埚钳需烧热后才可夹取？
2. 如何计算饲料中有机物质含量？

实验八　饲料中无氮浸出物的计算

无氮浸出物是饲料中有机物的重要组成部分，是饲料有机物在去除脂肪和粗纤维后剩余的无氮物质的总和。这组物质成分复杂，包含多种营养成分，如淀粉、单糖（包括五碳糖、葡萄糖、果糖等）、双糖（如蔗糖）、糊精、有机酸等营养成分，以及部分不属于纤维素的化合物。

无氮浸出物是评估饲料营养价值的重要指标之一，是动物能量的主要来源，其含量高通常意味着饲料的适口性好、消化率高、有效能值高。在常规的饲料分析过程中，无氮浸出物含量并不是直接测定得出的，而是通过计算求得的。准确计算无氮浸出物含量对于优化饲料配方，提高饲料利用效率，以及促进动物的健康成长具有极其重要的意义。通过对无氮浸出物含量的计算，我们可以更好地了解饲料的营养组成，为动物提供更为均衡和全面的营养支持。

一、目的和要求

本实验要求学生能够根据饲料分析结果，计算饲料中无氮浸出物含量。

二、原理

饲料中无氮浸出物主要包括淀粉、单糖、双糖、有机酸和不属于纤维素的其他碳水化合物。由于无氮浸出物的成分比较复杂，一般不进行分析，仅根据饲料中其他营养成分的分析结果计算得出。饲料中各种营养成分都包含在干物质中，因此饲料中无氮浸出物含量（%）可按照公式（8-1）计算。

$$\begin{aligned}\text{无氮浸出物含量} &= 100\% - \text{水分含量} - \text{粗蛋白质含量} - \text{粗脂肪含量} - \\ &\quad \text{粗纤维含量} - \text{粗灰分含量} \\ &= \text{干物质含量} - \text{粗蛋白质含量} - \text{粗脂肪含量} - \\ &\quad \text{粗纤维含量} - \text{粗灰分含量}\end{aligned} \tag{8-1}$$

三、计算方法

①根据风干样品中各营养成分的分析结果，计算风干样品中无氮浸出物含量。

②如果样品是鲜样，需首先计算总水分，得出鲜样的干物质含量，再将测得的风干样品中各种营养成分含量换算成鲜样中各种营养成分含量。

例如，风干样品中干物质含量为 80%，风干样品中粗蛋白质含量为 12%，鲜样中干物质含量为 30%，则：

$$鲜样中粗蛋白质含量=鲜样中干物质含量\times\frac{风干样品中粗蛋白质含量}{风干样品中干物质含量}$$

$$=30\%\times\frac{12\%}{80\%}=4.5\%$$

鲜样中干物质、粗蛋白质、粗脂肪、粗纤维和粗灰分的百分数均换算完毕后，才能计算鲜样中的无氮浸出物含量。

思考题

1. 计算无氮浸出物含量时，为什么饲料中钙、磷含量不计算在内？
2. 无氮浸出物的成分包括哪些？

实验九 饲料营养成分的近红外光谱分析

近红外光谱分析技术是一种利用近红外光谱范围内物质的吸收、散射、反射、透过等特性对样品进行测试和分析的非破坏性分析方法。在饲料营养成分分析中，该技术得到了广泛应用。与传统的饲料检验方法相比，近红外光谱分析技术无须复杂的前处理，操作简便，成本低廉，且分析速度快、准确度高。然而，在应用过程中，样品粒度、环境温度和湿度等因素可能会影响分析结果的准确性，因此，在使用近红外光谱分析技术时，需要控制这些因素，以保证分析结果的准确性和可靠性。总体而言，近红外光谱分析技术是一种高效、便捷、准确的饲料营养成分分析方法，对饲料生产和质量控制具有重要意义。

一、目的和要求

本实验要求学生了解近红外光谱分析技术的基本原理，并熟悉用近红外光谱法测定饲料中水分、粗蛋白质、粗纤维和粗脂肪的原理和方法，为实践操作奠定基础。

二、原理

近红外光的波长范围是 780～2 526 nm，习惯上将该区域分为近红外短波(780～1 100 nm)和近红外长波(1 100～2 526 nm)两个区域。近红外光谱属于分子振动光谱的倍频和主频吸收光谱，主要是分子振动的非谐振性使分子振动从基态向高能级跃迁时产生的，具有较强的穿透力。

不同的有机物含有不同的化学基团，不同的基团有不同的能级，即便是同一基团，在不同物理、化学环境中对近红外光的吸收波长也有明显差异。同时，这些基团对近红外光的吸收系数小，发热也少。当用与特定基团振动频率相符的近红外光照射时，该基团发生共振，光的能量通过分子偶极矩的变化传递给分子，即该波长的光被吸收。而当近红外光的频率和样品的振动频率不相符时，该波长的光不会被吸收。故而，当近红外光照射到固体样品时，可能发生6 种情况：全反射、漫反射、吸收、漫透射、折射和散射(图 9-1)。分析时，近红外光谱主要是由

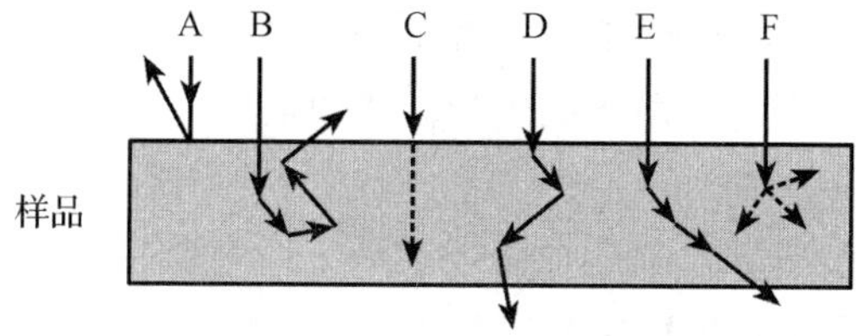

A. 全反射 B. 漫反射 C. 吸收 D. 漫透射 E. 折射 F. 散射

图 9-1 近红外光线与固体样品作用示意

引自:《高级饲料分析技术》(2011)。

含氢基团 X-H(X 可能是 C、N 或 O)振动的倍频和合频吸收而产生的,其中包含大多数类型有机物组分和分子结构的信息。

用连续改变频率的近红外光照射试样时,由于试样对不同频率近红外光的选择性吸收,通过试样后的近红外光在某些波长范围内会变弱,透射或反射出来的红外光就携带有机物组分和分子结构的信息。通过检测器分析透射或反射光线的光密度,就可以确定该组分的含量。

当前用于饲料分析的近红外光谱仪利用的是漫反射光谱。当光源垂直于样品表面时,一部分漫反射光会向各个方向散射,将检测器置于与垂直入射光呈±45°的位置去测定连续光波的反射光强(图 9-2)。

样品的反射光强度(A)与反射率(R)之间存在如下关系。可按照公式(9-1)用反射率计算出反射光强。

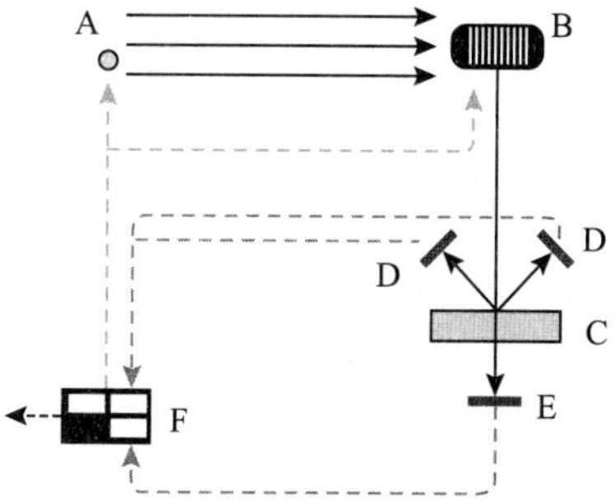

A. 光源 B. 全息光栅 C. 样品池
D. 漫反射检测器 E. 透射检测器
F. 控制和数据分析单元

图 9-2 近红外光谱仪工作原理

$$A = \lg \frac{1}{R} \tag{9-1}$$

用波长-反射光强度作图,即为漫反射光谱(图 9-3)。在获取漫反射光谱后,通过主成分分析、偏最小二乘法和人工神经网络等计量学方法,建立光谱与待测成分含量之间的线性或非线性模型,从而实现成分含量的快速检测。

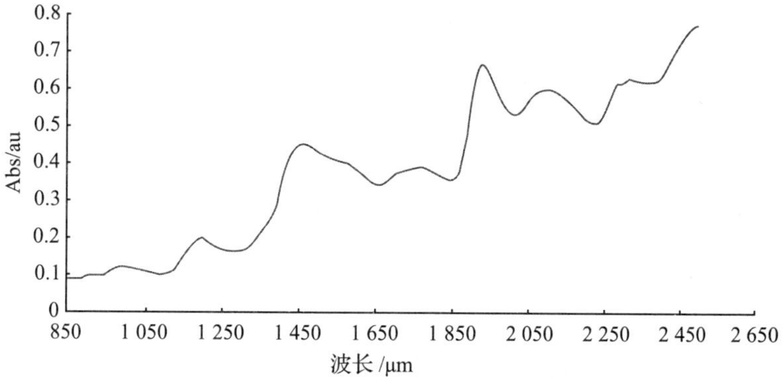

纵轴是由反射光强转换而来的吸收度单位。

图 9-3 一个典型的玉米样品的漫反射光谱(FOSS-2500 型)

近红外光谱分析可用于各种饲料原料和配合饲料中水分、粗蛋白质、粗纤维和粗脂肪的检测，最低检出限为 0.001%，但不可用于上述指标的仲裁检验。

三、仪器设备

①配备有可连续扫描单色器的漫反射型近红外光谱仪或其他类产品：钨卤灯光源为 100 W，检测器为硫化铅，扫描范围为 1 100～2 500 nm，分辨率为 0.79 nm，带宽为 10 nm，信号的线形为 0.3，波长准确度为 0.5 nm，波长重现性为 0.03 nm，在 2 500 nm 处杂散光为 0.08%，在 1 100 nm 处杂散光为 0.01%。

②软件：在磁盘操作系统或 Windows 操作系统上使用，具有近红外光谱数据的收集、存储、加工等功能。

③样品磨：如旋风磨，筛片孔径为 0.42 mm，或同类产品。

④样品皿：长方形样品槽，10 cm×4 cm×1 cm，窗口为能透过红外线的石英玻璃，盖子为白色泡沫塑料，可容纳样品 5～15 g。

四、操作步骤

(一)饲料养分的近红外光谱定标模型的建立

以下以福斯公司的定标方法为例说明近红外光谱定标模型的建立过程。

1. 建立新项目

确定项目名称以及存储路径。

2. 数据管理

①查看和编辑文件，确定要利用的光谱文件(扩展名为 .NIR 的文件，下同)。

②通过可利用的文件确定参数，也可以自定义某些参数。

③通过参比数据选项，选择样品，合并和删除选项，导入参比分析数值，创建新文件(Cal 文件)。

3. 计算和利用得分

①数据简化：将光谱数据压缩并分解为主成分和得分矩阵数据，然后比较各样品光谱间的差异及某样品与主组群样品组间的差异，从而确定参与定标的最好样品。

②每一主成分下的得分都是正交、非相关的，需要消除相邻波长以及倍频吸收带间吸收的共线性问题。

③将光谱数据转化为得分数据是将样品分类的最佳方法，由此可以将未知样品与主组群样品进行比较以描述未知样品在主组群样品中的位置。

④建立剔除超常样品后的样品组。

⑤计算和利用得分创建得分文件(Lib 文件)。

4. 建立定标方程

①通过筛选后的湿化学数据和光谱数据建立定标模型。

②采用散射校正和数学处理以描述由化学因素所导致的样品光谱间的差异。

③利用筛选后的 Cal 文件，建立方程文件(Eqa 文件)。

5. 方程性能验证

①完成定标方程后，刚开始使用定标方程时要同时进行样品化学分析，以比较近红外分析与化学分析的一致性。

②在确认定标方程的性能后，便可将其用于常规分析。

③在完成定标方程后，需定期用化学结果对定标方程进行检查。

(二)试样营养成分分析

1. 试样处理

将试样粉碎，全部通过孔径为 0.42 mm 的孔筛，并混合均匀。将试样填入样品池，填满，刮平，不可留大量空余空间。

2. 试样测定

根据待测试样近红外光谱选用对应的定标模型，对样品进行扫描，仪器将自动给出待测样品的近红外光谱，并根据定标方程给出测定结果。

五、结果和数据处理

(一)结果分析

如果待测样品的 NH 值(Neighborhood H，相邻马氏距离)不大于 0.6，则仪器将直接给出样品的水分、粗蛋白质、粗纤维和粗脂肪含量数据；如果待测样品的 NH 值大于 0.6，则说明该样品已超出该定标模型的分析能力，对于该定标模型，该样品被称为异常样品。

异常样品可分为“好”和“坏”两类。甄别标准有 2 个：一是 GH 值(Global H-value，马氏距离)，小于 3 的样品可认为是“好”，大于 4 的样品可认为是“坏”，在 3 和 4 之间的样品可认为是“弱报警”；二是校正标准偏差，一般“好”的样品加入定标模型后，校正标准偏差不会显著增加，而“坏”的样品加入后，校正标准偏差会显著增加。“好”的异常样品加入定标模型可增加该模型的分析能力，但是“坏”的异常样品加入后会降低该模型的分析准确度。

每个样品取两个平行样进行测定，以其算术平均值为结果，结果保留 2 位小数。

(二)重复性和准确性

近红外分析两个平行样测定值间的相对偏差及其与经典方法测定值间的偏差允许范围见表 9-1。

表 9-1　近红外分析的偏差允许范围　%

组分	含量	平行样测定值间的相对偏差	平行样测定值与经典方法测定值间的偏差
水分	>20	<5	>0.4
	>10，≤20	<7	>0.35
	≤10	<8	>0.3
粗蛋白质	>40	<2	>0.5
	>25，≤40	<3	>0.45
	>10，≤25	<4	>0.4
	≤10	<5	>0.3

续表 9-1

组分	含量	平行样测定值间的相对偏差	平行样测定值与经典方法测定值间的偏差
粗脂肪	>10	<3	>0.35
	≤10	<5	>0.3
粗纤维	>18	<2	>0.45
	>10,≤18	<3	>0.35
	≤10	<4	>0.3

六、注意事项

①参与定标的样品应具有代表性，或者说需要涵盖所要分析的样品的特性。为了建立一个新的定标方程，至少需要收集 50 个(通常为 100 个以上)具有代表性的样品。专业商业预测方程在建立时，定标样品往往超过 1 万个。

②对于定标样品的化学检测值，在实际操作中必须用公认的标准方案进行准确测定，绝不能用设计值去替代。

③样品的粒径和均匀度对漫反射强度的影响极大，要求定标样品与待测样品必须具有相同的粉碎程序。

④在每次测定前都应对仪器进行以下诊断。

A. 仪器噪声。扫描仪器内部陶瓷参比最少 32 次，以扫描光谱吸光度残差的标准差来反映仪器的噪声，该值应控制在 30 $\lg(1/R)10^{-6}$ 以下(R 为反射率)。

B. 波长准确度和重现性。用加盖的聚苯乙烯皿来测定仪器的波长准确度和重现性。以陶瓷参比作对照，测定聚苯乙烯皿中聚苯乙烯的 3 个吸收峰的位置，即 1 680.3、2 164.9 和 2 304.2 nm，该 3 个吸收峰位置的漂移应小于 0.5 nm，每个波长处漂移的标准差应小于 0.05 nm。

C. 仪器外用检验样品的测定。将一个饲料样品(通常为豆粕)密封在样品槽中，作为仪器外用检验样品，测定该样品中粗蛋白质、粗纤维、粗脂肪和水分含量并做 t 检验，应无显著差异。

思考题

1. 为什么饲料样品的粉碎粒度会对漫反射近红外分析的结果造成影响?

2. 在教师指导下制作几个掺假样品，例如在豆粕中掺入米糠粕，扫描测定。根据 GH 值和校正标准偏差判断该异常样品的分类。

第三节　饲料中部分纯养分和能量的测定

实验十　饲料中真蛋白质的测定

粗蛋白质是饲料中所有含氮物质的总称，包括真蛋白质和非蛋白质含氮物两部分。真蛋白质即真正的蛋白质，是饲料中含有完整氨基酸组成的蛋白质的总量。非蛋白质含氮物指的是饲料中除去蛋白质以外的含氮化合物，包括游离氨基酸、酰胺、氨、铵盐、尿素及硝酸盐等。

常规的粗蛋白质测定不能准确代表饲料中蛋白质的真正营养价值，因为粗蛋白质中包括非蛋白质含氮物，这些物质并不能被动物完全吸收利用。相较于粗蛋白质，真蛋白质的测定能更准确地评估饲料中真正对动物有价值的蛋白质部分，更能反映饲料的营养价值。

一、目的和要求

本实验要求学生掌握测定饲料中真蛋白质的原理和方法。

二、原理

蛋白质通过沸水提取后，遇到碱性环境时，真蛋白质与硫酸铜会发生盐析作用，从而生成真蛋白质沉淀物。真蛋白质沉淀物不会溶于热水，而非蛋白质的含氮物则易溶于水，用热水将水溶性含氮物洗去，剩下的沉淀物为真蛋白质。再利用粗蛋白质的测定方法测定，可得出真蛋白质含量。

三、仪器设备

①调温电炉：功率 2 000 W。
②其他仪器同粗蛋白质的测定（实验四）。

四、试剂和材料

①10％硫酸铜溶液：称取 10 g 硫酸铜（$CuSO_4 \cdot 5H_2O$，分析纯）溶于 100 mL 蒸馏水中。
②2.5％氢氧化钠溶液：称取 2.5 g 氢氧化钠（NaOH，分析纯）溶于 100 mL 蒸馏水中。
③1％氯化钡溶液：1 g 氯化钡（$BaC_{12} \cdot H_2O$，分析纯）溶于 100 mL 蒸馏水中。
④2 mol/L 盐酸溶液。
⑤其他试剂同粗蛋白质的测定（实验四）。
⑥滤纸：慢速，7～9 cm。

五、操作步骤

称量试样 0.5～1 g（精确至 0.000 1 g），放入锥形瓶中，加入 50 mL 蒸馏水，摇匀。放置在电炉上加热煮沸后，加入 10％硫酸铜溶液与 2.5％氢氧化钠溶液各 20 mL，再次进行充分混匀，常温下放置 2 h。采用倾泻法过滤，将处理好的样品溶液过滤到滤纸上。用 65～80 ℃的热水少量、多次洗涤烧杯和沉淀物，向滤液中加入 5 滴 1％氯化钡溶液和 1 滴 2 mol/L 盐酸溶液，测试滤液是否有白色硫酸钡沉淀物，直至无白色沉淀生成为止。将收集的沉淀物和滤纸放在 65 ℃烘箱内烘干，最后将沉淀物及滤纸全部转移至消化管中，然后按照粗蛋白质的测定方法进行真蛋白质的测定。

六、结果和数据处理

同粗蛋白质的测定（实验四）。

七、注意事项

①采用倾泻法过滤时，杯中的沉淀物一定要洗涤干净。室温较低时，洗涤水温可稍微升高，保证烧杯中的沉淀物彻底转移。

②沉淀物必须烘干，不可在其带有大量水分时放入消化管，以免导致测定结果不准确。

思考题

1. 什么叫倾泻法过滤？洗涤沉淀时，为什么用水都要少量、多次？
2. 简述饲料中真蛋白质测定的实验原理。

实验十一　饲料中淀粉的测定

淀粉是由葡萄糖分子聚合而成的高分子碳水化合物，其基本构成单元是 α-D-吡喃葡萄糖，化学式表示为$(C_6H_{10}O_5)_n$。根据结构特点，淀粉可划分为直链淀粉和支链淀粉两大类。直链淀粉呈现出无分支的螺旋结构，而支链淀粉则由 24～30 个葡萄糖残基通过 α-1,4-糖苷键连接而成，其支链连接处是通过 α-1,6-糖苷键相连的。

淀粉作为畜禽所需能量的重要来源，其含量的测定对准确评估饲料营养价值、研究动物对碳水化合物的营养代谢与调节、提高饲料利用率具有重要意义。本实验介绍饲料中淀粉含量的两种测定方法，即酶水解法和酸水解法。

一、酶水解法

（一）目的和要求

本实验要求学生掌握应用酶水解法测定饲料中淀粉含量的原理和方法。

（二）原理

初步除去脂溶性物质及可溶性糖类后，样品经过淀粉酶的作用，依次分解成短链淀粉、糊精、麦芽糖等，再用盐酸将双糖水解成单糖，最后根据还原糖含量可折算出样品中淀粉含量。

（三）仪器设备

①分析天平：感量 0.000 1 g。
②回流装置：250 mL。
③电热恒温水浴锅：可控制温度在室温至 100 ℃。
④调温电炉：功率 2 000 W。
⑤酸式滴定管：10 mL。

（四）试剂和材料

①无水乙醚：分析纯。
②甲基红指示剂（2 g/L）：称取研磨后的 0.2 g 甲基红（$C_{15}H_{15}N_3O_2$，分析纯），用无水乙醇

(C_2H_6O,分析纯)搅拌溶解定容至 100 mL。

③盐酸溶液(1∶1):量取 50 mL 盐酸(HCl,分析纯)与蒸馏水 1∶1 混合。

④20%氢氧化钠溶液:称量 20 g 氢氧化钠(NaOH,分析纯,粒状),溶于少量蒸馏水中并定容至 100 mL。

⑤碱性酒石酸铜甲液:称量 15 g 硫酸铜($CuSO_4 \cdot 5H_2O$,分析纯)和 0.05 g 亚甲蓝($C_{16}H_{18}ClN_3S \cdot 3H_2O$,分析纯),溶于少量蒸馏水中并定容至 1 000 mL 容量瓶内。

⑥碱性酒石酸铜乙液:称量 50 g 酒石酸钾钠($C_4H_4O_6KNa \cdot 4H_2O$,分析纯)、75 g 氢氧化钠倒入水中,再称量 4 g 亚铁氰化钾[$K_4Fe(CN)_6 \cdot 3H_2O$,分析纯]倒入、混匀,待完全溶解后,加入蒸馏水定容至 1 000 mL 容量瓶内,转存于含橡胶塞玻璃瓶内。

⑦0.5%淀粉酶溶液:称量 0.5 g 淀粉酶(酶活力≥1.6 U/mg),加入 100 mL 蒸馏水溶解,需现用现配。

⑧ 碘溶液:称量 3.6 g 碘化钾(KI,优级纯)倒于 20 mL 水中搅拌溶解,加入 1.3 g 碘(I_2)混匀,加入蒸馏水定容至 100 mL 容量瓶内。

⑨ 85%乙醇溶液:量取 85 mL 无水乙醇(C_2H_5OH,分析纯),加入蒸馏水定容至 100 mL 容量瓶内。

⑩ 葡萄糖标准溶液:取适量 *D*-无水葡萄糖(纯度≥98%)放入 98～100 ℃烘箱内干燥 2 h,准确称取 1 g(精确到 0.000 1 g),加入蒸馏水溶解后加入 5 mL 盐酸,并用蒸馏水定容至 1 000 mL 容量瓶内。此溶液每毫升相当于 1 mg 葡萄糖的量。

⑪滤纸:定性滤纸,慢速,7～9 cm。

(五)操作步骤

1. 样品制备

在漏斗内放置折叠好的慢速滤纸,倒入粉碎后过 40 目筛的样品 2～5 g(精确到 0.000 1 g),准确记录样品量。沿着滤纸边缘分 5～6 次倒入 50 mL 无水乙醚洗涤样品,除去脂溶性物质(如果脂肪含量少,此步骤可免),再倒入 100 mL 85%乙醇完全洗去可溶性糖类。将剩余残留物移入 500 mL 烧杯内,量取 50 mL 蒸馏水洗涤滤纸及漏斗,洗液一并转入烧杯内,放入 100 ℃恒温水浴锅内水浴加热 15 min,使淀粉糊化。将水浴锅调温至 55 ℃,待溶液温度降下来后,加入 20 mL 淀粉酶溶液,在 55 ℃保温 1 h,并每隔 10 min 搅拌一次(温度不宜过高,否则淀粉酶会失活)。然后取 1 滴溶液,加入 1 滴配制好的碘溶液,验证溶液是否为蓝色。若显蓝色,重复上述步骤,直至加碘溶液不显蓝色为止。结束后,转移至电炉上加热至沸腾,冷却后移入 250 mL 容量瓶中,并加蒸馏水定容。此时淀粉已水解为双糖,需去除残渣和纤维素,摇匀后过滤,并倒掉初滤液。

在锥形瓶内加入 50 mL 收集的滤液,加入 5 mL 盐酸(1∶1),连接回流冷凝器,在沸水浴中回流 1 h,冷却后加 2 滴甲基红指示剂,用 20%氢氧化钠溶液调 pH 至中性后,将溶液转入 100 mL 容量瓶中,洗涤容器,洗液并入 100 mL 容量瓶中,加蒸馏水定容备用。

2. 测定

(1)标定碱性酒石酸铜溶液　先将葡萄糖标准溶液倒入滴定管内备用。取碱性酒石酸铜甲液和碱性酒石酸铜乙液各 5 mL,置于 250 mL 锥形瓶中,加入 10 mL 蒸馏水、3 粒玻璃珠。先向锥形瓶中滴加约 9 mL 葡萄糖标准溶液,将它放置在电炉上,于 2 min 内加热至沸腾,保持溶液呈沸腾状态。继续缓慢滴加葡萄糖标准溶液，直至溶液刚好褪去蓝色为滴定终点。记录葡萄糖标准溶液消耗的总量，同时做3组平行实验，取其平均值。

(2)试样溶液预测　先将样品溶液倒入滴定管内备用。取碱性酒石酸铜甲液和碱性酒石酸铜乙液各5 mL，置于250 mL锥形瓶中，加入10 mL蒸馏水、3粒玻璃珠，置于电炉上加热使其在2 min内沸腾，沸腾后计时30 s，趁热快速滴加样品溶液，滴定时需保持溶液沸腾状态。待溶液蓝色变浅时，缓慢滴定，直至溶液刚好褪去蓝色为滴定终点。记录样品溶液消耗的总体积，同时做3组平行实验，取其平均值。

(3)试样溶液测定　步骤同(2)，注意加热前先从滴定管快速滴加比预测样品使用体积少1 mL的试样溶液，再加热至沸腾，缓慢滴加样品溶液，缩短滴定时间。

(4)试剂空白测定　取20 mL水及与样品处理时相同量的淀粉酶溶液，按同一方法做空白实验。

(六)结果和数据处理

标定用碱性酒石酸铜溶液(甲液、乙液各半)相当的葡萄糖的质量m_1(mg)按照公式(11-1)计算。

$$m_1=\rho\times V_s \tag{11-1}$$

式中：ρ为葡萄糖标准溶液的质量浓度，mg/mL；V_s为标定碱性酒石酸铜溶液(甲液、乙液各半)时消耗葡萄糖标准溶液的体积，mL。

试样中葡萄糖的含量X_1(mg)按照公式(11-2)计算。

$$X_1=\frac{m_1}{\frac{50}{250}\times\frac{V_1}{100}} \tag{11-2}$$

式中：50为测定用样品溶液的体积，mL；250为样品的定容体积，mL；V_1为测定时平均消耗的试样溶液的体积，mL；100为测定用样品的定容体积，mL。

试剂空白值X_0(mg)按照公式(11-3)和公式(11-4)计算。

$$m_0=m_1\times\left(1-\frac{V_0}{V_s}\right) \tag{11-3}$$

$$X_0=\frac{m_0}{\frac{50}{250}\times\frac{10}{100}} \tag{11-4}$$

式中：m_0为标定碱性酒石酸铜溶液(甲液、乙液各半)时消耗的葡萄糖标准溶液的体积，与加入空白试样后消耗的葡萄糖标准溶液的体积之差相当的葡萄糖的质量，mg；V_0为加入空白试样后消耗的葡萄糖标准溶液的体积，mL；10为直接加入的试样体积，mL。

试样中淀粉的含量X(g/100 g)按照公式(11-5)计算。

$$X=\frac{(X_1-X_0)\times 0.9}{m\times 1\,000} \tag{11-5}$$

式中：0.9为葡萄糖折算成淀粉的换算系数；m为称取样品的质量，g；1 000为毫克与克之间的换算系数。

二、酸水解法

(一)目的和要求

本实验要求学生掌握应用酸水解法测定饲料中淀粉含量的原理和方法。

(二)原理

在酸性条件下加热可以使淀粉水解成葡萄糖。先利用无水乙醚除去样品中的脂类，再用乙醇除去可溶性糖后，在酸性条件下，将样品中的淀粉水解为还原糖。根据生成的还原糖含量，可折算出样品中的淀粉含量。

(三)仪器设备

同酶水解法。

(四)试剂和材料

①40%氢氧化钠溶液：称取 20 g 氢氧化钠(NaOH，分析纯)，溶于适量的蒸馏水中，并定容到 50 mL。

②20%中性乙酸铅溶液：称取 10 g 乙酸铅[$Pb(CH_3COO)_2$，分析纯]，加水溶解并定容到 50 mL。

③10%硫酸钠溶液：称取 5 g 硫酸钠(Na_2SO_4，分析纯)，加蒸馏水溶解并定容到 50 mL。

④精密 pH 试纸：6.8～7.2。

⑤其余材料同酶水解法。

(五)操作步骤

1. 样品制备

在漏斗内放置折叠好的慢速滤纸，倒入 2～5 g(精确到 0.000 1 g)粉碎过 40 目筛的样品，准确记录实际使用的样品量。连续 5 次倒入 10 mL 无水乙醚洗涤样品，除去脂溶性物质(如果脂肪含量少，此步骤可免)，再用 100 mL 85 %乙醇完全洗去可溶性糖类。将剩余残留物移入抽提瓶内，并用 50 mL 蒸馏水洗涤滤纸及漏斗，洗液一并转入抽提瓶内。

在上述抽提瓶中加入 30 mL 盐酸(1∶1)，在水浴锅内放置索式提取器，在沸水浴中回流 2 h。冷却后加入 2～3 滴甲基红指示剂溶液，先用 40%氢氧化钠溶液调到黄色，再用盐酸(1∶1)调到刚好变为红色为止。若水解液较深，可用精密 pH 试纸测试，使样品水解液 pH 约为 7。然后加入 20 mL 20%中性乙酸铅溶液，放置 10 min，使蛋白质、果胶等杂质沉淀到底部，再加入 20 mL 10%硫酸钠溶液，除去溶液中多余的铅，摇匀后移到 500 mL 容量瓶中。为防止样品残留，应用蒸馏水洗涤抽提瓶，将洗液一并转移至容量瓶中，加蒸馏水定容到刻度。过滤，弃去初滤液，收集滤液供测定用。

2. 测定

同酶水解法。

(六)结果和数据处理

同酶水解法。

(七)注意事项

①平行实验绝对相差不得超过其算术平均值的 10%。

②在保证淀粉水解完全的同时,要避免因加热时间过长对葡萄糖产生影响,使它失去还原性。

③酶水解法中,对已经加热处理过的样品,要谨防老化的淀粉不易被酶水解,测定前还需把样品再次加热糊化。

思考题

1. 本实验中如何证明样品已水解完全?
2. 本实验中为什么要用无水乙醚脱脂?
3. 比较酶水解法与酸水解法的优缺点。

实验十二 饲料中氨基酸的测定

在自然界中常见的氨基酸有 20 余种,它是构成蛋白质的基本单位。对饲料中氨基酸的分析主要包括两种情况:一是对饲料原料及各种配合饲料产品中以蛋白质形式存在的氨基酸或游离氨基酸含量的测定;二是饲料级氨基酸添加剂单制剂中氨基酸含量的测定。高效液相色谱技术的迅速发展,为氨基酸分析提供了更加快速和准确的技术保障。氨基酸分析仪的诞生和更新换代,极大地提高了氨基酸测定结果的准确度。这些方法的应用,缩短了氨基酸分析所需要的时间,提高了分析的灵敏度,可在 1×10^{-9} g 水平上进行检测,因此,已受到生物、医学、化学、环保、食品和饲料工业方面的高度重视。

本节就离子交换色谱法、茚三酮分光光度法对饲料原料和配合饲料产品中氨基酸组成和氨基酸总量的测定进行阐述。

一、饲料中氨基酸含量的测定(离子交换色谱法)

氨基酸的分离是靠离子交换层析(氨基酸分析的经典方法)实现的,分离后的氨基酸与茚三酮进行柱后反应,然后根据反应产物颜色的深浅比色定量测定。

组成蛋白质的 20 余种氨基酸很难用一种方法完全测出。新的国标 GB/T 18246—2019《饲料中氨基酸的测定》,规定了饲料中总氨基酸(肽键结合和游离的)和游离氨基酸(天然和添加的)测定方法,包括常规酸水解法、氧化酸水解法、碱水解法和酸提取法。酸、碱水解法适合于动植物样品中氨基酸组成的测定。

下面以日本的日立系列 LA-8080 型氨基酸自动分析仪为例对氨基酸含量的测定作以阐述。

(一)仪器结构

氨基酸自动分析仪是在高效液相色谱的原理指导下产生的。目前饲料分析中使用比较普遍的氨基酸自动分析仪是日本的日立系列产品。该系列产品从 1962 年的 KLA 型到 2018 年的 LA-8080 型，经历了 6 代产品升级。LA-8080 型氨基酸自动分析仪采用了 3.5 代高灵敏度 TDE(thermodynamic efficiency enhancement，高效的热传导膜)衍生技术，极大地提高了测定结果的准确度。LA-8080 型氨基酸自动分析仪结构如图 12-1 所示。

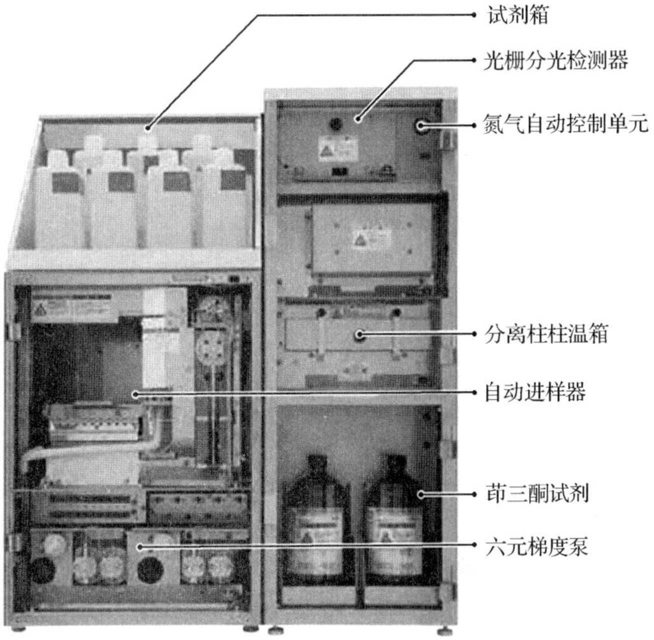

图 12-1　LA-8080 型氨基酸自动分析仪结构

(二)仪器测定原理

1. 离子交换树脂

用于氨基酸自动分析仪的一般是合成的离子交换树脂，在合成树脂上连接着酸根和碱根，故有阳离子交换剂和阴离子交换剂之别。

2. 分离原理

不同的氨基酸对树脂的亲和力不同，其强弱顺序为：碱性氨基酸＞芳香族氨基酸＞中性氨基酸＞酸性氨基酸及羟基氨基酸。因此氨基酸分离时便有先后顺序，一般酸性及含羟基(脯氨酸)的氨基酸最先洗脱，接着是中性氨基酸，最后是碱性氨基酸。

3. 氨基酸的分离出峰顺序

LA-8080 型氨基酸自动分析仪的出峰顺序：天冬氨酸(Asp)→ 苏氨酸(Thr)→ 丝氨酸(Ser)→ 谷氨酸(Glu)→ 脯氨酸(Pro)→ 甘氨酸 (Gly)→丙氨酸(Ala)→半胱氨酸(Cys)→缬氨酸(Val)→蛋氨酸(Met)→异亮氨酸(Ile)→ 亮氨酸(Leu)→酪氨酸(Tyr)→苯丙氨酸(Phe)→ 赖氨酸(Lys)→ 氨(NH_3)→ 组氨酸(His)→精氨酸(Arg)，如图 12-2 所示。

4. 氨基酸的洗脱

氨基酸的洗脱是用不同 pH 的缓冲液来进行的，一般用柠檬酸钠盐为缓冲溶液做标准分析(蛋白质水解物)。如果分析生理体液如尿、血浆、乳汁、脑脊髓液及植物组织提取液，则采用柠檬酸锂盐作缓冲溶液。因为天冬酰胺及谷氨酰胺在钠盐缓冲液中，在图谱上不能分开，不能

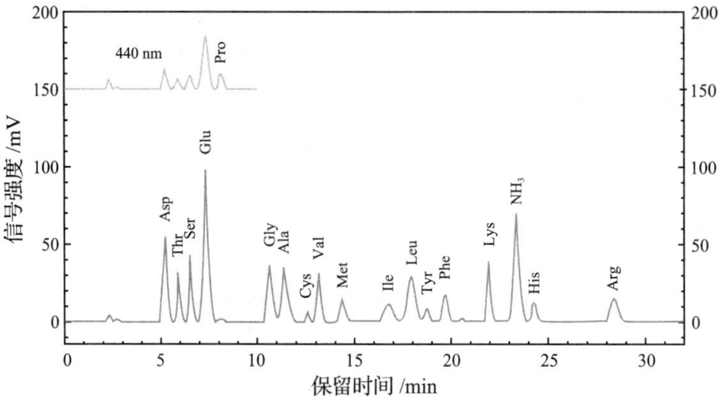

分析条件：①分析柱(4.6 mm×60 mm)；②树脂(＃2622，Na 型)；③温度(57 ℃)；④流量(0.4 mL/min)；⑤缓冲液(缓冲液 1～4)；⑥分析时间(30 min)。

图 12-2 LA-8080 型氨基酸自动分析仪出峰顺序

得出各自的结果。

标准分析(蛋白质水解分析)通常采用如下 4 种缓冲液。

①缓冲液 1：pH 为 3.3，主要冲洗出酸性氨基酸。

②缓冲液 2：pH 为 3.3，主要冲洗出中性氨基酸。缓冲液 2 中乙醇含量比缓冲液 1 少。

③缓冲液 3：pH 为 4.3，主要冲洗出异亮氨酸、亮氨酸、酪氨酸和苯丙氨酸。

④缓冲液 4：pH 为 4.9，主要冲洗出碱性氨基酸。

除了上述 4 种缓冲液外，所有的氨基酸自动分析仪都配有再生液，内含浓度较大的氢氧化钠溶液，用于分离柱的再生。仪器每测试完一个试样，会自动吸入再生液，将分离柱冲洗干净后再接着测试下一个样品。

洗脱出来的氨基酸，与另一流路的茚三酮溶液结合，在一定温度条件下，便呈颜色反应，一般氨基酸呈紫色，但脯氨酸呈黄色，所以氨基酸分析仪一般都设有两个不同波长频道：一个是 570 nm 波长，另一个是 440 nm 波长。LA-8080 型氨基酸自动分析仪的单色器采用凹面光栅设计，比色效果更加稳定。

值得注意的是：茚三酮只有在 pH 为 5.5 时才适合颜色反应，否则出峰很低。一般上机样品溶液要将 pH 调至 2.2，通过分离柱后 pH 就可变成 5.5。另外，由于茚三酮试剂在光及空气中极不稳定，光及氧易使茚三酮试剂氧化，故新配制的茚三酮溶液要先充氮气以除去氧气，再加还原剂(稳定剂)，以防止氧化。常用的还原剂有三氯化肽、氯化亚锡和硼氢化钠等。用三氯化肽作还原剂，加入后 1 h 就可稳定，且不产生沉淀，而氯化亚锡则需要 24 h 才能稳定。LA-8080 型氨基酸自动分析仪采用茚三酮溶液及其缓冲液分开放置即时混合技术，极大地降低了试剂存储难度。

氨基酸自动分析仪工作流程如图 12-3 所示。

(三)样品的处理

1. 样品的选取和制作

选取的饲料样品要具有代表性。用于氨基酸分析的试样需经磨碎通过 60 目(孔径为

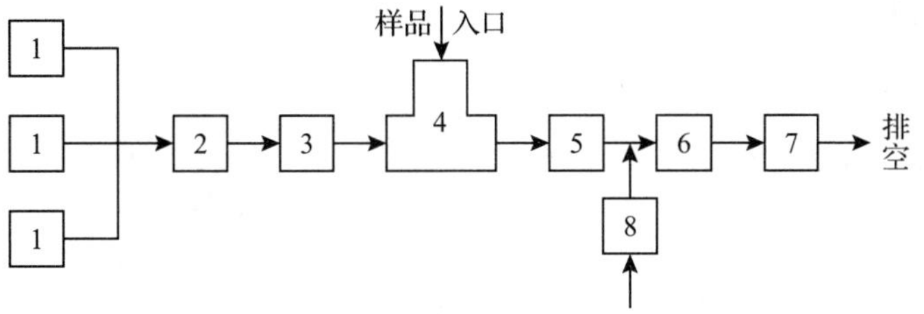

1. 流动相储存瓶　2. 多通道选择阀　3. 泵与单向阀　4. 进样阀
5. 色谱柱　6. 反应炉　7. 检测器　8. 试剂泵

图 12-3　氨基酸自动分析仪工作流程

引自:《饲料质量分析检验》(1991)。

0.25 mm)筛。在粉碎样品时为避免氨基酸在有氧及碳水化合物存在的情况下被破坏(美拉德反应),粉碎时温度需低于 50 ℃。样品在粉碎后,其表面积会增加。粉碎后样品应在室温下放置 24 h,使其含水量恒定。为测定各种氨基酸标准曲线的线性范围,应使分析前氨基酸溶液浓度与标准溶液浓度相接近。

2. 样品的用量

一般是用样品中氮的含量来计算适用于氨基酸分析的样品用量的,即样品中氮的含量决定分析样品的用量。样品的用量 m(g)按照公式(12-1)计算。

$$m=\frac{32}{X\times 0.16\times 1\,000} \tag{12-1}$$

式中:32 为用于氨基酸分析的试样一般应含有 32 mg 的氮;X 为饲料中粗蛋白质含量,%;0.16 为饲料中粗蛋白质的平均含氮量为 16%;1 000 为毫克与克之间的换算系数。

一般用于氨基酸分析的试样应含有约 32 mg 的氮。同时要测定样品的干物质含量,用分析天平(精密度±0.000 1 g)来称量。

3. 脱脂处理(用于含脂肪干扰物样品的测定)

当样品中粗脂肪含量高于 6% 时,在样品水解前须经石油醚脱脂。样品在滤纸上称重后,放置于漏斗上。在 1 h 内滴加 100 mL 石油醚,但需一滴一滴地加入,完成后即准备水解或氧化。

注意:此操作须在通风柜中进行,保持通风、无烟,防止爆炸。

4. 去核酸处理(用于含核酸干扰物样品的测定)

把样品置于适量的 10% 氯化钠溶液中,加热至 80 ℃并保持 6～6.5 h,反复用热水洗涤、过滤,再用丙酮干燥。

5. 氧化水解处理(用于含硫氨基酸干扰物样品的测定)

在蛋白质酸水解过程中,为防止胱氨酸(半胱氨酸)及蛋氨酸的损失,通常可用过甲酸氧化,使胱氨酸及蛋氨酸分别转变成半胱磺酸及甲硫氨酸砜,这 2 种化合物在酸水解中是稳定的,且易与其他氨基酸分离。

蛋氨酸、半胱氨酸与过甲酸的反应如下：

(1)蛋氨酸的氧化

$$\underset{\text{蛋氨酸(甲硫氨酸)}}{CH_2SCH_2CH_2CH(NH_2)COOH} + \underset{\text{过甲酸}}{CH_2O_3} \longrightarrow \underset{\text{甲硫氨酸砜}}{CH_3S(O_2)CH_2CH_2CH(NH_2)COOH} + \underset{\text{甲酸}}{HCOOH}$$

$$\underset{\text{半胱氨酸}}{HSCH_2CH(NH_2)COOH} + \underset{\text{过甲酸}}{3CH_2O_3} \longrightarrow \underset{\text{半胱磺酸}}{HSO_3CH_2CH(NH_2)COOH} + \underset{\text{甲酸}}{3HCOOH}$$

从上述反应式中可见含硫氨基酸的氧化发生在硫原子上。

(2)过甲酸的去除

$$\underset{\text{过甲酸}}{HCOOOH} + \underset{\text{溴化氢}}{2HBr} \longrightarrow \underset{\text{甲酸}}{HCOOH} + \underset{\text{水}}{H_2O} + \underset{\text{溴}}{Br_2}$$

过甲酸的去除操作方法：将(脱脂)样品及滤纸置于 300 mL 锥形烧瓶中，通过振荡、摇晃，样品脱离滤纸，加入 100 mL 过甲酸后，盖好烧瓶，置于磁力搅拌器的冰浴中进行搅拌，直至滤纸漂浮起来。

如样品中蛋氨酸或胱氨酸含量较高，或 2 种氨基酸含量都高(如羽毛粉或肉粉)，需加入 200 mL 过甲酸，将此悬浮液在 0 ℃下放置 15 h。再加入 12 mL HBr，去除过量的过甲酸。需要注意的是，在加入 HBr 时应在冰浴中进行，每隔 5 min 边搅动边小心加入数滴 HBr。可以加入几滴丁醇去除气泡。如样品很快澄清，则还须加入 HBr。此溶液还须在 0 ℃下继续搅动 15 min。停止搅动后，将溶液定量地移入 2 000 mL 蒸馏瓶中，并用水冲洗锥形烧瓶，将蒸馏瓶放在旋转蒸发器上，在 50～60 ℃下蒸馏至约 5 mL。此蒸馏产物需用 20 mL 水冲洗 4 次。之后，将样品进行水解处理，未氧化(脱脂)样品一同进行。

(四)方法和步骤

根据待测试样的不同，采用不同的测定方法。

1. 常规酸水解法

1)适用范围

本方法适用于饲料原料、全价配合饲料、浓缩饲料、精料补充料和添加剂预混合饲料中含硫氨基酸和色氨酸以外的其他氨基酸含量的准确测定。

2)基本原理

常规酸水解法是使饲料中蛋白质在 110 ℃、6 mol/L 盐酸溶液作用下水解成单一氨基酸，再经离子交换色谱法分离，并以茚三酮做柱后衍生测定。脯氨酸的测定波长为 440 nm，其他氨基酸测定波长为 570 nm。水解过程中色氨酸由于全部被破坏，不能测定。胱氨酸和蛋氨酸部分被氧化，其测定结果偏低。

3)仪器设备

①实验室用样品粉碎机或研钵。

②样品筛：60 目(孔径为 0.25 mm)。

③分析天平：感量 0.1 mg 和 0.01 mg。

④真空泵。

⑤旋转蒸发器或浓缩器：可在室温至 65 ℃之间调温，控温精度±1 ℃，真空度可低至 3.3×10^3 Pa(25 mmHg)。

⑥氨基酸自动分析仪：具备阳离子交换柱，茚三酮柱后衍生离子交换色谱仪及 570 nm 和 440 nm 光度检测器。

⑦离心机：转速不低于 4 000 r/min。

⑧恒温干燥箱：温度可达(110±2) ℃。

⑨G_4 玻璃砂漏斗。

4)试剂

除特殊说明外，本标准所用试剂均为分析纯。

①盐酸水解液(6 mol/L)：将 500 mL 盐酸(优级纯)与 500 mL 水等体积混合，加入 1 g 苯酚，混匀。

②液氮或干冰-乙醇(丙酮)溶液。

③稀释用柠檬酸钠缓冲溶液[pH＝2.2，$c(Na^+)=0.2$ mol/L]：称取柠檬酸钠 19.6 g 置于 1 000 mL 容量瓶中，加水溶解后加入优级纯盐酸 16.5 mL、硫二甘醇 5 mL、苯酚 1 g，用水定容，摇匀，用 G_4 玻璃砂漏斗过滤，备用。

④不同 pH 和离子强度的洗脱用柠檬酸钠缓冲液：按氨基酸自动分析仪说明书配制或购买。

⑤茚三酮溶液：按氨基酸自动分析仪说明书配制。

⑥氨基酸标准储备液：含 *L*-天冬氨酸、*L*-苏氨酸等 17 种常规蛋白质水解液分析用氨基酸，各氨基酸组分浓度均为 2.5 μmol/L。

⑦氨基酸标准工作液：准确移取 2 mL 氨基酸标准储备液置于 50 mL 容量瓶中，用稀释用柠檬酸钠缓冲液定容，混匀，使各氨基酸组分浓度为 100 nmol/L。用安瓿分装，每支约 1 mL，在 2～8 ℃下密封保存，有效期为 3 个月。

5)操作步骤

(1)试样处理　平行做两份实验。称取 50～100 mg 试样(含蛋白质 7.5～25 mg，精确至 0.1 mg)于 20 mL 安瓿或 30 mL 具塞玻璃水解管中，加入 6 mol/L 盐酸水解溶液 10 mL，置于液氮或干冰-乙醇(丙酮)中冷冻，然后用真空泵抽真空至 7 Pa($\leqslant5\times10^{-2}$ mmHg)后用喷灯封口或充 1 min 氮气后旋紧管盖。将安瓿或具塞玻璃水解管放在(110±2) ℃恒温干燥箱中，水解 22～24 h。冷却、混匀、开管、过滤后，用移液管准确吸取适量的滤液，置于旋转蒸发器或浓缩器中，于 60 ℃下抽真空，蒸发至干，必要时加少量水，重复蒸干 1 或 2 次。加入 3～5 mL pH 为 2.2 的稀释上机用柠檬酸钠缓冲液复溶，使样液中氨基酸浓度为 50～250 nmol/L，摇匀，然后过滤或离心，取上清液上机测定。

(2)测定　将氨基酸标准工作液注入氨基酸自动分析仪，按仪器说明书调整仪器操作参数和(或)洗脱用柠檬酸钠缓冲液的 pH，保证苏氨酸-丝氨酸分离度不得小于 85%，甘氨酸-丙氨酸分离度不得小于 90%，以及亮氨酸-异亮氨酸分离度不得小于 80%。注入制备好的试样水解液和相应的氨基酸标准工作液进行分析测定。酸解液每 5 个试样(即 10 个单样)为一组，组间插入混合氨基酸标准工作液进行校准，以保留时间定性，单点外标法定量。试样中氨基酸的峰面积应保持在标准工作液相应峰面积的 30%～200%，否则应用柠檬酸钠缓冲溶液稀释后重测。

6)结果和数据处理

(1)结果计算　试样中某氨基酸含量 X(%)按照公式(12-2)计算。

$$X=\frac{\rho \times D}{m \times 10^6}\times 100\% \tag{12-2}$$

式中:ρ 为某氨基酸每毫升上机水解液中氨基酸的质量,ng;m 为试样质量,mg;D 为试样稀释倍数。

以两个平行试样测定结果的算术平均值为结果,结果保留 2 位小数。

(2)重复性　当氨基酸含量高于 0.5%时,两个平行试样测定值的相对偏差不大于 4%;当氨基酸含量低于 0.5%时,相对偏差不大于 5%。

2. 氧化酸水解法

1)适用范围

本方法主要适用于饲料原料、配合饲料、浓缩饲料和精料补充料中含硫氨基酸(胱氨酸、半胱氨酸和蛋氨酸)的准确分析测定。此法还可测定酪氨酸、苯丙氨酸等芳香族氨基酸及组氨酸以外的氨基酸。在以焦亚硫酸钠作氧化终止剂时,酪氨酸由于被氧化,不能准确测定。酪氨酸、苯丙氨酸和组氨酸则在以氢溴酸作终止剂时被氧化,不能准确测定。

2)基本原理

由于在蛋白质酸水解过程中常伴有胱氨酸(半胱氨酸)和蛋氨酸的损失,因此通常可用过甲酸氧化,使胱氨酸(半胱氨酸)转变成半胱磺酸、蛋氨酸转变成甲硫氨酸砜。半胱磺酸与甲硫氨酸砜在酸水解中是稳定的,且易于与其他氨基酸分离。然后用氢溴酸或焦亚硫酸钠终止其反应,再进行常规酸水解,然后经离子交换色谱法分离,并以茚三酮做柱后衍生测定。

3)仪器设备

同常规酸水解法。

4)试剂

除有特别说明外,本实验所用试剂均为分析纯。

①甲酸:浓度为 88%。

②过甲酸溶液:配制方法如下。

A. 常规过甲酸溶液:将过氧化氢(30%)与甲酸(88%)按 1∶9 (体积比)混合,并按每毫升添加 5 mL 的比例加入苯酚,于室温下放置 1 h,在冰浴中冷却 30 min。此溶液现用现配。

B. 浓缩饲料用过甲酸溶液:当浓缩饲料中氯化钠含量小于 3%时,在上述常规过甲酸溶液中按每毫升添加 3 mg 的比例添加硝酸银即可;当浓缩饲料中氯化钠含量大于 3%时,每毫升氧化剂中硝酸银添加量可按照公式(12-3)计算。

$$\rho_R \geqslant 1.454 \times m \times X \tag{12-3}$$

式中:ρ_R 为每毫升过甲酸中硝酸银质量,mg;X 为试样中氯化钠含量,%;m 为试样质量,mg。

甲酸与过氧化氢反应生成过甲酸的反应式如下:

$$\underset{\text{甲酸}}{HCOOH}+\underset{\text{过氧化氢}}{H_2O_2} \longrightarrow \underset{\text{过甲酸}}{H-(C=O)-O-OH}+\underset{\text{水}}{H_2O}$$

③氧化终止剂：配制方法如下。

A. 氢溴酸：浓度为48%。

B. 焦亚硫酸钠溶液：准确称取33.6 g焦亚硫酸钠，加水定容至100 mL。

④盐酸溶液(6.8 mol/L)：准确量取1 133 mL盐酸，用水稀释至2 000 mL，混匀。

⑤氢氧化钠溶液(7.5 mol/L)：准确称取30 g氢氧化钠，加水溶解并定容至100 mL。

⑥洗脱用柠檬酸钠缓冲溶液：按氨基酸自动分析仪说明书配制或购买。

⑦茚三酮溶液：按氨基酸自动分析仪说明书配制或购买。

⑧磺基丙氨酸-蛋氨酸砜标准贮备液：准确称取105.7 mg磺基丙氨酸(纯度≥99%)和113.3 mg蛋氨酸砜(纯度≥99%)，加水溶解并定容至250 mL，二者浓度均为2.5 μmol/mL，于2～8 ℃下保存，有效期为1年。

⑨混合氨基酸标准工作液：准确吸取磺基丙氨酸-蛋氨酸砜标准贮备液和氨基酸标准贮备液各1 mL置于50 mL容量瓶中，用柠檬钠缓冲液定容，混匀，相关各组分浓度均为50 nmol/mL，于2～8 ℃下保存，有效期为3个月。

⑩其他试剂同常规酸水解法。

5)操作步骤

(1)试样处理　同步做平行测定。称取50～75 mg(精确至0.000 1 g)试样，置于20 mL浓缩瓶或浓缩管中，在冰水中冷却30 min后，加入2 mL已经冷却的过甲酸溶液，并将样品全部浸湿，但不要摇动，盖好瓶塞，连同冰浴一道置于0～4 ℃冰箱中，反应氧化16 h。

(2)氧化反应终止　以下步骤因使用不同的氧化终止剂而不同。

①以氢溴酸为终止剂：在各管中加入0.3 mL氢溴酸，振摇，放回冰水中静置30 min，然后移到旋转蒸发器或浓缩器上，在60 ℃、压力低于3.3×10^{3} Pa(25 mmHg)下浓缩至干。用约15 mL 6 mol/L盐酸溶液将残渣定量转移到20 mL安瓿或水解管中，封口，置于恒温箱(110±2) ℃中，水解22～24 h。

取出安瓿或水解管，冷却后，用水将内容物定量转移至50 mL容量瓶中，用水定容，充分混匀、过滤。取1～2 mL滤液，置于旋转蒸发器或浓缩器中，在低于50 ℃的条件下，减压蒸发至干，加少量水重复蒸干2～3次。然后加入2～5 mL柠檬酸钠缓冲液，振摇，待充分溶解后离心，取上清液供仪器测定用。

②以焦亚硫酸钠为终止剂：于试样氧化液中加入焦亚硫酸钠溶液0.5 mL，充分摇匀后，直接加入6.8 mol/L盐酸溶液17.5 mL，置于恒温干燥箱(110±2) ℃中，水解22～24 h。

*警示：开始水解时，不要封安瓿瓶瓶口或盖水解管的管帽，待水解1 h后再封口或旋紧管帽，否则容易引起水解管爆裂。

取出安瓿或水解管，冷却后，用水将内容物全部转移到50 mL容量瓶中，用氢氧化钠溶液调节pH至约2.2，并用稀释上机用柠檬酸钠缓冲液定容，离心，取上清液供仪器测定用。

(3)测定　将混合氨基酸标准工作液注入氨基酸自动分析仪，根据要求适当调整仪器操作程序和参数以及洗脱用缓冲溶液试剂配比。同样每5个试样(即10个单样)为一组，组间插入混合氨基酸标准工作液进行校准，以保留时间定性，单点外标法定量。试样中氨基酸的峰面积应为相应标准工作液相应峰面积的30%～200%，否则应该用柠檬酸钠缓冲液稀释后重测。

6)结果和数据处理

(1)结果计算　试样中胱氨酸(蛋氨酸)含量 X(%)按照公式(12-4)计算。

$$X=\frac{n\times A\times V\times c\times V_{st}\times M}{m\times A_{st}\times V_1\times 10^6}\times 100\% \tag{12-4}$$

式中:n 为试样水解液稀释倍数;A 为试样溶液中磺基丙氨酸(蛋氨酸砜)的峰面积;A_{st} 为氨基酸标准溶液中磺基丙氨酸(蛋氨酸砜)的峰面积;V 为试样水解液体积,mL;V_{st} 为氨基酸标准溶液进样体积,μL;V_1 为试样溶液进样体积,μL;c 为标准工作液中磺基丙氨酸(蛋氨酸砜)浓度,nmol/mL;M 为胱氨酸①(蛋氨酸)的摩尔质量,g/mol;m 为试样质量,mg。

以两个平行试样测定结果的算术平均值为分析结果,结果保留 2 位小数。

(2)重复性　当试样中胱氨酸(蛋氨酸)含量小于 0.5%时,两次独立测定结果与其算术平均值的绝对偏差不超过这两个测定值的算术平均值的 5%;当试样中胱氨酸(蛋氨酸)含量大于 0.5%时,两次独立测定结果与其算术平均值的绝对偏差小于这两个测定值的算术平均值的 4%。

7)注意事项

①上机分析时,如果因样品中 Na^+ 浓度影响,色谱峰出峰时间漂移过大,则可将水解液定容、过滤,再取 2～5 mL 滤液于 50 ℃减压蒸发至 0.5 mL(勿干),转移至 10 mL 容量瓶中。先用 7.5 mol/L 氢氧化钠溶液调节 pH 至 2.2,然后用 pH 为 2.2 的柠檬酸缓冲溶液定容,混匀、离心后,以上清液作为上机待测溶液。

②试样为浓缩饲料时需了解其氯化钠含量,必要时可测定氯化物含量。

③如果长时间开机测定,至少每 5 个试样(即 10 个单样)之间要插入一个标样校准仪器。

3. 碱水解法

1)适用范围

本方法只适用于饲料原料、配合饲料、浓缩饲料和精料补充料中色氨酸的测定。

2)基本原理

饲料中蛋白质在 110 ℃、氢氧化锂溶液的作用下水解,水解出的游离色氨酸可用离子交换色谱法或高效液相色谱法分离,用紫外或荧光检测器检测,外标法定量测定。

3)仪器设备

①聚四氟乙烯水解管:配衬管和密封垫。

②高效液相色谱仪:配紫外检测器或荧光检测器。

色谱参考条件如下。

色谱柱:磺酸基阳离子交换树脂,长 250 mm,粒度为 5 μm,内径为 4.6 mm,或性能相当者。

流动相:乙酸钠缓冲溶液∶甲醇=95∶5(体积比)。

进样体积:10～20 μL。

柱温:室温。

流速:1 mL/min。

---

① 胱氨酸实为胱氨酸与半胱氨酸之和,以胱氨酸计。其中 M 胱氨酸=120.2,M 蛋氨酸=149.2。

检测器：紫外或二极管陈列检测器，检测波长为 280 nm；荧光检测器，激发波长为 283 nm，发射波长为 343 nm。

③其他同常规酸水解法。

4)试剂

除特殊注明外，本实验所用试剂均为分析纯。

①氢氧化锂溶液(4 mol/L)：称取一水合氢氧化锂 167.8 g，用水溶解并稀释至 1 000 mL。此溶液在使用前需经过超声或通氮气脱气。

②盐酸溶液(6 mol/L)：将盐酸(优级纯)与水等体积混合。

③甲醇：色谱纯。

④稀释用柠檬酸钠缓冲溶液[pH=4.3，$c(Na^+)=0.2$ mol/L]：准确称取柠檬酸钠 14.71 g、柠檬酸 10.5 g、氯化钠 2.92 g，溶于 500 mL 水中，加入硫二甘醇 5 mL、辛酸 0.1 mL，然后加水定容至 1 000 mL，摇匀。

⑤洗脱用柠檬酸钠缓冲液(不同 pH 和离子强度)：按氨基酸自动分析仪说明书配制。

⑥茚三酮溶液：按氨基酸自动分析仪说明书配制。

⑦*L*-色氨酸标准储备液：准确称取 *L*-色氨酸对照品(纯度>99%)102 mg，加数滴 0.1 mol/L 氢氧化钠溶液，使之溶解，定量转移至 100 mL 棕色容量瓶中，加水至刻度。该溶液中色氨酸浓度为 5 μmol/L。

⑧氨基酸混合标准储备液：含 17 种常规蛋白质水解液分析用层析纯氨基酸，各氨基酸组分浓度为 2.5(或 2) μmol/L。

⑨混合氨基酸标准工作液：准确吸取 *L*-色氨酸标准储备液 2 mL 和适量的氨基酸混合标准储备液，于 50 mL 容量瓶中，用 pH 为 4.3 的柠檬酸钠缓冲液定容，摇匀待用。该溶液中色氨酸浓度为 200 nmol/L，其他氨基酸浓度为 100 nmol/L。

5)操作步骤

(1)试样处理

①脂肪含量小于 4%的试样：做平行测定。直接称取未脱脂试样 50～100 mg(精确至 0.000 1 g)于聚四氟乙烯水解管的衬管中，加氢氧化锂溶液 1.5 mL，充氮气 1 min 后旋紧密封盖，放入(110±2) ℃恒温干燥箱中，水解 20 h 。将水解管取出，冷却至室温后，用乙酸钠缓冲溶液将水解液全部转移至 25 mL 容量瓶中，并用上述缓冲溶液定容，离心或者过 0.45 μm 滤膜后上高效液相色谱仪测定。

②脂肪含量大于 4%的试样：需先对试样进行脱脂，将脱脂后的试样风干、混匀，装入密闭的容器中备用。称取脱脂后的试样，按照步骤①进行水解。

(2)测定　按仪器说明书用相应的混合氨基酸标准工作液，调整仪器操作参数和(或)洗脱用柠檬酸钠缓冲液的 pH，保证各氨基酸分辨率不小于 85%，注入制备好的试样水解液和相应的氨基酸混合标准工作液，进行分析测定。碱解液每 5 个试样(10 个单样)为一组，组间插入混合氨基酸标准工作液进行校准。

6)结果和数据处理

(1)结果计算　分别按照公式(12-5)和公式(12-6)计算色氨酸在试样中的质量分数。

$$X_1=\frac{\rho_1\times D}{m_1\times 10^6}\times 100\% \tag{12-5}$$

$$X_2=\frac{\rho_2 \times D}{m_2 \times (1-X) \times 10^6} \times 100\% \tag{12-6}$$

式中：X_1 为用未脱脂试样测定的色氨酸质量分数，%；X_2 为用脱脂试样测定的色氨酸质量分数，%；ρ_1 为未脱脂试样每毫升上机水解液中色氨酸质量，ng；ρ_2 为脱脂试样每毫升上机水解液中色氨酸质量，ng；m_1 为未脱脂试样质量，mg；m_2 为脱脂试样质量，mg；D 为试样稀释倍数；X 为脱脂试样脱脂前脂肪质量分数，%。

以 2 个平行试样测定结果的算术平均值为测定结果，结果保留 2 位小数。

(2)重复性　当试样中色氨酸含量小于 0.1%时，两次测定结果的绝对相差应不大于 4%；当试样中色氨酸含量为 0.1%～0.5%时，两次测定结果与其平均值的绝对偏差应不大于该平均值的 3%。当试样中色氨酸含量大于 0.5%时，两次测定结果与其平均值的绝对偏差应不大于该平均值的 2%。

7)注意事项

①对于饲料原料、配合饲料，要先了解其脂肪含量，必要时需先对试样进行脱脂，将脱脂后的试样风干、混匀，装入密闭的容器中备用。

②如果长时间开机测定，至少每 5 个试样(10 个单样)之间要插入一个标样校准仪器。

4. 酸提取法

1)适用范围

本方法适用于配合饲料、浓缩饲料、精料补充料和添加剂预混合饲料中游离氨基酸的测定。

2)基本原理

饲料中游离氨基酸用稀盐酸提取，经离子交换色谱法分离，并以茚三酮做柱后衍生测定。

3)仪器设备

同常规酸水解法。

4)试剂

除特殊说明外，本实验所用试剂均为分析纯。

①提取剂(0.1 mol/L 盐酸溶液)：量取优级纯盐酸 8.3 mL 于 1 000 mL 容量瓶中，加入硫二甘醇 20 mL，用水定容至 1 000 mL，摇匀。

②洗脱用柠檬酸钠缓冲液(不同 pH 和离子强度)：按氨基酸自动分析仪说明书配制。

③茚三酮溶液：按氨基酸自动分析仪说明书配制。

④氢氧化钠：优级纯。

⑤氢氧化钠溶液(1 mol/mL)：称取氢氧化钠 4 g 溶于 100 mL 水中。

⑥5-磺基水杨酸溶液：称取 5-磺基水杨酸 6 g，加水溶解并定容至 100 mL。

⑦其他试剂同常规酸水解法。

5)操作步骤

(1)样品前处理

①添加剂预混合饲料：做平行测定。称取饲料样品 1 g～2 g(精确至 0.000 1 g)(蛋氨酸含量≤4 mg，赖氨酸可略高)，加入 0.1 mol/L 盐酸提取剂 30 mL，用超声波振荡器提取 15 min，静置片刻，将上清液过滤到 100 mL 容量瓶中，残渣加水 15～20 mL，搅拌 3 min，重复提取 2 次，再将上清液一并过滤到上述容量瓶中，然后再用水冲洗提取瓶和滤纸上的残渣，并定容，摇匀，取上清液供上机测定。若试样在提取过程中过滤速度太慢，可采取离心 10 min

(4 000 r/min)的方法进行提取。合并上清液并加水定容。如测定赖氨酸，预混料和浓缩饲料基质会有较大干扰，应针对待测试样同时做添加回收率实验，以校准测定结果。

②配合饲料、浓缩饲料和精料补充料：做平行测定。称取试样 2～5 g (精确至 0.000 1 g)于 100 mL 离心管中，加入 0.1 mol/L 盐酸提取溶液 50 mL，用超声波振荡器提取 30 min，离心 10 min(4 000 r/min)，上清液移至 100 mL 容量瓶中，残渣用 45 mL 盐酸提取剂重复提取 1 次，离心后与上清液合并，加水定容。准确移取 10 mL 滤液于 50 mL 烧杯中，加 5-磺基水杨酸溶液 5 mL，搅拌 5 min，过滤或离心，除去沉淀，用氢氧化钠溶液调节滤液或上清液 pH 至 2.2，用柠檬酸钠缓冲溶液定容至 100 mL，供上机测定用。

(2)测定　将氨基酸标准工作液注入氨基酸自动分析仪，按仪器说明书调整仪器操作参数和(或)洗脱用柠檬酸钠缓冲液 pH，保证各氨基酸分离度不得小于 85%，注入制备好的试样水解液和相应的氨基酸标准工作液进行分析测定。酸解液每 5 个试样(即 10 个单样)为一组，组间插入混合氨基酸标准工作液进行校准。

通常常规酸水解法的各氨基酸组分浓度为 100 nmol/L；氧化酸水解法的各氨基酸组分浓度为 50 nmol/L；碱水解法的色氨酸浓度为 20 nmol/L，而其他氨基酸浓度为 100 nmol/L；酸提取法的各氨基酸浓度为 100 nmol/L。

6)结果和数据处理

(1)结果计算　试样中氨基酸含量 X(%)按照公式(12-7)计算。

$$X=\frac{n\times A\times V\times c\times M\times V_{st}}{A_{st}\times m\times V_1\times 10^9}\times 100\% \qquad (12\text{-}7)$$

式中：n 为试样提取溶液稀释倍数；A 为试样溶液中对应氨基酸的峰面积；A_{st} 为氨基酸标准溶液中对应氨基酸的峰面积；V 为试样提取溶液体积，mL；V_{st} 为氨基酸标准溶液进样体积，μL；V_1 为试样溶液进样体积，μL；c 为标准工作液中对应的氨基酸浓度，nmol/mL；M 为氨基酸的摩尔质量，g/mol；m 为试样质量，g。

以两个平行试样测定结果的算术平均值为分析结果，结果保留 2 位小数。

(2)重复性　当氨基酸含量高于 0.5%时，两个平行试样测定值的相对偏差不大于 4%；当含量低于 0.5%时，相对偏差不大于 5%。

二、饲料中游离氨基酸总量的测定(茚三酮分光光度法)

(一)原理

氨基酸与茚三酮在 pH 为 8 的条件下共热生成蓝紫色化合物，其颜色的深浅与含量成正比，用分光光度法在特定波长下测定其含量，反应式为：

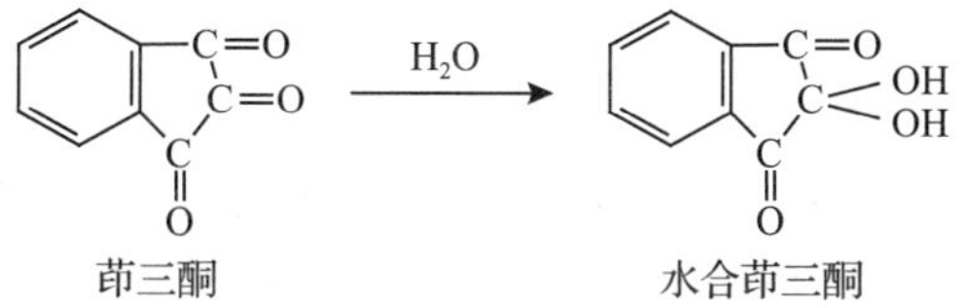

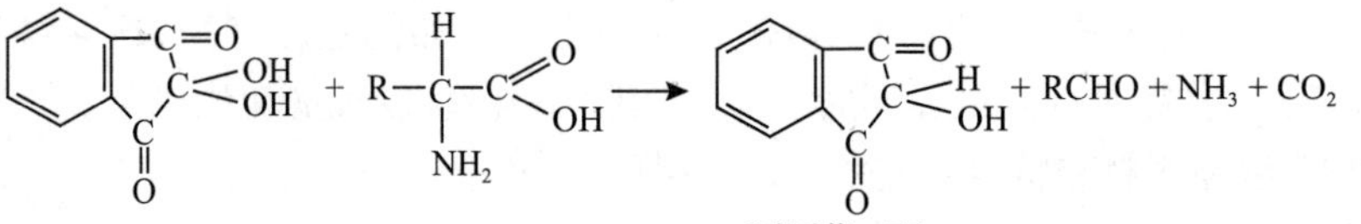

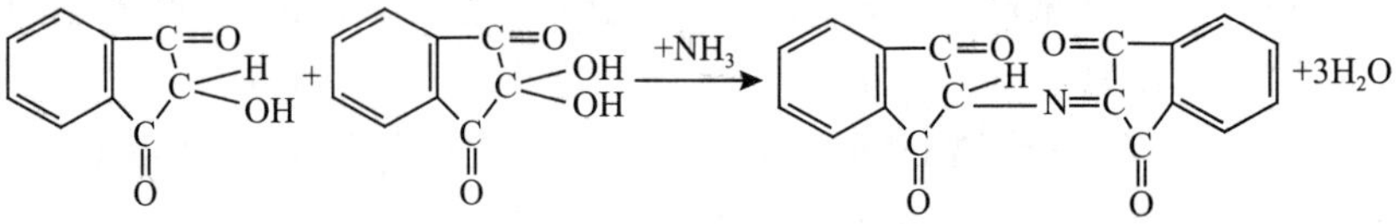

(二)仪器设备

①分光光度计。

②电热恒温水浴锅。

③分析天平:感量 0.000 1 g。

(三)试剂

①pH 为 8 的磷酸缓冲液:准确称取经 110 ℃烘干 2 h 的磷酸二氢钾 9.08 g,用水溶解并定容于 1 000 mL 容量瓶中,摇匀。准确称取十二水磷酸氢二钠 23.9 g,用水溶解并定容于 1 000 mL 容量瓶中,摇匀。按磷酸二氢钾溶液 5 mL 和磷酸氢二钠溶液 95 mL 比例混匀。

②2%茚三酮溶液:准确称取水合茚三酮 1 g,加入 30 mL 水中,加入氯化亚锡 40 mg,溶解,静置过夜,过滤后用水稀释至 50 mL,摇匀待用。

③谷氨酸标准溶液:准确称取谷氨酸(纯度≥99%)250 mg,用适量水溶解并定容至 25 mL,混匀,即为谷氨酸标准储备液,每毫升含有 10 mg 谷氨酸。吸取 1 mL 上述标准储备液加水定容至 50 mL,摇匀,即为谷氨酸标准工作液,每毫升含有 200 μg 谷氨酸。

(四)操作步骤

1. 标准曲线的绘制

准确移取 0、0.5、1、1.5、2、2.5 mL 氨基酸标准工作液,分别置于 25 mL 容量瓶中,氨基酸含量依次为 0、100、200、300、400、500 μg。按照样品测定方法加入 0.5 mL 2%茚三酮溶液和 0.5 mL pH 为 8 的磷酸缓冲溶液,混匀,水浴加热 15 min,取出冷却至室温,定容,静置 15 min。以空白溶液为参比,在 570 nm 波长处,测定吸光度。绘制标准工作曲线。

2. 测定

称取粉碎的试样 2～5 g(精确至 0.000 1 g)于 500 mL 锥形瓶中,加入沸蒸馏水 450 mL,立即移入沸水浴中浸提 45 min(其间每 10 min 摇动 1 次)。浸提后立即趁热过滤,残渣用少量热蒸馏水洗涤 2～3 次,将滤液转入 500 mL 容量瓶中,冷却后用蒸馏水定容至刻度,摇匀。

吸取样品溶液 1～4 mL 于 25 mL 容量瓶中,加入 0.5 mL 2%茚三酮溶液和 0.5 mL pH 为 8 的磷酸缓冲溶液,充分混匀,然后水浴加热 15 min,取出冷却至室温,再用水稀释至刻度,混匀,静置 15 min。以空白溶液为参比,在 570 nm 波长处,测定样品溶液的吸光度,并从标准曲线上查出样品溶液中氨基酸含量。

(五)结果和数据处理

试样中氨基酸总含量 X(以谷氨酸计,mg/kg)按照公式(12-8)计算。

$$X=\frac{X_1\times V_1}{m\times V_2} \tag{12-8}$$

式中:X_1 为从标准曲线上查得的氨基酸含量,μg;V_1 为样品溶液总体积,mL;V_2 为样品溶液分取体积,mL;m 为样品质量,g。

以两个平行试样测定结果的算术平均值为分析结果,结果保留 2 位小数。

(六)注意事项

由于茚三酮试剂容易受光照、温度、空气等因素的影响,氧化变成红色,可用下述方法进行纯化:称取 10 g 茚三酮试剂溶于 40 mL 热水中,加入 1 g 活性炭,摇匀,静置 30 min 后,过滤。然后将滤液置于冰箱中过夜,会出现蓝色结晶,再过滤,用 2 mL 水洗涤结晶,置于干燥器中干燥,装瓶备用。

思考题

1. 简述常规酸水解法、氧化酸水解法、碱水解法、酸提取法测定氨基酸的适用范围及注意事项。
2. 简述应用茚三酮分光光度法测定饲料氨基酸含量的不足之处。

实验十三　饲料中挥发性脂肪酸的测定

挥发性脂肪酸(volatile fatty acids,VFA)是一类在厌氧环境下,通过碳水化合物发酵产生的有机酸。这些酸通常具有较低的分子量,因此具有较强的挥发性,并且易溶于水。在挥发性脂肪酸的系列中,随着碳原子数的增加,其挥发性逐渐减弱。常见的挥发性脂肪酸包括甲酸、乙酸、丙酸、丁酸、戊酸和己酸等。

在微生物的厌氧分解过程中,挥发性脂肪酸作为生物代谢的中间或最终产物发挥着重要作用。特别是在厌氧发酵的液化产酸阶段,挥发性脂肪酸是这一阶段的主要产物。挥发性脂肪酸的测定对饲料的质量控制、营养价值的评估以及发酵过程的优化都具有重要意义。通过监测挥发性脂肪酸的含量和变化,可以更好地了解饲料的发酵状态、微生物活性以及饲料的消化利用率,从而为饲料生产和应用提供科学依据。

一、目的和要求

本实验要求学生了解气相色谱仪的工作原理,熟悉并掌握气相色谱仪的使用方法和挥发性脂肪酸(VFA)测定的基本操作过程。

二、原理

使用色谱仪上的氢火焰检测器测定挥发性脂肪酸含量,其基本原理是:色谱柱分离后馏出的物质被载气载入检测器离子室的喷嘴口,与燃烧气——氢气相混合,并以空气助燃气进行燃烧,以此为能源,将组分电离成离子数目相等的正离子和负离子(电子)。在离子室内离子做定向流动,形成离子流。该离子流被色谱仪的收集极收集,经过微电流放大器放大并输送给记录仪，此信号的大小代表单位时间内进入检测器火焰的组分含量大小。使用外标法，可以定量检测样品中挥发性脂肪酸含量。

三、仪器设备

①电子天平：感量 0.000 1 g。

②GC522 气相色谱仪：如图 13-1 所示。对于空气流量和氢气流量 B 压力要调至接近 0。

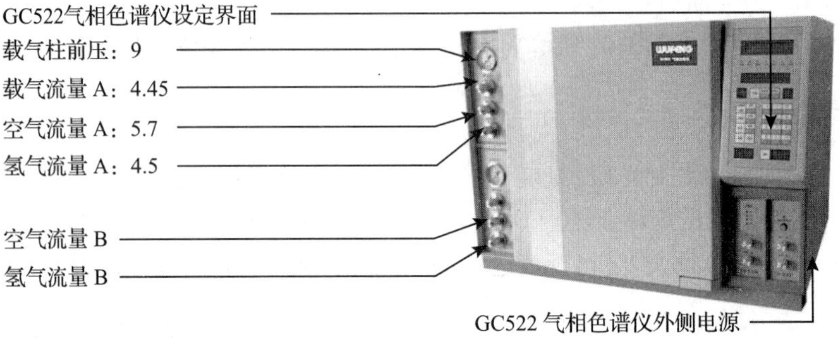

图 13-1　GC522 气相色谱仪

③冷冻离心机：0～22 000 r/min。

④微量移液枪：0.5～10 μL。

⑤离心管：1.5 mL。

四、试剂和材料

①乙酸：色谱纯。

②丙酸：色谱纯。

③异丁酸：色谱纯。

④丁酸：色谱纯。

⑤异戊酸：色谱纯。

⑥戊酸：色谱纯。

⑦偏磷酸溶液：将 25 g 偏磷酸（分析纯）溶于 100 mL 蒸馏水中。

⑧挥发性脂肪酸标准溶液：准确、快速称取 0.487 9 g 乙酸、0.185 2 g 丙酸、0.066 1 g 异丁酸、0.132 2 g 丁酸、0.063 9 g 异戊酸和 0.063 9 g 戊酸，加水定容到 100 mL，使溶液中的上述脂肪酸的浓度分别为 81.25 mmol/L（乙酸）、25 mmol/L（丙酸）、7.5 mmol/L（异丁酸）、15 mmol/L（丁酸）、6.25 mmol/L（异戊酸）和 6.25 mmol/L（戊酸）。

五、操作步骤

（一）样品的制备

在发酵结束后，上下摇匀发酵液，然后用四层医用纱布（或 300 目尼龙袋）将发酵液过滤。取 1 mL 过滤后的发酵液加入一支已编码的 1.5 mL 离心管中，加入 0.3 mL 偏磷酸溶液，摇匀后静置 15 min，1 000 r/min 离心 5 min，取上清液转入另一支同样编码的 1.5 mL 离心管中,在 4 ℃下保存备用(若非立即测定,需在-20 ℃下保存)。

(二)样品的测定

①打开氮气压力阀,使氮气压力不低于 0.5 MPa。

②打开 GC522 气相色谱仪外侧电源。

③在 GC522 气相色谱仪设定界面进行以下操作:起始→初始温度→100→键入→进样器辅助器→250→键入→换挡→检测器/热导池→250→键入。

④打开空气压力阀,使空气压力不低于 0.5 MPa。

⑤打开氢气压力阀,使氢气压力不低于 0.2 MPa。

⑥设定载气流量。

⑦打开电脑,点击按钮,选择通道 1,进入操作界面,点击数据采集,打开查看基线。

⑧在准备灯亮之后,进行点火并确定已点着:用一金属物置于出口,观察是否有水蒸气产生。若有水蒸气产生,则表明火已经点着。

⑨在基线平稳后(约 20 min),将微量进样针先用蒸馏水洗涤,再用挥发性脂肪酸标准溶液洗涤后,吸取 10 μL 挥发性脂肪酸标准溶液,快速进样。

⑩在 E 盘建立一个储存数据的文件夹,并将储存路径指定为该文件夹。

⑪当挥发性脂肪酸标样测定 2~3 个并发现平行性较好后,停止标准样品测定,点击停止基线。

⑫标准方法的建立:方法→图谱→E 盘文件夹→标样图谱→全选→输入挥发性脂肪酸并删去杂峰→采用→校正→组分表→输入 6 种挥发性脂肪酸的浓度→加入标样→标样图谱→校正完毕→确定→保存→另存为→打开→另存为的方法。

⑬在上述标准方法建立后,将微量进样针先用蒸馏水洗涤,再用样品洗涤后,吸取 10 μL 待测样品溶液,快速进样。在进样时,可以根据出峰时间适当调整电压和时间。

⑭在一个样品检测完毕后,点击按钮进行预览;快速测定下一个样品后,将数据保存至 Excel 表中。

⑮在样品检测完毕后,停止基线,退出系统;关闭外侧电源;先关闭氢气和氧气,30 min 后关闭氮气。

⑯保存数据。

六、结果和数据处理

试样中挥发性脂肪酸浓度 c(mmol/L)按照公式(13-1)计算。

$$c = c_1 \times 1.3 \tag{13-1}$$

式中:c_1 为测定的挥发性脂肪酸浓度,mmol/L;1.3 为稀释倍数,因为在样品制备时,加入了 0.3 mL 偏磷酸溶液。

挥发性脂肪酸测定样品如图 13-2 所示。

七、注意事项

①在点火时,若困难,应当先将图 13-1 中的氢气流量 A 压力调节大一些,这样容易点火,

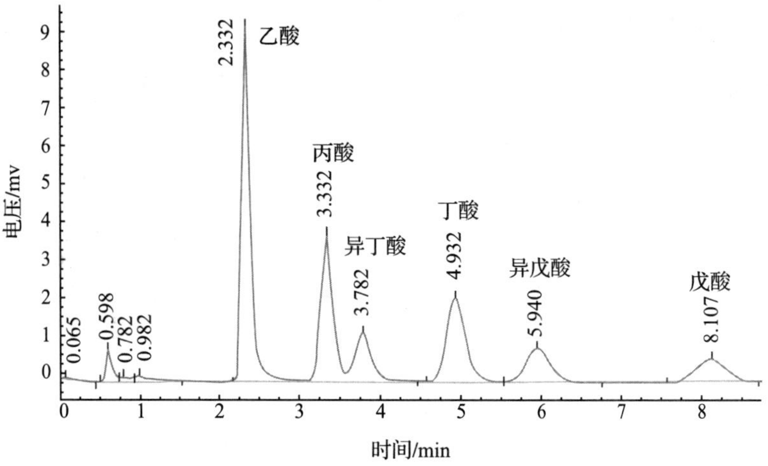

图 13-2 挥发性脂肪酸测定样品

然后再调至原来合适的压力。

②应时刻关注基线的峰形变化，因为每次大约能测定 60 个样品，应注意是否漏气。

③在关机后，一定要让氮气吹风 30 min，否则会对毛细管产生损害。

④确保气阀关紧、电源关闭后方可离开。

思考题

1. 气相色谱仪所采用的双柱双气路流程有何作用？
2. 分析并讨论气相色谱分析能够达到很高的分离效能的原因。
3. 怎样避免色谱检测出现甩尾问题？

实验十四 饲料中钙的测定

钙是动物必需的常量矿物元素，具有重要的营养生理功能。钙不仅是骨骼和牙齿的重要组成成分，还参与神经信号的传导和肌肉的收缩过程。此外，钙还参与血液凝固，有助于维持血液的正常功能。同时，钙作为酶的激活剂，参与体内多种生化反应过程。因此，在配制饲料时，需要保障饲料中钙的含量，以促进动物的健康生长和生产性能的提高。

一般饲料中钙含量不超过 1%，但动物产品类饲料中钙含量可达 5%～11%。钙含量为 0.5%以上的样品通常采用化学分析法测定其含量，通常使用高锰酸钾滴定法和乙二胺四乙酸二钠(EDTA・2Na)络合滴定法两种方法。钙含量低的样品可采用原子吸收分光光度法，该方法特别适用于大批样品的测定，准确度、精密度完全能满足饲料分析要求。

本实验主要介绍高锰酸钾滴定法和乙二胺四乙酸二钠络合滴定法。

一、高锰酸钾滴定法

(一)目的和要求

本实验要求学生掌握应用高锰酸钾滴定法测定饲料中钙含量的原理和方法，并用以测定各种饲料中钙含量。

(二)原理

试样经硝酸、高氯酸消化或样品的粗灰分用酸处理后，有机物受到破坏，钙变成溶于水的离子，并与盐酸反应生成氯化钙，再在溶液中加入草酸铵溶液，使钙成为草酸钙白色沉淀，然后用硫酸溶液溶解草酸钙，再用高锰酸钾标准溶液滴定游离的草酸根离子。根据高锰酸钾标准溶液的用量，可计算出试样中钙含量。主要化学反应式如下：

$$CaCl_2+(NH_4)_2C_2O_4 \longrightarrow CaC_2O_4\downarrow+2NH_4Cl$$

$$CaC_2O_4+H_2SO_4 \longrightarrow CaSO_4+H_2C_2O_4$$

$$2KMnO_4+5H_2C_2O_4+3H_2SO_4 \longrightarrow 10CO_2\uparrow+2MnSO_4+8H_2O+K_2SO_4$$

高锰酸钾滴定法是一个经典的测钙方法，应用范围较广，优点是 $KMnO_4$ 有颜色，用它滴定无色或浅色的溶液时，一般不需另加指示剂，但 $KMnO_4$ 溶液不够稳定，能与许多还原物质发生作用，干扰较多。故本方法适用于单一饲料、配合饲料和浓缩饲料的分析测定，检出限为 150 mg/kg。

(三)仪器设备

①实验室用样品粉碎机或研钵。

②分析筛：40 目(孔径为 0.45 mm)。

③分析天平：感量 0.000 1 g。

④高温电阻炉：可控制温度在(550±20) ℃。

⑤坩埚：30～50 mL，瓷质。

⑥容量瓶：100 mL。

⑦滴定管：酸式，25 或 50 mL。

⑧玻璃漏斗：直径为 6 cm。

⑨移液管：10 或 20 mL。

⑩烧杯：200 或 250 mL。

⑪凯氏烧瓶：250 或 500 mL。

⑫可调电炉：1 000 W。

(四)试剂和材料

①盐酸溶液：1∶3(体积比)。

②硫酸溶液：1∶3(体积比)。

③氨水溶液：1∶1(体积比)。

④氨水溶液：1∶50(体积比)。

⑤草酸铵溶液(42 g/L)：将 42 g 草酸铵(分析纯)溶于水中，稀释至 1 000 mL。

⑥甲基红指示剂：将 0.1 g 甲基红(分析纯)溶于 100 mL 95%的乙醇中。

⑦浓硝酸：分析纯。

⑧高氯酸：分析纯，浓度为 70%～72%。

⑨高锰酸钾标准溶液[$c(1/5KMnO_4)=0.05$ mol/L]：称取 1.65 g 高锰酸钾溶于 1 050 mL

水中，煮沸 15 min，冷却，静置于暗处 2 周，用 4 号玻璃滤埚（于同一浓度的高锰酸钾溶液中煮沸 5 min）过滤，保存于棕色瓶中。标定方法见附录 5。

⑩定量滤纸：中速，7～9 cm。

（五）方法和步骤

1. 试样的选取与制备

取具有代表性试样至少 2 kg，用四分法将试样缩分至 250 g，粉碎后过 40 目（孔径为 0.45 mm）筛，混匀，装入密封容器，防止试样成分变化或变质。

2. 测定步骤

1）试样分解

试样分解分为干法和湿法 2 种处理方法。

（1）干法　称取试样 2～5 g（精确至 0.000 2 g）于坩埚中，在电炉上小心低温炭化至无烟为止。再将其放入高温炉于（550±20）℃下灼烧 3 h（或用测定粗灰分后的试样）。在盛有灰分的坩埚中加入盐酸溶液 10 mL 和浓硝酸数滴，小心煮沸。将此溶液转入 100 mL 容量瓶中，并以蒸馏水洗涤坩埚，洗液一并转移至容量瓶中，冷却至室温后，定容，摇匀，即为试样分解液。

（2）湿法　用于无机物或液体饲料。称取试样 2～5 g（精确至 0.000 2 g）于凯氏烧瓶中，加入浓硝酸 10 mL，加热煮沸，至二氧化氮黄烟逸尽，冷却后加入高氯酸 10 mL，小心煮沸。如果溶液变黑，需取下，待冷却后补加高氯酸，继续煮沸至溶液无色（注意不得蒸干，否则有爆炸的危险）。冷却后加蒸馏水 50 mL，并煮沸驱逐二氧化氮，冷却后转入 100 mL 容量瓶中，用蒸馏水定容至刻度，摇匀，即为试样分解液。

2）试样的测定

（1）草酸钙的沉淀　用移液管准确吸取分解液 10～20 mL（钙含量为 20 mg 左右）于烧杯中，加入蒸馏水 100 mL、甲基红指示剂 2 滴，滴加氨水溶液至溶液由红色变为橙黄色，再滴加盐酸溶液至溶液又呈红色（pH 为 2.5～3）为止。小心煮沸，缓慢滴加草酸铵溶液 10 mL，且不断搅拌。若溶液由红色变为橙色，则应补滴盐酸溶液至最终为红色，煮沸数分钟后，放置过夜使沉淀陈化（或 80 ℃水浴加热 2 h）。

（2）沉淀物的洗涤　陈化后的溶液用中速定量滤纸过滤，用氨水溶液洗涤沉淀物 6～8 次，至无草酸根离子为止（检验方法：用试管接取滤液 2～3 mL，滴加硫酸溶液数滴，加热至 80 ℃，再滴加高锰酸钾溶液 1～2 滴，溶液呈微红色，且 30 s 不褪色）。

（3）沉淀物的溶解与滴定　将沉淀物和滤纸转入原烧杯中，加入硫酸溶液 10 mL，蒸馏水 50 mL，加热至 75～80 ℃，立即用 0.05 mol/L 高锰酸钾标准溶液滴定至溶液呈微红色，且 30 s 不褪色为止。

（4）空白测定　在干净烧杯中加入与（2）中相同规格滤纸 1 张、硫酸溶液 10 mL、蒸馏水 50 mL，加热至 75～85 ℃，用高锰酸钾标准溶液滴定至溶液呈微红色，且 30 s 不褪色即可。

（六）结果和数据处理

1. 结果计算

试样中钙含量 X（%）按照公式（14-1）计算。

$$X=\frac{(V'-V_0)\times c\times V\times 0.02}{m\times V_1}\times 100\% \tag{14-1}$$

式中：m 为试样质量，g；V 为试样分解液定容体积，mL；V_1 为测定时移取试样分解液体积，mL；V' 为滴定试样时消耗高锰酸钾标准溶液体积，mL；V_0 为滴定空白时消耗高锰酸钾标准溶液体积，mL；c 为高锰酸钾标准液浓度，mol/L；0.02 为与 1 mL 高锰酸钾标准液[$c(1/5\ KMnO_4)$ = 1.000 mol/L]相当以克表示的钙的质量。

每个试样取两个平行样进行测定，以其算术平均值为测定结果，结果保留 2 位小数。

2. 重复性

两次测定结果的相对相差(即两次测定结果的绝对差值与该平均值的比值)应该符合以下要求：当钙含量在 10%以上时，允许相对相差为 3%；当钙含量为 5%～10%时，允许相对相差为 5%；当钙含量为 1%～5%时，允许相对相差为 9%；当钙含量在 1%以下时，允许相对相差为 18%。

(七)注意事项

①高锰酸钾溶液浓度不稳定，需要至少每月标定 1 次。

②每种滤纸空白值不同，消耗高锰酸钾标准溶液的用量不同，至少每盒滤纸做一次空白测定。

③洗涤沉淀中的草酸铵时，必须沿滤纸边缘向下加入氨水，使沉淀集中于滤纸中心，以免损失。每次洗涤过滤时，都必须等上次洗涤液完全滤净后再加，每次洗涤溶液量不得超过漏斗体积的 2/3，以免沉淀移至滤纸的边缘。

④沉淀的最佳温度为 80～90 ℃，溶液近沸腾时，立即沉淀；滴定的最佳温度为 75～80 ℃，过高会使 $H_2C_2O_4$ 分解，导致结果偏低。

⑤用高锰酸钾标准液滴定时要保持样品溶液在酸性条件、75～80 ℃下，滴定速度要保持始慢、中快、终慢的原则。

⑥在用湿法分解样品时，初始温度不宜过高，以防反应太激烈，发生危险；最后需提高温度驱尽高氯酸，但千万不能蒸干，以防引起爆炸。

⑦沉淀时应加入足够的草酸铵溶液，以免引起误差；在水浴陈化过程中要防止溶液煮干。

思考题

1. 简述高锰酸钾滴定法测定饲料中钙含量的原理。
2. 目前测定饲料中钙含量的方法有哪些？
3. 高锰酸钾滴定法中草酸钙沉淀的最佳条件是什么？
4. 用高锰酸钾标准液滴定时要注意什么？
5. 高锰酸钾滴定法中为什么要用氨水冲洗草酸钙沉淀直到剩余的草酸铵洗净为止？
6. 高锰酸钾滴定法中样本溶液为何需先加氨水后又加盐酸？
7. 高锰酸钾滴定法的优点、缺点各是什么？
8. 高锰酸钾滴定法中在用干法处理试样时，若不过滤是否会影响测定结果？
9. 高锰酸钾滴定法中在用干法处理试样时，若出现熔融状或黑色碳粒，应如何处理？

二、乙二胺四乙酸二钠络合滴定法

(一)目的和要求

本实验要求学生掌握应用乙二胺四乙酸二钠(EDTA·2Na)络合滴定法测定饲料中钙含量的原理和方法。

(二)原理

将试样中有机物破坏,使钙呈离子状态,用三乙醇胺、乙二胺、盐酸羟胺和淀粉溶液消除干扰离子的影响。在碱性溶液中,钙离子与钙黄绿素-甲基百里香草酚蓝指示剂形成绿色荧光络合物。用EDTA·2Na标准溶液滴定,当滴定到化学计量点时,EDTA·2Na与指示剂络合的钙离子结合,置换出指示剂。当钙离子全部与EDTA·2Na络合时,溶液绿色荧光消失,呈现紫红色为滴定终点。根据消耗EDTA·2Na标准溶液的体积,可计算出饲料中钙含量。该方法适用于配合饲料、浓缩饲料、预混合饲料和单一饲料中钙含量的快速测定。反应方程式简写如下(其中 H_2Y^{2-} 为EDTA·2Na标准溶液):

$$Ca^{2+}+In^{2-}(\text{指示剂})=\!=\!=CaIn(\text{绿色荧光})$$

$$Ca^{2+}+H_2Y^{2-}=\!=\!=CaY^{2-}(\text{无色})+2H^+$$

$$CaIn(\text{绿色荧光})+H_2Y^{2-}=\!=\!=CaY^{2-}(\text{无色})+In^{2-}(\text{指示剂})+2H^+$$

(三)仪器设备

①实验室用样品粉碎机或研钵。
②分析筛:40目(孔径为0.45 mm)。
③分析天平:感量0.000 1 g。
④高温电阻炉:可控制温度在(550±20) ℃。
⑤坩埚:30～50 mL,瓷质。
⑥容量瓶:100 mL。
⑦滴定管:酸式,25或50 mL。
⑧移液管:10或20 mL。
⑨烧杯:200 mL。
⑩凯氏烧瓶:250或500 mL。
⑪可调温电炉。

(四)试剂

①盐酸羟胺:分析纯。
②盐酸溶液:1∶3(体积比)。
③三乙醇胺溶液:1∶1(体积比)。
④乙二胺溶液:1∶1(体积比)。
⑤钙黄绿素-甲基百里香草酚蓝指示剂:将0.1 g钙黄绿素、0.1 g甲基麝香草酚蓝、0.03 g

百里香酚酞、5 g 氯化钾研细混匀，储存于磨口瓶中备用。

⑥氢氧化钾溶液(200 g/L)：称取 20 g 氢氧化钾溶于 100 mL 水中。

⑦孔雀石绿指示剂(1 g/L)：称取 0.1 g 孔雀石绿溶于 100 mL 蒸馏水中。

⑧淀粉溶液(10 g/L)：称取 1 g 可溶性淀粉放入 200 mL 烧杯中，加入 5 mL 蒸馏水润湿，加入 95 mL 沸水搅拌，煮沸，冷却备用(现配现用)。

⑨钙标准溶液(0.001 g/mL)：称取 2.497 4 g 于 105～110 ℃干燥至恒重的基准碳酸钙，溶于 40 mL 1∶3(体积比)的盐酸溶液中，加热去除二氧化碳，冷却，用水转移至 1 000 mL 容量瓶中，稀释至刻度。

⑩乙二胺四乙酸二钠(EDTA·2Na)标准溶液：称取 3.8 g EDTA·2Na 放入烧杯中，加入 200 mL 蒸馏水，加热溶解，冷却后转移至 1 000 mL 容量瓶中，用水稀释至刻度，依据附录 5 的方法标定。

(五)操作步骤

1. 试样分解

同高锰酸钾滴定法。

2. 测定

准确移取 5～25 mL 分解液(含钙量 2～25 mg)于 150 mL 三角瓶中，加入 50 mL 蒸馏水、10 mL 10 g/L 淀粉溶液、2 mL 三乙醇胺溶液、1 mL 乙二胺溶液。用淀粉、三乙醇胺、乙二胺、盐酸羟胺消除其他金属离子的干扰，其中三乙醇胺作为掩蔽剂，可掩蔽 Al^{3+}、Fe^{3+} 及少量 Mn^{2+}、Mg^{2+}。每加完一种试剂要充分摇匀，然后加孔雀石绿指示剂 1 滴(变色范围：pH 为 11.5～13.2，蓝绿至无色)，摇匀。滴加 200 g/L 氢氧化钾溶液至无色，再过量加入 10 mL，加入 0.1 g 盐酸羟胺，摇匀溶解后，加入钙黄绿素-甲基百里香草酚蓝指示剂少许，使颜色呈现出墨绿色。在黑色背景下，立即用 0.01 mol/L 乙二胺四乙酸二钠(EDTA·2Na)标准溶液滴定至绿色荧光消失，呈现紫红色且 30 s 不褪色为终点。同时做空白测定。

(六)结果和数据处理

1. 结果计算

试样中钙含量 X(%)按照公式(14-2)计算。

$$X=\frac{T\times V_2}{m\times\frac{V_1}{V_0}}\times 100\%=\frac{T\times V_2\times V_0}{m\times V_1}\times 100\% \qquad (14\text{-}2)$$

式中：T 为 EDTA·2Na 标准溶液对钙的滴定度，g/mL；V_0 为试样分解液的总体积，mL；V_1 为分取试样分解液的体积，mL；V_2 为实际消耗 EDTA·2Na 标准滴定溶液的体积，mL；m 为试样的质量，g。

每个试样取两个平行样进行测定，以其算术平均值为测定结果，结果保留 2 位小数。

2. 重复性

两次测定结果的相对相差应该符合以下要求：当钙含量在 10%以上时，相对相差不超过 3%；当钙含量为 5%～10%时，相对相差不超过 5%；当钙含量为 1%～5%时，相对相差不超过 9%；当钙含量在 1%以下时，相对相差不超过 18%。

(七)注意事项

①该方法比高锰酸钾滴定法简单、快速，但干扰较多，误差可能高一些，但作为饲料厂日常检验很方便。

②被滴定的溶液钙浓度要与滴定 EDTA・2Na 溶液浓度相近，以保证滴定终点的准确性。

③滴定酸度(pH>12)不能太低，否则易产生水解效应。酸度太高则会形成其他络合物，使总的络合物增加。

思考题

1. 简述乙二胺四乙酸二钠络合滴定法的原理。

2. 乙二胺四乙酸二钠络合滴定法中加入三乙醇胺的作用是什么？

3. 乙二胺四乙酸二钠络合滴定法与高锰酸钾滴定法有什么不同？两种方法各有何优越性？

实验十五　饲料中总磷的测定

磷是动物必需的常量矿物元素，具有重要的营养生理功能。磷是骨骼和牙齿的重要成分，维持其结构与功能。磷参与核酸的合成，对遗传代谢、生长发育至关重要。同时磷还参与能量代谢，并具有维持酸碱平衡的作用。因此，在动物饲养过程中需平衡饲料中的磷含量，确保动物获得充足的磷营养，促进动物的健康和生产性能的提高。

饲料中总磷是指饲料中无机磷和有机磷的总和。总磷的测定方法多采用分光光度法。由于显色方法不同，测定方法分为钒钼黄比色法和钒钼蓝比色法。钒钼黄比色法测定的磷浓度范围较宽，标准磷的比色线性范围为 0.25～20 μg/mL，且特别适用于含有高铁离子和硅盐离子的样品溶液。因高铁离子和硅盐离子经常在钒钼蓝比色法中发生干扰，而用钒钼黄比色法测定磷，显色溶液颜色较稳定(24 h)，干扰因子少，显色条件要求不是十分严格，操作简便。而钒钼蓝比色法生成物颜色较深，可大大提高测定的灵敏度，标准磷的比色线性范围为 0.1～1 μg/mL，适合测定含微量磷的样品。下面分别介绍这两种测定方法。

一、钒钼黄比色法

(一)目的和要求

本实验要求学生掌握应用钒钼黄比色法测定饲料中磷含量的原理和方法，并用以测定各种饲料中磷含量。

(二)原理

将试样中有机物破坏，使磷游离出来，在酸性溶液中与钒钼酸铵生成黄色的钒钼黄络合物[$(NH_4)_3PO_4 \cdot NH_4VO_3 \cdot 16\ MoO_3$]，颜色的深浅与总磷的浓度成正比，在 400 nm 波长下进行比色测定。此法测得的结果为总磷量，其中包括动物难以吸收利用的植酸磷。主要化学反应式如下：

$$H_3PO_4 + 16(NH_4)_2MoO_4 + HNO_3 + NH_4VO_3 \longrightarrow$$
$$(NH_4)_3PO_4 \cdot NH_4VO_3 \cdot 16MoO_3 + NH_4NO_3 + 44NH_3\uparrow + 16H_2O + 8H_2\uparrow$$

(三)仪器设备

①实验室用样品粉碎机或研钵。
②分样筛:40 目(孔径为 0.45 mm)。
③分光光度计:带 1 cm 比色池。
④坩埚:瓷质。
⑤容量瓶:50、100、1 000 mL。
⑥分析天平:感量 0.000 1 g。
⑦高温炉:可控温度在(550±20) ℃。
⑧刻度移液管:1、2、3、5、10 mL。
⑨凯氏烧瓶:250 或 500 mL。
⑩可调温电炉:1 000 W。

(四)试剂

①浓硝酸:分析纯。
②高氯酸:分析纯。
③盐酸溶液:1∶1(体积比)。
④钒钼酸铵显色剂:称取偏钒酸铵(分析纯)1.25 g,加水 200 mL 溶解,再加入浓硝酸 250 mL。另称取钼酸铵(分析纯)25 g,加蒸馏水 400 mL 溶解,在冷却条件下将此溶液倒入偏钒酸铵硝酸溶液,将 2 种溶液混合,且用蒸馏水定容至 1 000 mL,避光保存,若生成沉淀则不能使用。
⑤磷标准溶液:将磷酸二氢钾(分析纯)在 105 ℃下干燥至恒重,置于干燥器中,冷却后称取 0.219 5 g 溶解于蒸馏水中,转入 1 000 mL 容量瓶中,加硝酸 3 mL,用蒸馏水稀释至刻度,摇匀,即为 50 μg/mL 的磷标准溶液。

(五)方法和步骤

1. 试样制备

取有代表性的试样 2 kg,用四分法将试样缩分至 250 g,粉碎过 40 目(孔径为 0.45 mm)筛,装入密封容器,防止试样成分变质。

2. 试样的分解

(1)干法 称取试样 2～5 g(精确至 0.000 2 g)于坩埚中,在电炉上小心低温炭化至无烟为止,再将其放入高温炉,在(550±20) ℃下灼烧 3 h(或测粗灰分后继续进行),取出冷却,在坩埚中加入盐酸溶液 10 mL 和浓硝酸数滴,小心煮沸约 10 min。冷却后将此溶液转入 100 mL 容量瓶中,并用蒸馏水洗涤坩埚数次,洗液全部转移至容量瓶中,冷却至室温后,定容,摇匀,即为试样分解液。

(2)湿法 称取试样 2～5 g(精确至 0.000 2 g)于凯氏烧瓶中。加入硝酸(分析纯)30 mL,小心加热煮沸，至二氧化氮黄烟逸尽，冷却后加入高氯酸（分析纯）10 mL，继续加热煮沸至冒白烟、溶液呈无色，注意不得蒸干，否则有爆炸的危险。冷却后加蒸馏水 30 mL，并煮沸驱逐二氧化氮，冷却后转入 100 mL 容量瓶中，用蒸馏水稀释定容至刻度，摇匀，即为试样分解液。

(3)盐酸溶解法(适用于微量元素预混料) 称取试样 0.2～1 g(精确至 0.000 2 g)于 100 mL 烧杯中，缓慢加入盐酸溶液 10 mL，使其全部溶解，冷却后转入 100 mL 容量瓶中，用蒸馏水定容至刻度，摇匀，即为试样分解液。

3. 标准曲线的绘制

分别准确移取磷标准溶液(50 μg/mL)0、1、2、5、10、15 mL 于 50 mL 容量瓶中，各加入钒钼酸铵显色剂 10 mL，用蒸馏水稀释至刻度，摇匀，常温下放置 10 min 以上，以 0 mL 溶液为参比，用 1 cm 比色皿，在 400 nm 波长下，用分光光度计测定各溶液的吸光度。以磷含量为横坐标，吸光度为纵坐标，绘制标准曲线。

4. 试样的测定

准确移取试样分解液 1～10 mL(含磷量为 50～750 μg)于 50 mL 容量瓶中，加入钒钼酸铵显色剂 10 mL，用水稀释至刻度，摇匀，常温下放置 10 min 以上，用 1 cm 比色皿，在 400 nm 波长下，用分光光度计测定试样分解液的吸光度。用标准曲线查得试样分解液的磷含量。

(六)结果和数据处理

1. 结果计算

试样中总磷含量 X(%)按照公式(15-1)计算。

$$X=\frac{m_1 \times V}{m \times V_1 \times 10^6} \times 100\% \tag{15-1}$$

式中：m 为试样的质量，g；m_1 为由标准曲线查得的试样分解液的磷含量，μg；V 为试样分解液的总体积，mL；V_1 为试样测定时移取试样分解液的体积，mL。

每个试样取两个平行样进行测定，以其算术平均值为测定结果，结果保留 2 位小数。

2. 重复性

两次测定结果的相对相差应该符合以下要求：当总磷含量小于或等于 0.5%时，相对相差不超过 10%；当总磷含量大于 0.5%时，相对相差不超过 3%。

(七)注意事项

①比色时，待测液磷含量不宜过高，磷含量最好控制在 0.5 mg/mL 以下。

②磷标准液和待测液在加入显色剂后应静置 10 min，再进行比色，但不能静置过久。显色时间在 10 min 至 4 h，吸光度达最大且恒定，对测定结果没有影响。

③本方法对于含有大量 $CaHPO_4$ 和 $Ca(PO_4)_2$ 的饲料样品不适用，例如肉骨粉，可采用磷钼酸喹啉沉淀法测定。

④如果采用湿法分解含有机物质的样品，必须注意高氯酸不能直接与样品接触，否则会引起爆炸，应先加入浓硝酸浸泡样品 4～6 h，或先用硝酸消化，待黄烟逸尽后再加入高氯酸。

二、钒钼蓝比色法

(一)目的和要求

本实验要求学生掌握应用钒钼蓝比色法测定饲料中磷含量的原理和方法，并用以测定各种饲料中磷含量。

(二)原理

饲料样品中的磷，经灰化或消化后成为磷酸盐。在酸性溶液中，磷酸根与钼酸铵结合成为钼酸磷铵(黄色沉淀)，在还原剂的作用下即变成蓝色物质“钼蓝”[$(MoO_2 \cdot 4MoO_3)_2 \cdot H_3PO_3$]。根据蓝色的深浅，用比色法可测出样品中磷的含量。其主要反应式为：

$$2H_3PO_4+24(NH_4)_2MoO_4+21H_2SO_4 \longrightarrow 2(NH_4)_3PO_4 \cdot 12MoO_3\downarrow +21(NH_4)_2SO_4+24H_2O$$

$$(NH_4)PO_4 \cdot 12\ MoO_3 \xrightarrow{\text{还原剂}} (MoO_2 \cdot 4MoO_3)_2 \cdot H_3PO_3 \cdot 4H_2O_3$$

(三)仪器设备

①分光光度计。

②分析天平：感量 0.000 1 g。

③实验室常用玻璃仪器。

(四)试剂

①硝酸：分析纯。

②高氯酸：分析纯。

③0.5%对氢醌溶液：现用现配，并加浓硫酸 1 滴。

④20%亚硫酸钠溶液：现用现配。

⑤磷标准溶液：准确称取干燥的 0.043 9 g 磷酸二氢钾溶于水中，移入 1 000 mL 容量瓶中，并用蒸馏水稀释至刻度，摇匀。此溶液磷浓度为 10 μg/mL。

⑥钼酸铵溶液：溶解 25 g 钼酸铵于 300 mL 水中。另将 75 mL 浓硫酸徐徐加入 100 mL 水中，将此稀硫酸加入前述钼酸铵溶液中即可，储存于棕色试剂瓶内备用。

⑦盐酸溶液：1∶1(体积比)。

(五)方法和步骤

1. 试样制备

取具有代表性的试样 2 kg，用四分法将试样缩分至 250 g，粉碎过 40 目(孔径为 0.45 mm)筛，装入密封容器，防止试样成分变质。

2. 试样的分解

(1)干法　称取试样 2～5 g(精确至 0.000 1 g)于坩埚中，在电炉上小心低温炭化至无烟为止，再将其放入高温炉，在(550±20)℃下灼烧 3 h(或测粗灰分后继续进行)，取出冷却，在坩埚中加入盐酸溶液 10 mL 和浓硝酸数滴，小心煮沸约 10 min。冷却后将此溶液转入 100 mL 容量瓶中，并用蒸馏水洗涤坩埚，冷却至室温后，定容，摇匀，即为试样分解液。

(2)湿法　称取试样 2～5 g(精确至 0.000 2 g)于凯氏烧瓶中，加入硝酸 30 mL，小心加热煮沸，至二氧化氮黄烟逸尽，冷却后加入高氯酸 10 mL，继续加热煮沸至溶液无色。不得蒸干，否则有爆炸的危险。冷却后加蒸馏水 50 mL，并煮沸驱逐二氧化氮，冷却后转入 100 mL 容量瓶中，用蒸馏水稀释定容至刻度，摇匀，即为试样分解液。

3. 标准曲线的绘制

分别准确移取磷标准溶液 0、1、2、3、4、5、6、7、8 mL 于 25 mL 容量瓶中，各加入钼酸铵溶液 2 mL、20%亚硫酸钠溶液 1 mL、0.5%对氢醌溶液 1 mL，用水稀释至刻度，摇匀，放置 30 min(使显色反应更充分)。以空白(0 mL 磷标准溶液)为零点，在 600～700 nm 波长下，用分光光度计测定各溶液的吸光度。以磷含量为横坐标，吸光度为纵坐标，绘制标准曲线。

4. 试样的测定

准确移取试样分解液 2 mL 于 25 mL 容量瓶中，依次加入钼酸铵溶液 2 mL、20%亚硫酸钠溶液 1 mL、0.5%对氢醌溶液 1 mL，用水稀释至刻度，摇匀。另做一空白实验，以空白液为零点，测量样品液的吸光度，在标准曲线上查出磷含量。

(六)结果和数据处理

1. 结果计算

试样中总磷含量 X(%)按照公式(15-2)计算。

$$X = \frac{A \times 10^{-6}}{m \times \frac{V_1}{V_2}} \times 100\% \tag{15-2}$$

式中：m 为试样的质量，g；A 为由标准曲线查得的试样分解液的磷含量，μg；V_2 为样品灰化后溶液的总体积，mL；V_1 为从 V_2 中分取的溶液体积，mL。

每个试样取两个平行样进行测定，以其算术平均值为测定结果，结果保留 2 位小数。

2. 重复性

两次测定结果的相对相差应该符合以下要求：当总磷含量小于或等于 0.5%时，相对相差不超过 10%；当总磷含量大于 0.5%时，相对相差不超过 3%。

思考题

1. 简述钒钼黄比色法测定饲料中总磷含量的原理。
2. 用灰化法或消化法制备的样本液如果浑浊是否会影响磷的比色结果？
3. 采用钒钼黄比色法测定样本中磷含量，在操作步骤中较钒钼蓝比色法有何优越性？
4. 在试样干法处理过程中温度太高对结果有何影响？
5. 简述用钒钼蓝比色法测定磷的原理。
6. 测磷时形成“钼蓝”的溶液为什么需静置 0.5 h 后再比色？

实验十六　饲料中水溶性氯化物的测定

饲料中的水溶性氯化物主要指的是饲料中的氯化钠。氯化钠是饲料中重要的矿物质成分之一，对动物的生长和健康具有至关重要的作用。钠和氯是维持动物体液平衡和渗透压稳定的关键元素，它们参与体内多种生理功能的调节，如神经传导、肌肉收缩、酸碱平衡等。适量的氯化钠能提高饲料的适口性，促进动物的食欲。然而，过量摄入氯化钠对动物是有害的。高氯化钠饲料可能会导致动物出现水肿、高血压、肾脏负担加重等健康问题。因此，在配制饲料时，需要严格控制氯化钠的添加量，确保其在适宜的范围内，以满足动物的营养需求，同时避免过量摄入带来的负面影响。

饲料中水溶性氯化物的测定有多种方法，不同的测定方法具有不同的适用范围和精度要求。在选择测定方法时，应根据样品的性质、测定要求以及实验室条件进行综合考虑。本实验主要介绍饲料中水溶性氯离子测定的 3 种方法，即硫氰酸盐反滴定法、硝酸银直接滴定法和氯离子选择电极法。

一、硫氰酸盐反滴定法

(一)目的和要求

本实验要求学生掌握应用硫氰酸盐反滴定法测定饲料中氯化物含量的原理和方法。

(二)原理

试样中的氯离子溶于水(若试样中含有有机物，先用沉淀剂将溶液澄清)。含有氯离子的溶液，先用硝酸溶液酸化，在此酸性条件下，加入过量的硝酸银标准溶液使样品溶液中的氯化物形成氯化银沉淀，过量的硝酸银用硫氰酸铵或硫氰酸钾标准溶液回滴。根据消耗的硫氰酸铵或硫氰酸钾标准溶液的量，计算出其氯化物含量。

(三)仪器设备

①分析天平：感量 0.000 1 g。
②刻度移液管：5、10 mL，A 级。
③滴定管：酸式，25、50 mL，A 级。
④容量瓶：100、500、1 000 mL，A 级。
⑤定量滤纸：中速，ϕ12.5 cm。
⑥回旋振荡器：不低于 200 r/min。
⑦单标线吸量管：5、10、20、25、50、100 mL。
⑧电热恒温干燥箱：精度±2 ℃。
⑨离心机：不低于 7 000 r/min。

(四)试剂和材料

①丙酮：分析纯。
②正己烷：分析纯。

③活性炭：不能含有氯离子，也不能吸收氯离子。

活性炭不含有氯离子的验证：将 1 g 活性炭与 50 mL 水混匀，在回旋振荡器中振荡 10 min，静置 10 min，用滤纸过滤。在滤液中滴加 3 滴硝酸银标准工作液，不应有浑浊。

活性炭不吸收氯离子的验证：称取 1 g 活性炭于 100 mL 容量瓶中，加入 10 mL 氯化钠标准工作液，混匀，在回旋振荡器中振荡 10 min，静置 10 min，用滤纸过滤，按下文中的测定方法滴定，计算回收率，若回收率大于 98%，可作为实验试剂使用。

④20%硝酸溶液：准确移取 200 mL 硝酸，用水稀释并定容至 1 000 mL，混匀。

⑤5%铬酸钾溶液：准确称取 5 g 铬酸钾，用水溶解并定容至 100 mL，混匀。

⑥硫酸铁铵饱和溶液：准确称取 125 g 硫酸铁铵[$NH_4Fe(SO_4)_2 \cdot 12H_2O$] 溶于 100 mL 水中，再逐渐增加硫酸铁铵直至达到饱和状态。

⑦沉淀剂Ⅰ：准确称取 10.6 g 亚铁氰化钾[$K_4Fe(CN)_6 \cdot 3H_2O$]，用水溶解并定容至 100 mL，混匀。

⑧沉淀剂Ⅱ：准确称取 21.9 g 乙酸锌[$Zn(CH_3COO)_2 \cdot 2H_2O$]，加入 70 mL 水和 3 mL 冰乙酸溶解，用水定容至 100 mL，混匀。

⑨氯化钠标准储备液(0.1 mol/L)：将约 20 g 细粉末状氯化钠(基准试剂)置于表面皿上，铺成薄层，于恒温干燥箱中在(250±2) ℃下干燥 1～2 h。取出置于干燥器中冷却至室温，准确称取 5.844 g(精确至 0.000 1 g)氯化钠，用水溶解并于容量瓶中定容至 1 000 mL，混匀。

氯化钠标准溶液浓度按照公式(16-1)计算，浓度应精确至 0.000 1 mol/L。

$$c_{NaCl}=\frac{m_{NaCl}}{58.44\times V} \tag{16-1}$$

式中：c_{NaCl} 为氯化钠标准溶液浓度，mol/L；m_{NaCl} 为氯化钠质量，g；58.44 为氯化钠的摩尔质量，g/mol；V 为氯化钠标准溶液定容体积，L。

⑩氯化钠标准工作液(0.02 mol/L)：准确移取 100 mL 氯化钠标准储备液于 500 mL 容量瓶中，用水稀释并定容，混匀。此溶液现用现配。

⑪硝酸银标准工作液(0.02 mol/L)：将约 20 g 细粉末状硝酸银置于表面皿上，铺成薄层，置于恒温干燥箱中在 80 ℃下干燥 2～3 h，取出置于干燥器中冷却至室温。称取约 3.4 g 处理后的硝酸银于 1 000 mL 容量瓶中，加水溶解并定容至 1 000 mL，混匀。此溶液现用现配，避光保存。

标定：用单标线吸量管准确移取 20 mL 氯化钠标准储备液至 200 mL 锥形瓶中，加入 1 mL 铬酸钾溶液，用 0.1 mol/L 硝酸银标准溶液滴定，充分摇晃，溶液呈红棕色且 30 s 不褪色。

硝酸银标准溶液浓度按照公式(16-2)计算，浓度应精确至 0.000 1 mol/L。

$$c_s=\frac{20\times c_{NaCl}}{V_s} \tag{16-2}$$

式中：c_s 为硝酸银标准溶液浓度，mol/L(即 0.1 mol/L)；20 为标定时移取氯化钠标准储备液体积，mL；c_{NaCl} 为氯化钠标准储备液浓度，mol/L；V_s 为滴定所消耗的硝酸银标准溶液体积，mL。

⑫硫氰酸钾或硫氰酸铵标准工作液(0.02 mol/L):准确称取 1.94 g 硫氰酸钾或 1.52 g 硫氰酸铵于 1 000 mL 容量瓶中,用水溶解并定容至 1 000 mL,摇匀。

标定:用单标线吸量管准确移取 20 mL 0.1 mol/L 硝酸银标准溶液于 200 mL 锥形瓶中,加入 1 mL 20%硝酸溶液和 2 mL 硫酸铁铵饱和溶液,用硫氰酸钾或硫氰酸铵标准溶液滴定,充分摇晃,直至生成红棕色且 30 s 不褪色为终点。

硫氰酸钾或硫氰酸铵标准工作液浓度按照公式(16-3)计算,浓度应精确至 0.000 1 mol/L。

$$c_t=\frac{20\times c_s}{V_t} \tag{16-3}$$

式中:c_t 为硫氰酸钾或硫氰酸铵标准工作液浓度,mol/L;20 为标定时移取硝酸银标准溶液体积,mL;c_s 为硝酸银标准溶液浓度,mol/L(即 0.1 mol/L);V_t 为滴定所消耗的硫氰酸钾或硫氰酸铵标准溶液体积,mL。

(五)操作步骤

1. 试样溶液的制备、氯化物的提取

(1)称样量　做平行测定。称取样品适量,精确至 0.000 1 g,置于 250 mL 具塞磨口三角瓶中。称样质量、分取滤液体积和分取滤液中氯化物预计量见表 16-1。

表 16-1　称样质量、分取滤液体积和分取滤液中氯化物预计量

氯化物含量/%	称样质量/g	分取滤液体积(V_a)/mL	氯化物预计量(8.2)/mg
<0.5	6	50	<15
0.5~1	3	50	<15
1~2	3	25	<15
>2	1	稀释后,>10	<15

引自:《饲料中水溶性氯化物的测定》(GB/T 6439—2023)。

(2)不含有机物的试样　在盛有试样的三角瓶中准确加入 100 mL 水,混匀,200 r/min 振荡 30 min,用中速定量滤纸过滤,并弃去最初滤液约 10 mL,滤液待用。

(3)含有机物的试样①　在盛有试样的三角瓶中准确加入 100 mL 水、1 g 活性炭,混匀。依次准确加入 2.5 mL 沉淀剂Ⅰ和 2.5 mL 沉淀剂Ⅱ,每次加入后摇匀。200 r/min 振荡 30 min,静置 30 min 。用中速定量滤纸过滤,弃去初滤液约 10 mL,滤液待用。

(4)熟化饲料②、亚麻饼粉、富含亚麻粉的产品、富含黏液或胶体物质③(如糊化淀粉)试样　样溶方法同(3)。如试液无法过滤,可用 7 000 r/min 离心 10 min。准确移取 50 mL 滤液至 100 mL 容量瓶中,加入丙酮混合,稀释至刻度,混匀,用中速定量滤纸过滤。

2. 测定

准确移取适量滤液(参见表 16-1 中 V_a 的量,氯化物含量不超过 15 mg)于 250 mL 锥形瓶

① 此类试样不包括熟化饲料、亚麻饼粉、富含亚麻粉的产品、富含黏液或胶体物质(如糊化淀粉)。

② 熟化饲料包括采用膨化、压片、制粒、调质、膨胀、烘焙等工艺处理,淀粉糊化后的饲料和饲料原料。

③ 富含黏液或胶体物质(如糊化淀粉)包括经过发酵、酶解的饲料和饲料原料。

中。如溶液体积小于 50 mL，可用水补充至 50 mL。依次加入 2.5 mL 20%硝酸溶液、2 mL 硫酸铁铵饱和溶液，向装满至刻度的硫氰酸钾或硫氰酸铵标准工作液的滴定管中滴加 2 滴硫氰酸钾或硫氰酸铵标准工作液，摇晃，准确加入 20 mL 硝酸银标准工作液、5 mL 丙酮、5 mL 正己烷，剧烈摇晃，继续用硫氰酸钾或硫氰酸铵标准工作液滴定，边滴边摇，直至溶液产生红棕色，且保持 30 s 不褪色即为终点。记录消耗的硫氰酸钾或硫氰酸铵标准工作液体积（包括先前滴加的 2 滴硫氰酸钾或硫氰酸铵标准工作液）。

同时进行试剂空白测定：用同样的方法和试剂但不加试样。

（六）结果和数据处理

1. 结果计算

试样中氯化物（以氯化钠计）含量 X（%）按照公式（16-4）计算。

$$X=\frac{M\times[(V_{s1}-V_{s0})\times c_s-(V_{t1}-V_{t0})\times c_t]}{m\times 10^3}\times\frac{V}{V_a}\times F\times 100\% \tag{16-4}$$

式中：M 为氯化钠的摩尔质量，即 58.44 g/mol；V_{s1} 为测试溶液移取硝酸银标准溶液体积，mL；V_{s0} 为空白溶液移取硝酸银标准溶液体积，mL；V①为试液总体积，mL；V_a 为移出液体积，mL；V_{t1} 为测试溶液滴加硫氰酸钾或硫氰酸铵标准溶液体积，mL；V_{t0} 为空白溶液滴加硫氰酸钾或硫氰酸铵标准溶液体积，mL；c_s 为硝酸银标准工作液浓度，mol/L；c_t 为硫氰酸钾或硫氰酸铵标准溶液浓度，mol/L；m 为试样质量，g；F②为稀释因子（丙酮稀释）。

2. 重复性

每个试样取两个平行样同时进行测定，以其算术平均值为测定结果，结果保留 2 位小数。

（七）注意事项

①硫氰酸盐反滴定法是根据氯离子（Cl^-）来计算氯化钠含量的，但由于配合饲料或单一饲料（如鱼粉、合成赖氨酸或盐酸硫胺素等）中都带有氯离子，所以此估测值仅供参考。

②标定硝酸银溶液或滴定试样滤液时，速度应快，且又不要过分剧烈摇动，以防下列反应发生：

$$AgCl+CNS^- = AgCNS+Cl^-$$

这样会因氯化银沉淀转化成硫氰酸银沉淀，消耗更多的硫氰酸铵溶液，从而使结果偏低。

二、硝酸银直接滴定法

（一）目的和要求

本实验要求学生掌握应用硝酸银直接滴定法测定饲料中氯化物含量的原理和方法。

（二）原理

水溶性氯也可以用硝酸银标准工作液直接滴定。用铬酸钾作指示剂，氯离子（Cl^-）与银

---

① 对于试样（2），$V=100$ mL；对于试样（3）和试样（4），$V=10^5$ mL。

② 当 $F=1$ 时，用于试样（2）和试样（3）；当 $F=2$ 时，用于试样（4）。

离子(Ag^+)反应生成白色沉淀后，过量的 Ag^+ 与铬酸钾生成砖红色铬酸银沉淀，指示终点。

(三)仪器设备

同硫氰酸盐反滴定法。

(四)试剂和材料

同硫氰酸盐反滴定法。

(五)操作步骤

称取试样 5～10 g(精确至 0.000 1 g)于 250～500 mL 烧杯中，准确加蒸馏水 200 mL，搅拌 15 min，使氯化物充分溶解，静置 15 min。准确移取上清液 20 mL 于 150 mL 三角瓶中，再加蒸馏水 50 mL，加 5%铬酸钾指示剂 1 mL，用硝酸银标准工作液滴定，以呈现砖红色且 1 min 不褪色为终点。

(六)结果和数据处理

试样中水溶性氯化物(以氯化钠计)含量 X(%)按照公式(16-5)计算。

$$X=\frac{V\times c\times 200\times 0.058\ 44}{m\times 20}\times 100\% \tag{16-5}$$

式中：m 为样品质量，g；V 为硝酸银标准工作液滴定体积，mL；c 为硝酸银标准工作液浓度，mol/L。

三、氯离子选择电极法

(一)目的和要求

本实验要求学生掌握应用氯离子选择电极法测定饲料中氯化物含量的原理和方法。

(二)原理

利用氯离子选择电极在溶液中的电位值与溶液中氯离子的对数值之间存在的线性函数关系，即电极对氯离子的活度呈奈斯特响应，选择一定的缓冲溶液控制总离子强度，消除干扰元素的影响，从而快速测定饲料中水溶性氯化物的含量。

(三)仪器设备

①P×S-215 型离子活度计。

②PHS-2 型酸度计。

③217 型双盐桥甘汞电极(801 型双接液电极)。

④PCL-1 型氯离子选择电极。

⑤磁力搅拌器。

(四)试剂

①氯化钠标准储备液:称取于500 ℃下灼烧1 h后冷却至室温的基准氯化钠20 mg,加入250 mL烧杯中,用水溶解,转移到1 000 mL容量瓶中,用水稀释至刻度,摇匀。此溶液氯化钠浓度为20 mg/L。

②氯化钠标准工作液:移取氯化钠标准储备液25 mL,加入100 mL容量瓶中,用水稀释至刻度,摇匀。此溶液氯化钠浓度为5 mg/L。

③总离子强度缓冲液:称取硝酸钾50.6 g,放入500 mL烧杯中,用0.01 mol/L硝酸溶液溶解,转移至100 mL容量瓶中,并用0.01 mol/L硝酸溶液加至刻度,摇匀。

(五)操作步骤

1. 标准曲线的绘制

分别取0、0.1、1、2、4、10 mL氯化钠标准工作液,加入6个50 mL容量瓶中,不足10 mL的用水补至10 mL。用总离子强度缓冲液稀释至刻度,摇匀,即得0、0.01、0.1、0.2、0.4、1 μg/mL的氯化钠标准溶液。将上述标准溶液分别倒入50 mL干烧杯中,放入搅拌子一支。以PCL-1型氯离子选择电极为指示电极、217型双盐桥甘汞电极(外接液电极,内装2 mol/L硝酸钾溶液)为参比电极,搅拌3 min后于离子活度计上读取毫伏数。用半对数坐标纸E值(毫伏数)为纵坐标,以log C_t氯化钠为横坐标,绘制标准曲线。

2. 测定步骤

(1)样品处理 准确称取试样4~5 g(精确至0.000 2 g),加入200 mL三角瓶中,准确加入100 mL水,振荡5 min后过滤(用中速定性滤纸)。滤液用50 mL干烧杯接取。

(2)测定 吸取滤液10 mL,加入50 mL容量瓶中,用总离子强度缓冲溶液加至刻度,摇匀。按照上述绘制标准曲线的实验操作步骤,测定电压(mV),由标准曲线查得氯化钠含量。

(六)结果和数据处理

试样中水溶性氯化物(以氯化钠计)含量X(%)按照公式(16-6)计算。

$$X=\frac{50\times c}{m\times 10^6\times\frac{V_1}{V}}\times 100\% \tag{16-6}$$

式中:50为测定时滤液定容体积,mL;c为从标准曲线上查得的氯化钠浓度,μg/mL;m为试样质量,g;V_1为测定时所取的滤液体积,mL;V为试样滤液总体积,mL。

思考题

1. 简述饲料中水溶性氯化物的测定原理。
2. 简述本实验中在溶液中加入过量硝酸银溶液的目的。
3. 简述本实验操作过程中应注意的事项。
4. 简述测定饲料中水溶性氯化物含量时样品的预处理方法。
5. 本实验中标定硝酸银溶液或滴定试样滤液时应注意哪些问题?

实验十七　饲料总能的测定

饲料总能(gross energy,GE)是指单位质量饲料在燃烧过程中,完全氧化成最终的尾产物(CO_2、H_2O 及其他气体)时所释放出的热量,也称为燃烧热或热值,通常以 kJ/g 为单位。根据热力学第一定律,热化学反应的热量变化取决于反应的开始和结束状态,而与反应的具体路径无关,即一个热化学反应,只要其开始与终末状态一定,则反应的热效应就一定。这一原理使我们测定各种样品的燃烧热变得有意义。有机物基本上均能氧化完全,并且反应进行很快,因此,可以比较准确地测定试样的燃烧热。本实验重点介绍利用 GR-3500 型氧弹式热量计测定试样燃烧热的方法,并在拓展知识中以 OR2014 型高智能高精度量热仪为例介绍全自动量热仪测热法。

一、目的和要求

本实验要求学生了解 GR-3500 型氧弹式热量计的结构和使用方法,掌握利用 GR-3500 型氧弹式热量计测定样品总能的原理和方法。

二、原理

将饲料或饲粮以及由消化代谢实验所收集的粪、尿样品,制备成一定质量的测定试样,装于充有(2.45±0.49) MPa 纯氧的氧弹中进行燃烧。燃烧所产生的热量被氧弹周围已知质量的蒸馏水及热量计整个体系所吸收,并由贝克曼温度计读出水温上升的度数。用该上升的度数乘以热量计体系和水的热容量之和,即可得出试样的燃烧热。在测定过程中,一些因素会影响测定结果的准确性,应加以校正才可得出真实的热值。例如,由于辐射的影响,水温上升的度数与由燃烧产热导致的实际升温之间有偏差;点火丝本身燃烧的发热量以及含有氮、硫等元素的样品在氧化后生成硝酸、硫酸时的发热量应予以扣除。

三、仪器设备

①GR-3500 型氧弹式热量计。
②氧气钢瓶(附氧气表)及支架。
③分析天平:感量 0.000 1 g。
④碱式滴定管。
⑤容量瓶:200、1 000、2 000 mL。
⑥量筒:200、500 mL。
⑦吸管:10 mL。
⑧烧杯:250、500 mL。

四、试剂和材料

①蒸馏水。
②0.1 mol/L 氢氧化钠溶液(或 0.1 mol/L 碳酸钠溶液)。
③10 g/L 甲基红指示剂(或酚酞指示剂)。
④苯甲酸:保证级试剂,应是由国家计量行政部门批准并发布的量热标准物质,并具有标

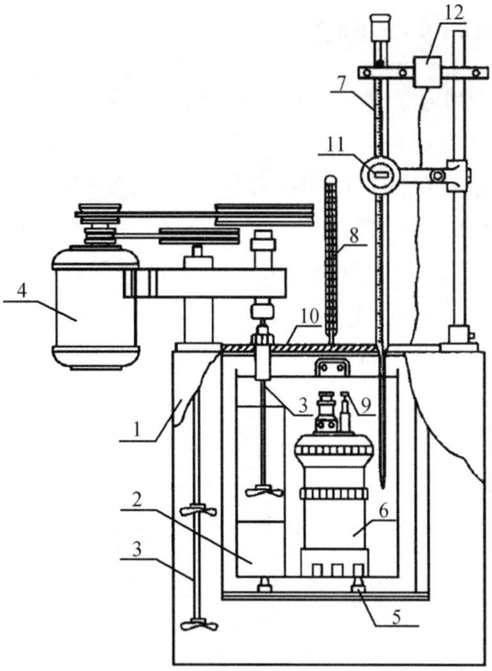

1. 外筒 2. 内筒 3. 搅拌器 4. 搅拌马达
5. 绝热支架 6. 氧弹 7. 贝克曼温度计
8. 普通温度计 9. 电极 10. 盖子
11. 放大镜 12. 电动振动装置

图 17-1 GR-3500 型氧弹式热量计结构

引自:《饲料分析及饲料质量检测技术》(2016)。

准物质证书。

⑤点火丝:直径为 0.1 mm 的镍铬丝、铂丝、铜丝、铁丝、铅丝等。将其剪成 10~15 cm 的线段(长度依据氧弹内部构造和引火系统确定),再把等长的 10~15 根点火丝同时放在分析天平上称重,计算每根点火丝的平均质量。

⑥氧气:不应有氢和其他可燃物,禁止使用电解氧气。

五、氧弹式热量计结构

GR-3500 型氧弹式热量计结构如图 17-1 所示,主要有氧弹、内筒与外筒 3 部分组成,此外还有搅拌器、引燃装置、压样机、弹头座、氧气减压阀及氧气过滤器等。

(一)氧弹

氧弹为热量计的主要部件,由耐酸不锈钢铸成,分弹头和弹体 2 部分。弹体为一厚壁圆筒,筒口处有螺纹,借螺帽使弹头与弹体旋紧。螺帽与弹头间嵌有耐酸橡皮垫圈,当试样燃烧时,弹内压力增加,迫使弹头压紧螺帽,使其间的橡皮垫圈向侧面膨胀而与弹体筒口壁密合,弹内压力越大,则气密性越好。

弹头上有进气阀、针形出气阀与电极栓。进气阀向下有金属导气管,氧气由进气阀从导气管充入弹体。进气阀在弹头内有止围阀,停止充氧后,由于弹体内压力增大,使止围阀上顶,防止氧气逸出。燃烧后的废气由针形出气阀排出。电极栓向下有一金属棒,与导气管一起构成两电极栓,坩埚悬于二电极之间,试样置于坩埚内,通电后由连在两电极间的点火丝点火燃烧。进气管上固定有遮板,防止试样燃烧时火焰直接喷向弹头,并使产生的热流经遮板反射后,较均匀地分布于氧弹内。GR-3500 型氧弹式热量计氧弹纵剖面如图 17-2 所示。

(二)外筒与内筒

外筒为一双壁的金属筒,是量热系统的环境,实验时由注水口注入蒸馏水。注水口处的橡皮塞用于固定外筒温度计。外筒上有一支架用于固定贝克曼温度计和放大镜。此外,外筒还有马达和外筒搅拌器,并具有绝热塑料盖。内筒为内外镀镍的金属筒,放置在外筒底部中央的绝热三脚架上,内部设有搅拌器。

(三)搅拌系统

GR-3500 型氧弹式热量计内、外两筒同时搅拌,搅拌器由搅拌马达带动。通过搅拌系统的运动,加速水的循环,使水的温度很快均匀一致。内筒通过搅拌使试样燃烧放出的热量尽快地在量热系统内均匀散布，外筒通过搅拌可给内筒提供一个恒温环境。

(四)贝克曼温度计及振动装置

贝克曼温度计为精密的测温仪器，温度计上的最小刻度为 0.01 ℃，用放大镜可估计至 0.001 ℃。该温度计的刻度范围较小，仅为 0～5 ℃或 0～6 ℃。该温度计一端有一回形储备泡，用以储存多余的水银。贝克曼温度计结构如图 17-3 所示。

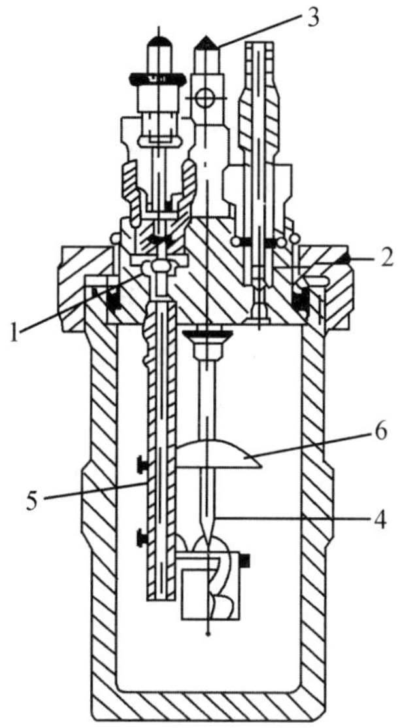

1. 进气阀　2. 出气阀　3. 电极　4. 坩埚架
5. 导气管　6. 遮板

图 17-2　GR-3500 型氧弹式热量计氧弹纵剖面

引自:《饲料分析及饲料质量检测技术》(2016)。

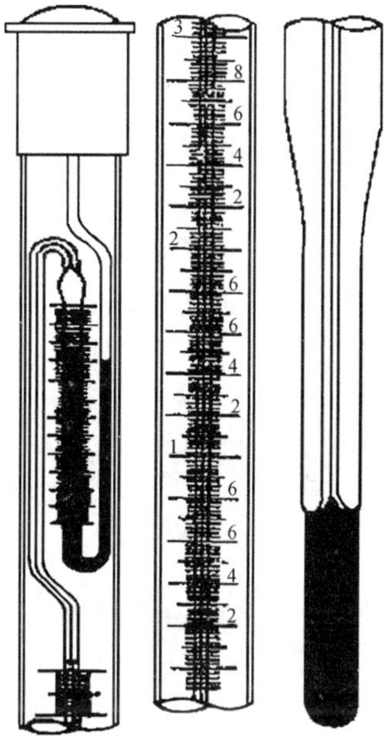

图 17-3　贝克曼温度计结构

引自:《饲料分析及饲料质量检测技术》(2016)。

放大镜的放大率为 10 倍，固定于放大镜架上。此架可沿立柱上下移动，镜头可在镜筒内前后移动，调整距离，便于清晰地观测温度，镜筒后面装有 6.3 V 的照明灯。

温度计水银柱在毛细管中运动，由于摩擦作用而产生黏滞现象，使得读数产生误差。为了消除水银柱的黏滞现象，GR-3500 型氧弹式热量计在贝克曼温度计的支架上装有振动器。读数前 3 s 可打开振动器开关，振动温度计，提高测温的准确性。

(五)引燃装置与控制箱

GR-3500 型氧弹式热量计通过一配电装置来控制引燃开关、振动、计时等，控制开关设置在控制箱面板上。点火电压为 24 V，点火通电后点火丝燃断，引燃试样，信号灯即熄灭。

(六)压样机

压样机的用途是将粉状试样压成饼状，为一种螺旋式或杠杆式压样装置，能压直径约为 10 mm 的饼块。压模及冲杆由硬质钢制成，表面光洁，容易擦拭。压制时，模子或底片由可移动的垫片支承，压好后，可将垫片移向一边取出模子或试样。压样机底板上设有用以固定在桌面上的螺钉孔，使用时可将压样机固定在桌面上，不用时应在易生锈部位涂上防锈油脂。

（七）弹头座

弹头座为专供放置弹头的架子，便于连接点火丝的操作。架子的位置可通过松紧螺钉进行上下调节。

（八）氧气减压装置

氧气减压装置用于瓶装氧气减压，能保持稳定和足够的流量送到氧弹中，一端直接与氧气钢瓶相连，另一端连接氧气过滤器或氧弹进气阀。实验时氧弹仅需(2.45±0.49) MPa，而一般氧气钢瓶的压力都很高，所以必须有减压装置。减压装置上有2个压力表，其中一个表指示氧气钢瓶内的压力，可指示0～25 MPa；另一个表指示被充氧气的氧弹的压力，可指示0～6 MPa。2个表之间装有减压阀。氧弹充氧时所需压力可通过调整减压阀的手钮来控制。压力表每年至少经国家机关检查1次，以保证指示读数正确和使用安全。各连接部分禁止使用润滑油，必要时只能使用甘油，涂抹量不宜过多。如任一连接部分被油类污染，必须用汽油或酒精洗净并风干。

（九）氧气过滤器

降压的氧气通过过滤器除去可能存在的二氧化碳、水及其他酸性气体杂质。过滤器为一镀铬合金的厚壁圆筒，开端有塑料垫作密封圈，有螺帽可扭紧，有良好的密闭性。筒内有吸水的硅胶和吸收二氧化碳的碱石灰。氧气中的杂质经两头的过滤片过滤。不用时将螺帽扭紧，以防硅胶吸水。过滤片每隔3～6个月应更换1次。

六、对测热室的要求

测热工作应在恒温条件下进行，每次测定时要求室温尽可能变动不大，否则所得结果将引入误差。测热室门窗应严密，室内避免阳光直射以及通风和暖气的影响。室内禁止使用各种热源。

七、试样的制备

（一）饲料样品

与测定一般化学成分的处理相同，饲料须经烘干，在空气中回潮，与空气湿度平衡后粉碎，通过40目(孔径为0.45 mm)的标准筛后储存于样品瓶中，测定时用压样机压成饼状。在称量样品的同时，应测定含水量，以便换算成干物质基础的燃烧热。如用制备好的全干样品测定其燃烧热，效果将更好。含脂肪高的样品(5%～6%或以上)，不可用压样机，以免脂肪损失。可用已知燃烧热的滤纸将样品包好，置于坩埚中燃烧，最后扣除滤纸的燃烧热。

（二）粪样

在消化实验中收集的粪样，需先经低温烘干，制备成半干样品，然后粉碎通过40目(孔径为

0.45 mm)的标准筛,按与饲料样品相同的方法测定其燃烧热。

(三)尿样

在代谢实验中,收集动物每日排出的尿液,经过滤后,取其一部分(2%～3%)保存于密闭的容器中,逐日将尿样混合。为防尿样腐败分解,应事先在容器中加入少量防腐剂,如氯仿、甲苯、氟化钠、百里酚等,其中以氟化钠或百里酚的 100 g/L 酒精溶液最好,不仅防腐效果好,而且不影响尿液的热值。收集的尿液,含水量高,不宜直接测定燃烧热,处理方法通常有以下 2 种。

1. 方法 1

取 2 张已知质量的滤纸折叠置于坩埚中,滴加尿液,直至吸透为止,然后将滤纸连同坩埚一起置于 60 ℃下真空干燥。如此反复,直至滤纸吸收尿液 10～15 mL 为止,测定滤纸和样品的燃烧热。最后应扣除滤纸的热值。滤纸应先在 100～105 ℃下烘干、称重,然后放在坩埚中进行热值测定。滤纸的燃烧热每批应测 5 次,然后求其平均值。

2. 方法 2

可吸取尿样 100 mL 于烧杯中,60 ℃水浴蒸干,然后将全部残渣无损失地转移到已知质量和热值的干滤纸中,包好放在坩埚中,测定滤纸和残渣的燃烧热,然后将滤纸的燃烧热扣除。

(四)乳样

将鲜乳经水浴蒸发制成乳粉(为加快蒸发速度可在鲜乳中加 2～3 滴浓乙酸,加热时乙酸会全部挥发,不影响结果),然后将乳粉压制成饼状,用与饲料样品同样的方法测定其热值。

(五)血样

可先将血液在烘箱中烘干,磨成血粉,因血粉不易压成饼,可用已知质量和热值的滤纸将血粉包好后,置于坩埚中测定燃烧热,最后扣除滤纸的燃烧热。

(六)动物组织

比较屠宰实验,常常需测定整个动物体或某组织的能量,因此,可分为毛、皮、骨骼、肉、脂肪、内脏及血液等样品,分别采样制成实验室样品,然后将上述 7 部分试样的热值总和加起来。

1. 骨骼、毛和血液

骨骼可用捣碎机捣碎,充分混匀,取样 2～3 g。毛和血液可在烘干后计其质量然后取样测定,这样可直接得出全干基础的热值。

2. 皮、肉、脂肪及内脏

皮、肉、脂肪及内脏用绞肉机绞碎,反复 2 或 3 次,尽量使其均匀。为减少操作,可不测定各种组织样的水分,为此应立即称出原始水分基础的测定样品。除脂肪样品取 0.5～0.7 g 外,其他样品可各取 2～3 g。测定原始水分基础的组织时,应以少量已知热值的干滤纸进行引燃。

3. 对瘦肉、肥肉(花板油)

(1)瘦肉　可将剥离出的鲜瘦肉置于 70～80 ℃的真空干燥箱中(减压至 13.3～20 kPa)烘至恒重,测定其水分,然后研碎并通过 40 目(孔径为 0.45 mm)的标准筛。其他步骤同饲料样品的制备，但在氧弹内的坩埚中必须用酸洗石棉垫底。

(2)肥肉(花板油) 先将样品在 70～80 ℃的真空干燥箱中(减压至 13.3～20 kPa)烘至恒重，然后将融化的油脂与残渣分离，分别测定残渣和油脂的热值。

将残渣全部包在滤纸包中，放在无水乙醚中浸泡过夜，然后置于索氏提取器中抽提 8～12 h。将脱脂的滤纸包放在 100～105 ℃的烘箱中烘 1 h 以后，每烘 30 min 称重 1 次，直至恒重，求出含渣率。将脱脂渣全部研碎，置于热量计中测热，测热方法与饲料样品相同，但在氧弹内的坩埚中必须用酸洗石棉垫底。

对于油脂部分，先用样品匙按几何法分点取样，取油脂 0.5 g 左右，放在垫有石棉的已知质量的氧弹内的坩埚中称重，然后置于热量计中测热。另外，可在样品表面撒少量(一般 0.02 g 左右)已知质量和热值的苯甲酸以助燃，但在总热量中应扣除苯甲酸的热值。

根据油脂与残渣在样品中的含量，按照公式(17-1)计算样品所含热值 Q(kJ/g)。

$$Q = Q_{残渣} \times \omega_{残渣} - Q_{油脂} \times \omega_{油脂} \quad (17\text{-}1)$$

式中：$Q_{残渣}$ 为样品中残渣的热值，kJ/g；$\omega_{残渣}$ 为残渣在样品中的含量，%；$Q_{油脂}$ 为样品中油脂的热值，kJ/g；$\omega_{油脂}$ 为油脂在样品中的含量，%。

八、操作步骤

(一)准备工作

测定前要擦净氧弹各部分的污物及油渍，以防测定时发生危险。氧气钢瓶应置于阴凉安全处，并应注意避免滑倒。

1. 试样及点火丝的准备

称取 1～1.5 g 风干试样(经粉碎通过 40 目的标准筛)，用压样机压成饼状(点火丝不应压入饼中)，然后置于干燥洁净的坩埚中称重(精确至 0.000 1 g)。如使用石英坩埚，为避免破裂，可用酸洗石棉垫于底部。试样的量以测定时温度上升不高于 3～4 ℃为准，最好在 1 ℃左右为宜。如温差大，热量计因辐射而损失的热也多，引起的误差也较大。此外，在称量试样的同时，应测定试样含水量，以便换算成绝干基础的热值。

量取 10～15 cm 的点火丝并称重，将盛有试样的坩埚置于弹头的坩埚支架上。将点火丝两端固定在两电极上，中间绕成螺旋形或弯曲形状，且与试样接触。但点火丝切勿接触到坩埚。

2. 加水及充氧

在氧弹中加入 5～10 mL 蒸馏水，以吸收燃烧过程中产生的五氧化二氮与三氧化硫气体。加入的水量不要求很精确，但应与测定热量计热容量相一致。

然后用螺帽将弹头与弹体扭紧，取下进气阀的螺母，拧上连接氧气瓶的气管接头。充氧之前应先打开针形出气阀，先充氧约 0.5 MPa，使氧弹中空气排尽，然后缓慢地充入氧气直至弹内压力为 2.45～2.95 MPa。

3. 内、外筒的准备及热量计的安装

从外筒的注水口加入蒸馏水至离上缘 1.5 cm 处为止。如热量计长期不用，应将外筒水套中的水全部放出，干燥保存。

将内筒放入外筒，并将上述氧弹放入内筒中，再向内筒内加入蒸馏水。热量计内筒的蒸馏水应盖过氧弹进气阀螺母 2/3 高度。各套仪器的加水量不同(2 000～3 000 g)，国产 GR-3500 型氧弹式热量计的加水量为 3 000 g(如不具备称量条件，可用容量瓶量取 3 000 mL 蒸馏水，但必须按不同温度时水的密度加以校正)。内筒加入的蒸馏水的温度要低于外筒水温，GR-3500 型氧弹式热量计以 0.5～0.7 ℃为宜。氧弹在内筒中应放置在适当的位置，勿使搅拌器的叶片与内筒或氧弹接触，然后将贝克曼温度计插入内筒，使其水银球中心位于氧弹 1/2 高度的位置，最后盖上盖子。

整个热量计准备就绪后，开动搅拌开关。为保证测定时搅拌产生的热大致相等，搅拌器的速度变化不得超过 10%。搅拌速度可由控制箱上的旋钮加以调节。

(二)测定工作

全部测定工作分为 3 个阶段：燃烧前期(初期)、燃烧期(主期)和燃烧后期(末期)。

1. 燃烧前期(初期)

燃烧前期为燃烧之前的阶段，用以测定热由外筒传入内筒的速度。开动搅拌器搅拌 3～5 min 后开始记录温度。当每分钟温度上升几乎恒定时，作为初期的起点，也是实验的开始点。然后每分钟记录 1 次温度，连续 5～10 min。

2. 燃烧期(主期)

燃烧前期结束即为燃烧期开始，按电钮点火。燃烧前期的最后一次读温，也就是燃烧期的第一次读温。点火后，每 0.5 min 记录 1 次温度，直至温度不再上升时为止，燃烧期结束。使用的点火电压为 24 V，通电流的时间不应超过 2 s，由于点火而进入热量计的电热通常忽略不计。

3. 燃烧后期(末期)

燃烧期结束即为燃烧后期开始，用以测定热由内筒传向外筒的速度。每分钟读温度 1 次，直至每分钟温度变化不大时为止，需 5～10 min。燃烧后期的终点即为整个实验的结束。

(三)结束工作

实验结束后，关停搅拌器。首先取下温度计，然后从内筒中取出搅拌器和氧弹，再取出内筒。氧弹应静置 30 min，使燃烧产生的气体完全溶解。然后将排气口打开，使氧弹中剩余的氧气和二氧化碳在 5～10 min 内缓慢排出。打开氧弹，观察氧弹内部，如有黑烟或未燃尽的试样，或坩埚、氧弹内有积炭，则这个实验应作废。如燃烧成功，则小心取下未烧完的点火丝，准确测量其长度并称重。用热蒸馏水仔细冲洗氧弹内壁、坩埚及进气阀等各部分。洗液移入洁净的烧杯中，盖上表面皿，用于测定酸与硫的含量，以校正酸的生成热。在一般情况下，由于酸的生成热很小，约为 4 J，因此通常忽略不计。

氧弹、内筒、搅拌器在使用后应先用自来水再用蒸馏水洗干净，然后用纱布擦干净。各塞门应保持不关闭状态，并用热风将其接触部分吹干，防止塞门生锈不能密闭而漏气。每次燃烧结束后，应清除坩埚中的残余物。普通坩埚可置于高温电炉中，加热至 600 ℃维持 3～4 min，除去可能存在的污物及水分。白金坩埚可在稀盐酸中煮沸，也可用氟氢酸稍加热以去污。石英坩埚只能擦拭，因加热与用氟氢酸处理，都对石英有损。

九、结果和数据处理

(一)结果计算

GR-3500 型氧弹式热量计测定的试样燃烧热(即总能)按照公式(17-2)计算。

$$Q=\frac{KH\left[(T_2+h_2)-(T_1+h_1)+\Delta T\right]-qb-0.006V}{m} \tag{17-2}$$

式中:Q 为饲料或粪、尿样品的燃烧热,kJ/g;K 为热量计的热容量,kJ/℃;H 为贝克曼温度计上每一刻度相对应的实际温度值,℃;T_2 为主期最终温度,℃;h_2 为温度为 T_2 时对温度计的矫正值,℃;T_1 为主期最初温度,℃;h_1 为温度为 T_1 时对温度计的校正值,℃;ΔT 为热量计与环境的热交换校正值,℃;q 为点火丝的热值,kJ/g;b 为实际消耗的点火丝的质量,g;V 为滴定洗弹液所消耗的 0.1 mol/ L 氢氧化钠溶液的体积,mL;0.006 即指硝酸的生成热,按 1 mL 0.1 mol/L 氢氧化钠溶液相当于 0.006 kJ;m 为样品的质量,g。

点火丝热值:铁丝,6.69 kJ/g;镍丝,3.24 kJ/g;铜丝,2.51 kJ/g;铅丝,0.42 kJ/g。

使用 GR-3500 型氧弹式热量计测定热量过程中,外筒水温与室温平衡,应保持其恒定不变。内筒水温低于外筒 0.5~0.7 ℃,在点火燃烧前,热由外筒向内筒辐射,点火燃烧后,内筒温度上升超过外筒温度后,热由内筒向外筒辐射。由于此种辐射的影响,观察到的温度需要校正。校正值可用奔特公式来计算。测定过程中内、外筒热辐射的关系如图 17-4 所示。

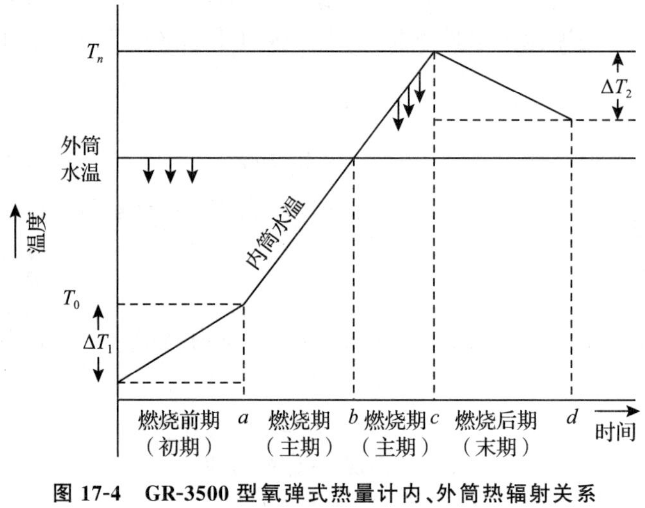

图 17-4 GR-3500 型氧弹式热量计内、外筒热辐射关系

引自:《饲料分析及饲料质量检测技术》(2016)。

热交换校正值 ΔT(℃)根据奔特公式(17-3)计算。

$$\Delta T=\frac{(T+T')}{2}n_1+T'n_2 \tag{17-3}$$

式中:T 为初期阶段每 0.5 min 温度平均变化(负值)(以 10 次为准),℃;T' 为末期阶段每 0.5 min 温度平均变化(正值)(以 10 次为准),℃;n_1 为主期阶段快速升温 0.5 min 次数(每 0.5 min 温度上升大于 0.3 ℃);n_2 为主期阶段慢速升温 0.5 min 次数(每 0.5 min 温度上升小于 0.3 ℃)。

当点火燃烧之初,内筒水温迅速上升时,热量计体系和环境(外筒水温)之间热交换速度相当于燃烧前期和后期温度变化速度的算术平均数,即$(T+T')/2$。当温度上升较慢时,则相当于燃烧后期的冷却速度。T 和 T'以 10 次为准便于计算。

(二)重复性

试样两次平行测定结果允许相差不超过 0.13 kJ/g。

十、热量计的热容量

(一)定义

整个量热体系(包括氧弹、搅拌器、内筒以及温度计)的热容量,在数值上,用相当于水的质量(g)来表示,即使仪器体系温度上升 1 ℃所需的热量,能使多少克水温上升 1 ℃,又称热容量。仪器的热容量不是恒定不变的常数,当操作条件变化时,如更换或修理热量计上的元件或更换温度计,室温与上次测定热容量时的室温相差超过 5 ℃,热量计移到别处等,均应重新测定热量计的热容量。

(二)热量计的热容量的测定

热量计的热容量的测定方法与样品燃烧热的测定方法相同,测定条件完全一样,只是用一定质量的已知热值的纯有机化合物来代替试样,如苯甲酸、水杨酸等,其中,苯甲酸最为常用。常用有机化合物的热值:苯甲酸,26.46 kJ/g;水杨酸,21.95 kJ/g;蔗糖,16.51 kJ/g。苯甲酸应先研细,在 100～105 ℃烘箱中烘 3～4 h,冷却到室温,再放在盛有硫酸的干燥器中干燥,直到每克苯甲酸的质量变化不大于 0.000 5 g 为止。

另外,测定热量计的热容量时,除了扣除点火丝本身燃烧发热量外,还要校正其他来源的热量,如酸的生成热和在水中的溶解热,以及因含硫不同而产生的不同硫酸生成热。一般情况下,只校正酸的生成热和溶解热,其他可忽略不计。为测定酸的生成热和溶解热,将测定后弹筒洗液加热至沸腾数分钟(5 min),冷却后,加 2 滴酚酞(或甲基红)指示剂,用 0.1 mol/L 氢氧化钠标准溶液滴定到粉红色(或茶黄色)保持 15 s 不变,记录消耗的氢氧化钠溶液的体积。酸的生成热按每毫升 0.1 mol/L 氢氧化钠溶液相当于 0.006 kJ 计算。

热量计的热容量应至少测定 5 次,每次测定值不超过其平均值的±0.1%时,取算术平均值作为该条件下仪器的热容量。

(三)结果和数据处理

热量计的热容量 K(kJ/℃)按照公式(17-4)计算。

$$K=\frac{Qm+qb+0.006V}{H\left[(T_2+h_2)-(T_1+h_1)+\Delta T\right]} \tag{17-4}$$

式中:Q 为苯甲酸的热值,kJ/g;m 为苯甲酸的质量,g;V 为滴定弹桶洗液所消耗的氢氧化钠溶液体积,mL;其他符号同公式(17-2)。

十一、注意事项

①不能将粉碎的样品直接加入坩埚中，以防充氧时将样品吹出坩埚，使燃烧不完全。

②含脂肪高(含脂肪 6%以上)的试样，不可用压样机，以免脂肪损失，可用已知热值的滤纸将试样包好，置于坩埚中，最后扣除滤纸的热值。

③氧弹、内筒、搅拌器等在使用完毕后，应用干布擦去水迹，保持表面清洁干燥。

④氧气遇油脂会爆炸。因此氧气减压装置、氧弹及氧气通过的各个部件及各连接部分不允许有油污，更不允许使用润滑油，如发现油垢，应用无水乙醚或其他有机溶剂清洗干净。

⑤坩埚在每次使用后，必须清洗和除去碳化物，并用纱布清除黏着的污点。

思考题

1. 简述 GR-3500 型氧弹式热量计测定燃烧热的基本原理。
2. 描述 GR-3500 型氧弹式热量计的主要构造和功能。
3. 什么是热量计的热容量？怎样测定热容量及注意事项有哪些？
4. 简述用 GR-3500 型氧弹式热量计测定燃烧热的主要步骤。
5. 本实验中对测热室的基本要求有哪些？
6. 本实验中固体样品为什么要压成片状？如何测定液体样品的燃烧热？
7. 描述本实验中影响样品燃烧热测定准确性的因素。

拓展知识

全自动量热仪测热法

以下以 OR2014 型高智能高精度量热仪(图 17-5 和图 17-6)为例，说明全自动量热仪测热的操作步骤。从该仪器的操作面板上选择“简易操作流程”，其中提供了图示化的简易操作步骤。操作仪器时要确保供气、供电系统和恒温水循环器工作正常。

图 17-5 置于工作架上的氧弹芯

图 17-6 连接了充气仪的氧弹筒

1. 样品及其处理

样品要有代表性。代表性的基础是固体饲料颗粒的粒径合适和混合均匀度良好。颗粒要求全部通过孔径为 0.2 mm 的筛(大约 100 目，颗粒外观像面粉一样细)。为了保护粉碎机电机，要求一次定时粉碎不能超过 2 min。粒度不够细时可多次粉碎。对于含水分较高的样品可以预先烘干。

2. 样品称重

对于产热量很高的样品(如超过 33.5 kJ/g 的油脂),称样量应控制在 700~1 000 mg;对于产热量在 8.4 kJ/g 以上的样品,称样量应控制在 1 000~1 300 mg;对于产热量很低的样品(如煤矸石等),称样量应控制在 2 000~3 000 mg。

产热量在 8.4 kJ/g 以上的样品,用 1 张助燃纸(60~100 mg)包裹,包好拧紧。产热量很低或不易燃烧的样品,用 2 张助燃纸(250~350 mg)包裹,且要求上下各 1 张,样品摊薄、摊平在下层助燃纸上,再用上层助燃纸覆盖,卷起、对折。总的要求是使样品与助燃纸充分接触,从而起到助燃的作用。

样品和助燃纸的质量均须精确至 0.000 1 g。

3. 装样

将氧弹芯置于工作架上。将高热值样品置于铁坩埚中,将低热值样品置于内置了鸟窝状高温棉的陶瓷坩埚中,再将铁坩埚或陶瓷坩埚放入氧弹芯的坩埚套圈中。将点火丝中的一段卡入槽内,下拉套圈卡紧点火丝,在样品上缠绕一圈,再将点火丝卡入另一个柱子的槽中,修剪除去两柱子以外的点火丝。

在氧弹筒内注入 10 mL 蒸馏水,再将氧弹芯置于氧弹筒中,拧紧氧弹盖。

4. 充氧

套上充氧仪,卡紧,拨动充氧仪开关,需 10 s 以上的时间充入 2.8 MPa 的氧气。反方向拨动开关,关闭充氧仪。用两根手指捏紧充氧仪的下外沿,往上拉即可拔出充氧仪。用氧弹夹卡住氧弹筒,内置于量热仪内,拔下点火电极片,合上量热仪盖子。

5. 输入参数

若需要直接获得干基的能值,则需要输入水分含量。

若未连接天平,则需手工分别输入纸重和样品重(g)。

6. 测定

按下“启动测量”键,仪器开始工作。

大概 12 min 后仪器自动显示和打印结果。及时取出氧弹筒,按下放气阀放气,倒掉氧弹筒内的废水,取出燃烧后的样品。

若样品或助燃纸燃烧不完全,抑或有样品溅入水中,则此实验结果作废,需要重新测定。

用水将氧弹芯冲洗干净,置于工作架上风干,待下次使用。

第二章　动物体内实验和体外实验

动物实验是动物营养学研究的重要方法，可分为体内实验和体外实验两大类。

体内实验是指在动物活体内进行的实验，主要包括消化代谢实验、饲养实验及其他体内实验。消化代谢实验和饲养实验各自从不同角度反映动物对饲料的消化、代谢及整体利用状况。这些方法在评定饲料营养价值、确定动物营养需要以及优化饲料配方方面发挥着重要作用。消化代谢实验实际上包含体内消化实验和体内代谢实验。体内消化实验用于评定动物对饲料的消化吸收能力或饲料的可消化性，通过收集并分析动物的粪便样本，可以计算出营养物质的消化率，从而直接反映动物在真实生理条件下的消化吸收能力。体内代谢实验则聚焦于动物对饲料营养物质的代谢过程，通过收集并分析动物的粪便、尿液等排泄物，全面评估饲料养分的代谢率，进而深入了解动物转化和利用饲料营养物质的总体过程。饲养实验则是通过在接近实际生产条件下饲喂动物特定饲料，观测动物的各种反应，如生产性能、理化指标、健康状况等，以确定动物的营养需要或评估饲料的营养价值。

体外实验则是利用动物的组织、细胞或模拟体液等在动物体外环境中进行的实验，主要包括体外消化实验和体外吸收实验等。体外消化实验通过体外模拟动物消化道环境和条件，对饲料的可消化性进行评估。而体外吸收实验则进一步模拟动物肠道的吸收过程，探究饲料营养物质在肠道中的吸收效率和机制。这些体外实验方法不仅具有操作简便、成本较低等优点，还能够为我们提供关于饲料营养价值的初步评估结果，为后续的动物营养学研究提供参考。

本章主要介绍动物体内和体外实验的原理和方法，旨在培养学生在动物营养学方面的基本实验技能，为后续的学习与实践奠定坚实的基础。

第一节　动物体内实验

实验十八　饲料养分消化率的测定

饲料的营养成分分析只能说明饲料中各种养分的含量，而不能说明它们能被动物消化利用的程度。动物采食的饲料，一部分被消化吸收，另一部分未被消化的残渣以粪便的形式排出体外。因此，准确测定饲料或饲粮中可消化养分的含量具有重要意义，也是评定饲料营养价值的重要方法。

饲料中某养分的食入量与从粪中排出量的差，称为可消化养分含量，可按照公式(18-1)计算。

$$\text{饲料中可消化养分含量}=\text{食入饲料中养分含量}-\text{粪中养分含量} \tag{18-1}$$

饲料中可消化养分占食入饲料养分的百分比，称为消化率，可按照公式(18-2)计算。

$$\text{饲料养分消化率}=\frac{\text{可消化养分含量}}{\text{食入饲料中养分含量}}\times 100\% \tag{18-2}$$

饲料总能与粪中能量的差，称为消化能(digested energy，DE)。消化能占饲料总能的百分比，称为饲料能量的消化率。

由于粪中所含的各种养分并非全部来自未被消化吸收的饲料，还有一部分来自消化道分泌物和经消化道排泄的代谢产物、消化道黏膜脱落细胞、消化道微生物及其代谢产物，这些物质常被称为粪代谢性产物(metabolic fecal products，MFP)。故上述公式计算的消化率为表观消化率(apparent digestibility)。饲料中养分减去不含 MFP 的粪中养分，求得的消化率一般被称为真消化率(true digestibility)，可用公式(18-3)表示。

$$\text{饲料中某养分的真消化率}=\frac{\text{食入饲料中某养分含量}-(\text{粪中某养分含量}-\text{粪代谢性产物中某养分含量})}{\text{食入饲料中某养分含量}}\times 100\% \tag{18-3}$$

显然，同一饲料养分的表观消化率总是低于其真消化率。用真消化率表示饲料养分的消化程度比用表观消化率更真实可靠。但对于许多养分来说，要准确收集与测定实验动物 MFP 的养分是非常困难的，因此，用表观消化率来评定饲料的可消化性仍被普遍采用。

为测定饲料营养物质或能量的消化率和饲料消化能值，需用动物进行消化实验。利用动物测定饲料养分经过其消化道后的消化率的实验，常称为体内消化实验。体内消化实验通常分为全收粪法和指示剂法。因收粪的部位不同，全收粪法又可分为肛门收粪法和回肠末端收粪法。指示剂法也可分为内源指示剂法和外源指示剂法。

一、全收粪法

(一)原理

通过准确记录实验动物一定时间内的饲料采食量，同时全部收集其对应的排粪量，根据二者所含营养物质数量之差求出饲料可消化养分含量，进而计算出其消化率。

(二)仪器设备

①消化代谢笼。
②实验室用样品粉碎机或研钵。
③分样筛：40 目(孔径为 0.45 mm)。
④分析天平：感量 0.000 1 g。
⑤台秤：称量 10～15 kg，感量 5 g。
⑥磅秤：称体重用，大小自定，感量 0.1 kg。
⑦普通天平：称量 500 g，感量 0.01 g。
⑧集粪桶(带盖)。
⑨大、小粪铲。
⑩搪瓷盘：20 cm×30 cm。
⑪培养皿：11～15 cm。
⑫电热鼓风干燥箱：可调节温度为 50～150 ℃。
⑬塑料袋：30 cm×45 cm。

⑭广口瓶:磨口,250 mL。

(三)试剂

①10%硫酸溶液、10%盐酸溶液或10%酒石酸溶液。

②氯仿:分析纯。

(四)方法和步骤

1. 实验动物的选择

为了尽可能地消除其他因素对消化实验结果的影响,对实验猪的选择至少应注意以下几点。

①应选择经驱虫、免疫注射,并无任何疾病迹象,生长发育、营养状况、食欲与体质均正常,有代表性的猪为实验猪。

②同一测定中猪的品种、日龄、体重、性别、血缘关系和发育阶段应基本一致。如对性别无特殊要求,常选用公猪,便于粪尿分离。

③实验猪的体重:测定日粮或饲料养分消化率时,宜用体重30~65 kg、3~5月龄的去势公猪。

④一般每测一种饲料至少需要6个生物学重复,每个生物学重复至少1头猪。在比较猪对不同饲粮或饲料养分的消化率时,可采用拉丁方设计,以消除个体间的差异,增加实验数据。

2. 饲养管理

为了方便收集粪便,最好将实验猪置于消化代谢笼内进行个体饲养。消化代谢笼的尺寸(图18-1)以猪可在笼内前后走动和起卧,却不可以转身为宜。也可饲养在栏式猪圈,确保做到个体饲喂和相互间的粪便无污染、混杂。猪舍的地面要求是平整、坡度为5%~7%的水磨

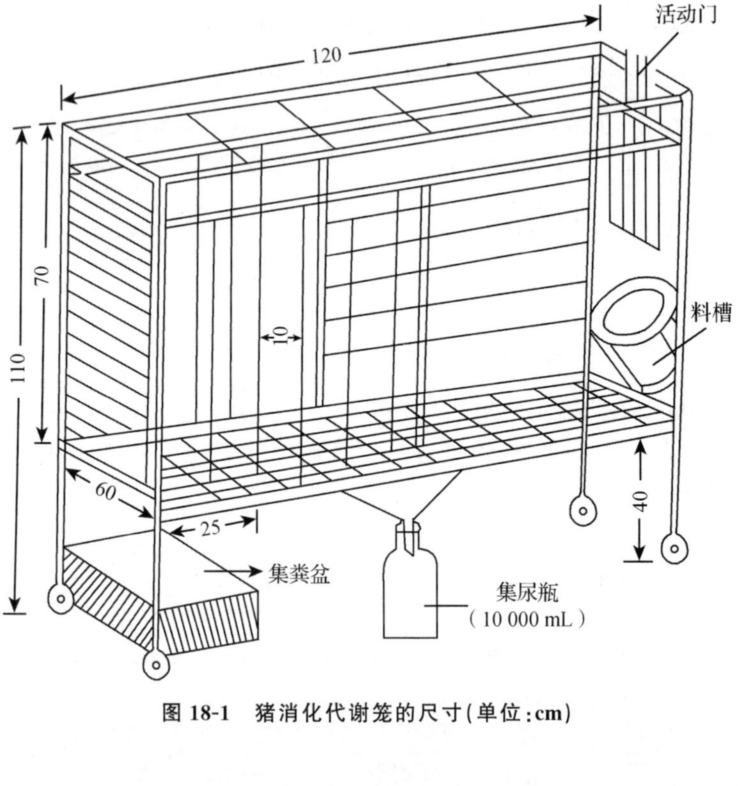

图18-1 猪消化代谢笼的尺寸(单位:cm)

石或水泥地面，从而保证尿流向一面。笼式装置需驯养试畜，不适合长期饲养试畜，但能够比较准确地分离粪尿并掌握其采集量；饲养在栏式装置中的试畜，比较安逸，可以活动，相对符合试畜的生理要求。

猪舍应符合卫生防疫要求，猪舍温度为 15～27 ℃，自然光照，除喂料与清扫粪便依据实验设计的要求照办外，其余管理措施均应按常规操作规程进行，如每日给予实验猪充足、清洁的饮水任其自由饮用等。

3. 测试饲料和饲粮的准备

用于测试的饲料要一次备齐，并按每日每头饲喂量称重分装，并采样供测定干物质和养分含量用。饲粮应按消化实验的目的和实验设计要求配制并满足实验猪的基本要求。日饲喂量以动物能全部摄入（尽量食尽且无剩料）为原则。

4. 测试程序

实验分驯养观察期、预试期和正试期 3 个阶段。

（1）驯养观察期　将选好的实验猪饲养在消化实验圈或消化代谢笼内，观察实验猪对环境的适应情况，训练其定点采食、饮水和排粪，掌握食量和调整给料量。实验猪完全适应了新环境、采食正常、行为安逸后才进入预试期。有时也可在此阶段对猪进行驱虫和加强免疫处理。

（2）预试期　目的是让动物适应实验饲粮、规程和环境，排空消化道原有的内容物，掌握动物的排粪规律，了解采食量。一般预试期为 5～10 d。进入预试期后，禁食规定以外的饲料，在预试期的最后 3 d 开始定时定量饲喂。

（3）正试期　一般为 6～10 d。全收粪法成功的关键在于准确计量每头实验猪每日采食量和排粪量。定时定量给饲实验饲料，若出现剩料，应详细记录每次的剩料量，并立即测出其干物质含量，准确计算实验猪每日的实际食入量。从正试期的第 1 天开始，对实验猪粪便随排随采，收集在带盖容器内，并记录每头猪每日（24 h）（以早饲后 1 h 至午饲中间基本上不排粪的时间为界）排粪量，收集粪便的天数以偶数为宜。

5. 粪样的采集与处理

各头猪每日排粪收齐称重后，立即充分混匀，用四分法按 3 种用途取样：①取每日排粪量的 10%（分为 2 份，每份不少于 50 g），平铺于培养皿中，置于 100～105 ℃烘箱内测定总水分，求出其干物质含量；②取每天排粪量的 2%（分为 2 份，每份不少于 5 g），立即测定粪氮；③取每天排粪量的 20%（100～150 g），平铺于搪瓷盘中，置于 60～70 ℃烘箱中烘干（中途轻翻几次，以利于快速干燥），取出回潮，测定初水分。然后磨碎过 40 目筛，储存于样品瓶中，供吸附水及其他成分测定用。上述 3 种用途的样品也可以每头猪为单位，按每天排粪量的固定比例留鲜样（－20 ℃保存），待正试期收粪结束后，将每期全部鲜粪样解冻后，集中混匀，一并进行取样处理和测定。

当无条件测定鲜粪中氮含量或制备冻干粪样且又无法保存鲜粪样品时，为防止鲜粪中氨态氮逸失，一般采用加酸固氮法。使用加酸固氮法时，可用稀硫酸、稀盐酸等无机酸，也可用硼酸、酒石酸等有机酸。用无机酸时，往往会因无机酸造成粪中有机物水解，导致粪样干物质的绝对量减少，从而使氮的测定结果计算值偏高。同时在烘干过程中，稀酸浓缩会引起部分粪样碳化，因此有些学者建议采用不含结晶水的有机酸溶液。比较好的办法是在鲜粪样中加入相当于 1/4 所取鲜粪重，体积分数为 10%的酒石酸水溶液（或其乙醇溶液），与粪样拌匀后连同搅拌用的玻璃棒一齐置于 60～70 ℃烘箱中烘干，按常规方法制备样品。分析粗蛋白质时，再行测定粪样水分含量，将样品折算成绝干物质后再扣除样品中的酒石酸含量。

粪样加水烘干后，附着在器皿上的全部粪样需仔细地用小刀全部刮下混匀，避免损失。对每日每头猪粪样的初水分含量最好随时测定。

饲料及粪样品中的各种营养成分的分析方法，请参照本书第一章饲料营养成分分析方法。

(五)结果和数据处理

1. 饲粮和被测饲料养分消化率或表观消化能

以实验猪个体为单位计算饲粮和被测饲料养分消化率或表观消化能，以各头猪测定值的算术平均值为结果。

2. 测试结果小数点后保留位数

饲料、粪样总能(kJ/g)和表观消化能值(kJ/g)保留小数点后2位；饲料干物质含量(%)保留小数点后2位；食入饲料总量(g)、粪干物质排出量(g)及养分消化率(%)取整数。

3. 饲粮或饲料某养分消化率的计算

饲粮或饲料某养分消化率 X(%)按照公式(18-4)计算。

$$X=\frac{m_1\times X_1-m_2\times X_2}{m_1\times X_1}\times 100\% \tag{18-4}$$

式中：m_1 为食入的饲粮或饲料干物质量，g；X_1 为饲粮或饲料干物质中某养分含量，%；m_2 为从粪中排出的干物质量，g；X_2 为粪干物质中某养分含量，%。

4. 饲粮表观消化能

饲粮表观消化能(kJ/g)按照公式(18-5)至公式(18-8)计算。

$$\text{食入饲料总能}=\text{食入饲料量}\times\text{单位质量饲料能值} \tag{18-5}$$

$$\text{粪中排出总能}=\text{粪干物质排出量}\times\text{单位质量粪能值} \tag{18-6}$$

$$\text{食入饲料干物质量}=\text{食入饲料风干物质量}\times\text{饲料风干样品中干物质质量分数} \tag{18-7}$$

$$\text{表观消化能(干物质基础)}=\frac{\text{食入饲料总能}-\text{粪中排出总能}}{\text{食入饲料干物质量}} \tag{18-8}$$

5. 单一饲料养分消化率的测定

对于适口性差、含有毒有害物质、不能单一饲用的饲料，其养分消化率的测定需要采用间接法。间接法又分为套算法、联立方程组法和外插值法。

(1)套算法　该法需进行2次实验。第1次实验先测定基础饲粮养分消化率，然后在第2次实验时再测定由70%～80%基础饲粮和20%～30%待测饲料构成的新混合饲粮养分消化率。待测饲料的比例可视其适口性及第2次实验饲粮的营养结构进行合理调整。最好用2组动物进行交叉实验，实验方案如表18-1所示。

表18-1　套算法测定单一饲料养分消化率实验方案

实验	时间	第1组饲粮	第2组饲粮
第1次 消化实验	预试期 正试期	基础饲粮	70%～80%基础饲粮， 20%～30%待测饲料

续表 18-1

实验	时间	第 1 组饲粮	第 2 组饲粮
5～7 d 过渡期			
第 2 次 消化实验	正试期	70%～80%基础饲粮， 20%～30%待测饲料	基础饲粮

套算法假定基础饲粮养分消化率在 2 次测定中保持不变，具有可加性。在基本假定成立的情况下，通过 2 次消化实验资料便可按照公式(18-9)计算出待测饲料养分消化率 X(%)。

$$X=\frac{X_1-X_2}{f}+X_2 \tag{18-9}$$

式中：X_1 为新混合饲粮养分的消化率，%；X_2 为基础饲粮养分的消化率，%；f 为待测饲料养分占新饲粮该养分的比例。

这种方法的缺点是待测饲料养分消化率常常受基础饲粮营养水平的制约。当基础饲粮营养水平低于待测饲料营养水平时，测定结果偏高；反之，偏低。特别是当测粗纤维、粗蛋白质、粗脂肪高的饲料时，测定准确度更差。另外，基础饲粮与待测饲料中某些养分间的相互作用也会影响被测饲料养分消化率的测值。为了保证测定结果的相对准确，就应保持基础饲粮养分消化率的稳定。因此必须注意：①基础饲粮应是营养平衡的配合饲料(应满足动物营养需要)，且基础饲粮中应含有 5%～10%待测饲料；② 2 次实验所需的基础饲粮应一次配齐；③待测饲料在新混合饲粮中替代基础饲粮的比例不宜太少，一般以 20%～30%为宜，不能低于 15%。

(2)联立方程组法　为了克服套算法中基础饲粮营养水平及其内在质量对待测单一饲料养分(或能量)消化率的影响，用基础饲粮与待测饲料的不同配比的饲粮两两组合，通过二元一次联立方程组[公式(18-10)]解出基础饲粮或待测饲料养分消化率，计算方法如下。

$$\begin{cases}a_{11}X_1+a_{12}X_2=b_1\\a_{21}X_1+a_{22}X_2=b_2\end{cases} \tag{18-10}$$

式中：X_1 为基础饲粮养分的消化率，%；X_2 为新混合饲粮养分的消化率，%；a_{11} 为第 1 次测定时饲粮中基础饲粮的比例，%；a_{12} 为第 1 次测定时饲粮中待测饲料的比例，%；a_{21} 为第 2 次测定时饲粮中基础饲粮的比例，%；a_{22} 为第 2 次测定时饲粮中待测饲料的比例，%；b_1 为第 1 次测定时饲粮养分(或能量)的消化率，%；b_2 为第 2 次测定时饲粮养分(或能量)的消化率，%。

解：

$$X_1=\frac{a_{22}b_1-a_{12}b_2}{a_{11}a_{22}-a_{12}a_{21}}$$

$$X_2=\frac{a_{11}b_2-a_{21}b_1}{a_{11}a_{22}-a_{12}a_{21}}$$

(3)外插值法　在测定某饲料前，先进行待测饲料与基础饲粮按不同比例配制成的饲粮的消化实验，以待测饲料在总饲粮中所占比例为自变量 X(%)，以不同比例配制成的饲粮养分消化率实测值为因变量 Y(%)，进行简单回归分析，最后设 $X=100$，代入公式(18-11)即可计算出待测饲料养分消化率。

$$Y=a+bX \tag{18-11}$$

式中：a 为截距；b 为回归系数。

这一方法从理论上讲，可以系统全面地测定出待测饲料在不同营养水平下的可消化性，但工作量大，而且不适于评定粗纤维、粗蛋白质含量极高的饲料，因为当 $X=100$ 时，X 与 Y 不一定呈直线线性关系，测定值完全失真。除用于专门研究或固定产品的质检外，该法很少作为常规方法使用。

二、指示剂法

（一）原理

运用某种完全不被动物消化吸收的物质作为指示物质来测定饲料养分消化率的方法，称为指示剂法或稳定物质法。该法是假设饲料养分经过猪消化道后没有损失，如同指示物一样完全无损失地排出体外，这样粪中养分与指示物的比值应当和它们在饲料中的比值相等，而实际上，饲料养分经过消化道后总要有一部分被猪体消化吸收，粪中养分与指示物的比值必然降低，这个比值降低的数值占它们在饲料中比值的百分比即为饲料养分消化率。

设：a 为饲料中某养分含量（%）；b 为粪中某养分含量（%）；c 为饲料中指示物含量（%）；d 为粪中指示物含量（%）；M 为饲粮或粪中指示剂的绝对总量(g)。

那么，运用指示剂法测定饲料养分消化率 X（%）的计算公式推导如公式(18-12)所示。

$$X=\frac{M\times\frac{a}{c}-M\times\frac{b}{d}}{M\times\frac{a}{c}}\times100\%=\frac{\frac{a}{c}-\frac{b}{d}}{\frac{a}{c}}\times100\%=\frac{ad-bc}{ad}\times100\% \tag{18-12}$$

$$=100\%-100\%\times\frac{bc}{ad}$$

从上式中可以看出，指示剂法的优点是不必准确测定实验动物在实验期间的采食量和排粪量，只需根据此间日粮与粪中养分和指示剂的含量进行计算即可得到结果。因此，该法不仅能简化消化实验操作程序，而且能大大减少工作量。同时，在一些无法或不方便直接计量采食量和排粪量（如对群饲或放牧的家畜），尤其是在收集全部粪便较困难的情况下，指示剂法更具优越性。

使用指示剂法的前提是在实验期内，饲料中某稳定物质的总食入量必须在规定时间内从粪中100%收回。因此，选择合乎要求的指示剂是保证实验结果可靠性的关键。用作指示剂的稳定物质应当具备：①进入动物消化道后完全不可分解，不消化吸收，最终无损地随粪排出；②在饲料和粪样品中指示剂的含量必须具有高度的均匀性与代表性；③对动物无毒无害，而且容易准确测定。

指示剂根据其来源可分为外源指示剂和内源指示剂两大类。

1. 外源指示剂

外源指示剂是指人为掺入饲粮中的指示物质，如 Cr_2O_3、Fe_2O_3、$BaCO_3$、Ti_2O_3、聚乙烯二醇(polyethylene glycol，PEG)和长链烷烃等。外源指示剂的缺点是很难找到回收率理想的指示剂物质，而且食入含有指示剂的饲粮后，指示剂与食糜经常会发生分离。研究表明，Cr_2O_3 回收率较高，可达98%。因此，Cr_2O_3 是最常用的外源指示剂。外源指示剂的添加量一般为0.2%～1%，如添加量太少，难以准确测定，对回收率影响较大，但添加量太多又可能影响动物对养分的消化。此外，食入 Cr_2O_3 浓度较大的饲粮会导致粪中 Cr_2O_3 的含量加大。由于 Cr_2O_3 的测定多采用原子吸收光谱法或二苯卡巴肼(diphenyl carbazide，DPC)比色法，Cr_2O_3 含量过浓必然需要加大样品消化液的稀释倍数。稀释倍数加大可导致分析误差放大。因此，在用 Cr_2O_3 作指示剂时须从整体着想，在最小误差范围内进行实验设计。

2. 内源指示剂

内源指示剂是指用饲粮或饲料自身所含有的不可消化、吸收的物质作指示剂，如酸不溶灰分(acid-insoluble ash，AIA)、二氧化硅、木质素等。内源指示剂一般采用2 mol/L或4 mol/L盐酸不溶的灰分，故内源指示剂法又称盐酸不溶灰分法。内源指示剂法的优点是指示物质均匀、自然地存在于饲料中，可减少由于混匀度问题造成的误差。但在使用内源指示剂时应避免外来污染，如粪的收集绝不可污染有不溶灰分的沙粒等杂质。

(二)仪器设备

同全收粪法。

(三)试剂

同全收粪法。

(四)方法与步骤

指示剂法除不需统计采食量与排粪量外，其他原则和方法与全收粪法相同。

1. 外源指示剂法(Cr_2O_3 法)

准确掌握实际喂给饲料和排出粪中的 Cr_2O_3 量是获得准确的消化实验结果的关键。为此，应重视饲粮的准备和粪样的采集。

(1)Cr_2O_3的制备　将化学纯 Cr_2O_3通过100目钢筛筛到大的白搪瓷盘上，充分搅拌后立即用精密天平(感量0.000 1 g)称取适量(按每千克饲粮中掺5 g Cr_2O_3的比例)，用硫酸纸包好备用，并测定其纯度。

(2)饲料的准备　分析被测饲料(饲粮)的含铬量，确定外源 Cr_2O_3 的实际添加量，使最终喂给实验动物的饲粮中 Cr_2O_3含量为0.5%，从预试期就开始饲喂这种含铬饲粮，让实验动物有个适应过程。在饲料中掺入 Cr_2O_3的方法有2种：①将已知质量和纯度的 Cr_2O_3 与已知干物质含量的饲粮先经过预混合。预混合的办法是先将筛过的 Cr_2O_3与少量饲粮预混，分四级逐步扩大增加饲粮的量，直到每千克饲粮干物质中含有5 g Cr_2O_3。一定要坚持先少量预混后逐级放大的原则，直至与所有的饲粮混合均匀。拌和过程中不允许发生 Cr_2O_3 的沾污损失，全部拌料的操作均应在大的白搪瓷盘中进行，混合盆及用具上不应留有任何 Cr_2O_3 痕迹。切忌用铁锨在水泥地上掺和。用四分法取得供分析用的饲料样品，按常规法制样并将样品瓶置于冷暗处保存。②事先计算 Cr_2O_3 的用量，在实验前一次全部称好，分别用硫酸纸按每头动物每日所需量包成小包，所有实验猪的日粮也同样地一次全部称好、分装，临饲喂前将称好的饲粮与 Cr_2O_3在铝制桶内充分拌匀。从实验开始到结束，猪食桶不应清洗，严防 Cr_2O_3 附着桶壁或丢失。

(3)Cr_2O_3 粪样的采集与制备　由于 Cr_2O_3 在动物粪中并非均质状态，采样时至少要收集 3 d 总排粪量的 35%，每天定时随机抽取鲜粪样品，日取 3 次，置于冰箱中(或加入 10 mL 10% 的硫酸或盐酸，以防氨氮损失)。然后将 3 d 取得的鲜粪样品以动物为单位集中在一起拌和均匀，再用四分法按以下 2 种用途分样：①供鲜粪定氮用样品 2 份，每份 2～3 g；②其余鲜粪经初水分测定后制成风干样，供干物质、Cr_2O_3 和其他成分测定用。制备风干粪样时应用密封式样品粉碎机，严防 Cr_2O_3 丢失。供分析 Cr_2O_3 含量的粪样要求全部通过 100 目筛，样品量不少于 1 g。

(4)试样 Cr_2O_3 的分析测定方法　可用原子吸收光谱法或二苯卡巴肼作显色剂的分光光度法。

2. 内源指示剂法

内源指示剂法(酸不溶灰分法，简称 AIA 法)在许多方面与外源指示剂法一致，只是在实验开始时，不需在饲粮中添加和混匀指示剂，只要实验动物对新的饲粮和饲养环境适应后即可进行正式的消化实验，因而更加简化实验过程中的操作步骤。

(1)饲料的制备与采样　精料型饲粮直接采用全收粪法中饲料的制备与采样方法即可。如果要测定含青、粗、精料型饲粮养分的消化率，则应确保每头实验猪每日食入的青、粗、精料干物质的比例不变。为此，应在实验前一次备足整个实验期所需各种饲料的数量，按每日每次用量分别称出、装袋、编号备用，青料应装入塑料袋置于冰箱中保存。每次临饲前将青、粗、精料各取一袋充分混匀后饲喂，切忌先喂青、粗料后喂精料。饲料样品应在分装饲料时用四分法分别取出，并按每次各种料的用量比例配合混匀立即测定初水分，然后按常规法制成风干样品储存于样品瓶中供测干物质、内源指示剂及各种养分用。

(2)粪样的采集与制备　基本上与外源指示剂法相同，只是本法尤其适用于日取粪 3 次，连取 3 d 的采集粪样方法。

(3)样品中酸不溶灰分(AIA)的分析测定　酸不溶灰分的测定有 2 种方法，即 4 mol/L 盐酸不溶灰分法(简称 4 N-AIA 法)与 2 mol/L 盐酸不溶灰分法(简称 2 N-AIA 法)。其中 2 N-AIA 在饲料与粪中的含量均较 4 N-AIA 多，有利于提高实验结果的准确性。但 2 N-AIA 法中样品经盐酸处理后的残渣较多，过滤洗涤时比较烦琐。因此，可根据条件及实验精度任选。此处介绍 AIA 的测定方法：将洁净的陶瓷坩埚(或煅烧器皿)置于马弗炉中灼烧至恒重(m_1)，称取试样 2～5 g(m)放在电热板上，低温炭化至无烟，移入马弗炉中于 550 ℃下灼烧 4～6 h(至试样呈灰白色为止)。冷却后把坩埚中的灰分用 75 mL 2 mol/L 或 4 mol/L 的盐酸溶液溶解，无损地转移至无嘴烧杯中，烧杯口安装球形回流式冷凝器，在电热板上加热煮沸 15 min，注意保持盐酸溶液体积不变。煮沸结束后立即用定量滤纸(无灰滤纸)过滤，用热蒸馏水反复冲洗滤纸与残渣，直至滤液呈中性。将滤纸和残渣放回原坩埚或煅烧器皿，在干燥箱中烘去水分，小心低温炭化至无烟，置于马弗炉中在 550 ℃下灼烧至恒重，得坩埚与 AIA 重(m_2)。可按照公式(18-13)计算试样中 2 N-AIA 或 4 N-AIA 的含量 X(%)。

$$X=\frac{m_2-m_1}{m}\times 100\% \qquad (18\text{-}13)$$

式中：m_2 为灼烧后坩埚与酸不溶灰分的质量，g；m_1 为灼烧后坩埚的质量，g；m 为试样的质量，g。

（4）说明　①饲料拌和技术及动物采食、消化饲料方面的原因导致加入的外源指示剂的比例不宜过高。②内源指示剂法是目前通过饲喂动物测定饲粮养分消化率方法中最简便的一种。但至今从关于 AIA 回收率的实验报道看，尚未达到 100%的理想结果。实际中饲料和粪中的 AIA 含量与饲料类型关系较密切。纯精料型日粮及猪粪干物质中的 AIA 含量较低，青、粗、精料混合型日粮及猪粪干物质中的 AIA 含量较高。随着饲粮中 AIA 含量的提高，粪中 AIA 的回收率也在增加，测定结果也就较理想。而且当 AIA 含量高，且在饲料中的分布比较均匀时，用 AIA 法比 Cr_2O_3 法更为有利。

拓展知识一

回肠末端取样法

肛门收粪法测定饲料养分消化率虽简单易行，但是由于大肠微生物的降解和合成作用，降低了该分析法的准确性，而用回肠末端取样法，可排除大肠微生物的干扰，大量研究证明，此法比肛门收粪法准确，目前在很多国家已用于猪饲料氨基酸消化率的测定。回肠末端氨基酸消化率 X（%）按照公式（18-14）计算。

$$X=\frac{m_1-m_2}{m_1}\times 100\% \tag{18-14}$$

式中：m_1 为某一氨基酸的食入量，mg；m_2 为回肠食糜中该氨基酸的排出量，mg。

以上概念即是回肠末端氨基酸表观消化率，若扣除内源氨基酸量则为回肠末端氨基酸真消化率和回肠末端氨基酸标准消化率。它们能更准确地反映猪对饲料氨基酸的消化和吸收程度。内源氨基酸主要来自猪消化道脱落的细胞、分泌的黏液、消化酶、微生物等。目前，用于估测内源氨基酸的方法主要有无氮日粮法、截距法、胍基化蛋白法、酶解酪蛋白超滤法、同位素法和差量法等。

回肠末端取样法根据其特点可分为屠宰法、瘘管法、回-直肠吻合术等。

一、屠宰法

屠宰法即回肠末端食糜直接收集法，一般选用 Cr_2O_3 为指示剂，按 0.5% Cr_2O_3 比例均匀混入待测饲料或饲粮中，根据实验设计要求，在饲喂一定时间（5～7 d）后，将动物屠宰，并从距回盲瓣前一定距离处取样。其优点是饲粮种类不受限制，实验期短，工作量小，取样前对动物消化道干扰少，可以多点取样；主要缺点是取得的样品数量少，样本的代表性差。

二、瘘管法

瘘管法即在回肠末端安装套管以收集食糜进行测定。根据套管的多少和所植入位置的不同，瘘管法又可分以下几种类型。

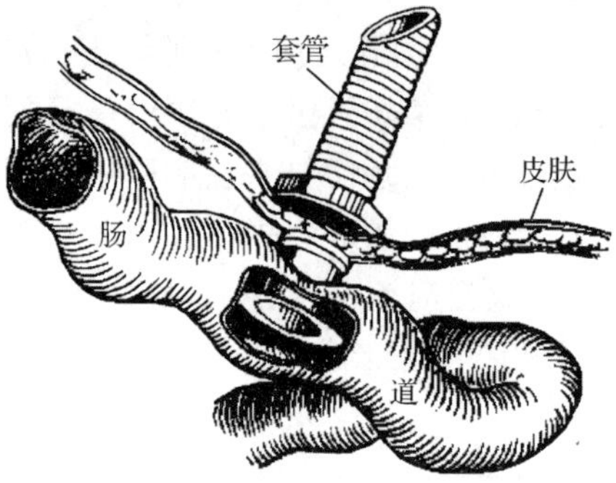

图 18-2 简单 T 型瘘管法

（一）T 型瘘管法

T 型瘘管法即在回肠末端植入一根 T 型套管，属于原位法。根据套管的位置和各自的特点，该法又可细分为简单 T 型瘘管法（图 18-2）、瓣后 T 型瘘管法（套管置于回盲瓣之后）和回盲瓣可操纵的 T 型瘘管法（通过 2 个环使回盲瓣可以操纵，收粪时将回盲瓣拉到套管内即可，见图 18-3）。前两者属部分取样法，必须使用指示剂；后者可实现定量取样，不需使用指示剂。三者手术操作难度依次增加，但测值的可靠性也依次增加。

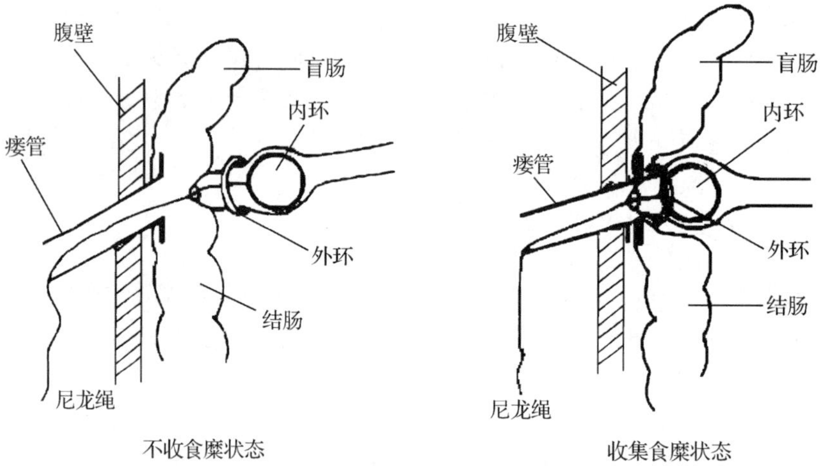

图 18-3 回盲瓣可操纵的 T 型瘘管法

（二）桥型瘘管法

该法属于全收粪法，是在肠道 2 个不同部位各植入 1 个 T 型套管，然后用一桥型管将两者连为一体。取样时只要将桥型连接管拿开，就可以从近端套管收集全部食糜。取样后的剩余食糜经加温后可从远端套管送回猪体内，以保持动物体内的正常生理代谢。此法操作方便且样本代表性好，可以不使用指示剂。根据近端套管的位置不同，桥型瘘管又可分为瓣后桥型瘘管法（第一根套管位于回盲瓣之后）和瓣前桥型瘘管法（第一根套管位于回盲瓣之前），根据第二根套管所在肠道位置的不同，后者又可分为回-回桥型瘘管法、回-盲桥型瘘管法（图 18-4）、回-结桥型瘘管法。瓣前桥型瘘管法由于横断小肠对猪的正常消化有一定的影响。

瘘管法在猪饲料氨基酸生物学效价评定上应用较多，但因套管堵塞和渗漏等现象的发生，无法用于测定高纤维日粮，而且有使用寿命短等缺点。

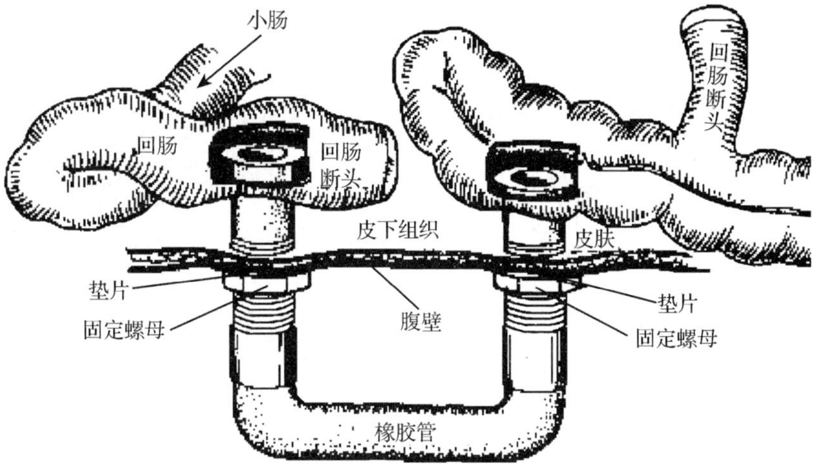

图 18-4　回-盲桥型瘘管法

三、回-直肠吻合术

回-直肠吻合术(图 18-5)即通过外科手术，将回肠末端和直肠相吻合，从肛门直接收集食糜，测定氨基酸消化率的方法。根据吻合部位的不同和术后回盲瓣的有无，可将其分为 4 种：瓣前端端吻合术、瓣前端侧吻合术、瓣后端端吻合术和瓣后端侧吻合术。其中前两者手术后回盲瓣不再起作用。研究表明，瓣前端端吻合术是评定猪饲料氨基酸生物学效价的适宜方法。回-直肠吻合术手术及实验操作简便，取样代表性好，不必使用指示剂，可以测定各种饲料。实验猪的消化生理在手术后相当长的一段时间内保持相对稳定，食糜中微生物氮的含量保持在一个较低的水平，氨基酸消化率测值相对稳定，变异较小。该法是评定猪饲料氨基酸生物学效价方法中简单可行的一种，不足之处在于：由于游离了盲肠和结肠，荷术猪的正常生理状况受到影响，能量、氮、水、电解质代谢均有不同程度的改变。

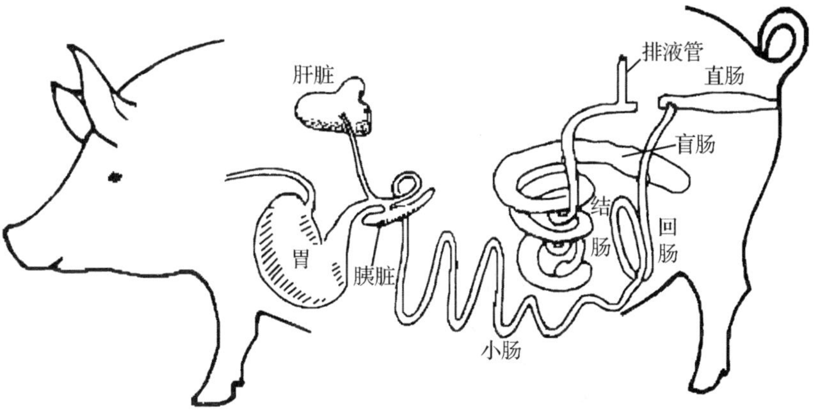

图 18-5　回-直肠吻合术(猪)

拓展知识二

活动尼龙袋技术

活动尼龙袋技术(mobile nylon bag technique,MNBT)是由Sauer等于1983年建立的。其操作程序为:将单纤丝尼龙制成25 mm×40 mm的小袋,将1 g粉碎粒度为1 mm的待测饲料样品装入尼龙袋,置于盛有500 mL 0.01 mol/L盐酸和胃蛋白酶溶液的烧杯中,将烧杯于37 ℃水浴振荡2.5 h,溶液pH为2,胃蛋白酶含量为377.4 IU/L。将尼龙袋从烧杯中取出,通过十二指肠瘘管引入体重为40 kg左右的健康猪体内,待尼龙袋通过消化道后从粪中回收尼龙袋,用干纸巾轻轻揩去袋子表面粪便,冷冻干燥,测定袋内剩余物质中待测养分的含量,计算待测饲料养分消化率。

活动尼龙袋技术是通过体内法和体外法相结合测定猪饲料养分消化率的新方法,具有速度快、所需样品小、费用低、可操作性强等特点。目前的研究已表明,它在估测饲料干物质、能量及蛋白质消化率方面与传统法所得结果相当一致。该法与回-直肠吻合术和瘘管法相结合,也是一种估测饲料回肠氨基酸消化率的方法,但是有许多因素影响其准确性,如体外消化的pH、胃蛋白酶浓度和消化时间,以及待测饲料粉碎粒度、尼龙布网孔孔径及尼龙袋大小都显著影响蛋白质表观消化率的测定。

思考题

1. 测定饲料的消化率一般有哪些方法?
2. 收集动物的全部粪便的方法有哪些?收集的鲜粪应如何处理?
3. 试述指示剂法测定饲料养分消化率的原理和方法。
4. 用作消化实验的指示剂要符合哪些条件?
5. 单一饲料养分消化率如何测定?
6. 回肠末端取样法有哪些?
7. 简述活动尼龙袋技术的操作程序和用途。

实验十九 猪饲料标准回肠可消化氨基酸的测定

一、目的和要求

饲料标准回肠可消化氨基酸(standardized ileal digestible amino acids, SID AA)的测定可为猪饲料营养价值的评价和猪氨基酸需要量的估测提供可靠的参考数据。本实验要求学生了解和认识猪饲料中氨基酸的消化过程及测定标准回肠可消化氨基酸的意义,掌握测定猪饲料标准回肠可消化氨基酸的原理和方法。

二、原理

饲料可消化氨基酸是指饲料中蛋白质经消化后被吸收的氨基酸。由于氨基酸主要在小肠末端之前被消化吸收,大肠微生物发酵产生的非蛋白含氮物被吸收后一般不能合成体蛋白,通常认为通过收集回肠末端食糜测定回肠末端可消化氨基酸,比测定全肠道可消化氨基酸更有意义。回肠可消化氨基酸可表示为表观回肠可消化氨基酸、真回肠可消化氨基酸和标准回肠可消化氨基酸,主要取决于是否对内源氨基酸损失进行校正。

内源氨基酸损失是指进入消化道的内源物质(分泌的消化液、消化道脱落的细胞及消化道微生物等)含有的氨基酸未被再次消化吸收的部分。内源氨基酸损失可区分为基础内源氨基酸损失和特定内源氨基酸损失。基础内源氨基酸损失是指不管饲喂何种饲粮,都不可避免地被动物排出的内源氨基酸,这种损失不受饲粮原料组成的影响,只受因摄入干物质引起的分泌和排泄的影响。基础内源氨基酸损失可利用无氮日粮法进行测定。特定内源氨基酸损失是指由于受饲粮原料组成影响而超出基础内源损失的那部分氨基酸损失。特定内源氨基酸损失的测定较困难,目前尚无标准方法。

表观回肠可消化氨基酸是指饲粮氨基酸食入量与回肠末端氨基酸排出量(不扣除内源氨基酸损失)的差值。标准回肠可消化氨基酸是指饲粮氨基酸食入量与回肠末端氨基酸排出量(扣除基础内源氨基酸损失)的差值。真回肠可消化氨基酸是指饲粮氨基酸食入量与回肠末端氨基酸排出量(同时扣除基础内源氨基酸损失和特定内源氨基酸损失)的差值。由于标准回肠可消化氨基酸在饲粮配合中具有可加性,可实际应用于饲料配方,因此得到大力推行。

通过外科手术造瘘,将 T 型套管安装在猪的回肠末端,使其不影响猪的食欲、肠道活动、消化吸收功能及生长,通过瘘管连续收集猪的回肠末端食糜,并辅以采用无氮饲粮和添加指示剂可测定猪饲料标准回肠可消化氨基酸。

三、仪器设备和材料

①编织筛:2.8、1.4 mm。

②冻干机:ALPHA1-2LD(德国)。

③三氧化二铬(Cr_2O_3):分析纯。

四、方法和步骤

(一)实验设计

根据待测饲料样品的数量确定实验设计,可采用交叉设计或拉丁方设计,每个待测饲料样品需要测定 6 个以上的生物学重复,每个生物学重复至少 1 头猪。

(二)实验动物

1. 实验动物的选择

选择品种、性别相同,体重、日龄相近的健康猪作为实验动物,如选择 18~25 kg 三元杂交(杜洛克猪×长白猪×大约克夏猪)去势公猪,经驱虫、免疫后供手术用。其他品种适宜选择保育后期的猪。

2. 猪的回肠末端瘘管手术

供试猪在手术前要禁食 24~36 h,禁水 2 h,以排空肠道并降低腹压。选用盐酸氯胺酮或舒泰(内含镇静剂替他明和肌松剂唑拉西泮)等作为麻醉剂,依据产品说明书进行全身麻醉。待猪麻醉后,将它左侧躺卧保定在手术台上,腹部剃毛并按常规外科手术消毒。

手术部位在腹中线上方约 20 cm,距最后一根肋骨缘 3～4 cm 处。手术时将腹外斜肌、腹内斜肌、腹横肌以及腹直肌做钝性分离,用止血钳固定腹膜后做 5～8 cm 的切口,打开腹腔。用食指和中指在腹腔内探寻盲肠,然后在距回盲瓣前 10～15 cm 处选择血管相对稀少部位作为插管位置,用肠钳夹持肠管两端,用 4 号肠线在插管处的肠壁表层做双荷包缝合,内外线间距 0.5 cm,缝合长度以可容入 T 型瘘管为准,切开荷包内肠壁安装 T 型瘘管,用生理盐水无菌纱布包裹浸润外露小肠组织,以免组织失水。向肠腔塞入消毒的脱脂棉,以免肠道食糜流出(脱脂棉于术后取出)。在距离创口 3 cm、最后两肋骨间的皮肤处做约 1.5 cm 的纵向切口,将装好的 T 型瘘管从这一位置引出体外,仔细检查小肠走向,防止肠管前后扭转。用 4 号肠线对腹膜做连续缝合,分别用 7 号和 10 号外科线对肌层和皮肤做间断缝合。术后每天肌内注射 200 万 IU 头孢曲松钠,连续 5 d;并在 T 型瘘管出口处和创口外部涂抹碘伏消毒,每天两次,保持术部清洁。

术后将猪移下手术台,放在地面上让其苏醒并自由走动,使小肠恢复正常蠕动,并补充葡萄糖、多维饮水使其恢复体能,一昼夜(24 h)后可饲喂适量易消化饲料,观察猪的恢复情况逐渐转入正常饲料。一般术后 2 周(14 d)即可进行正式实验。

(三)实验饲粮

1. 待测饲粮的配制

粉料粒度应 99%通过孔径为 2.8 mm 的编织筛,通过孔径为 1.4 mm 的编织筛的比例应大于 85%,筛上物中不应有整粒谷物;颗粒饲料的粉化率应低于 10%,含粉率应低于 4%。实验饲粮均匀度变异系数应小于 5%。

测定蛋白质饲料原料时,利用待测蛋白质饲料、玉米淀粉、蔗糖、纤维素、植物油以及钙、磷、饲料级氯化钠等矿物质饲料,并添加微量元素预混剂、维生素预混剂等配制成半纯合饲粮。调整饲粮的粗蛋白质(CP)水平至 15%左右,纤维含量至 3%～5%。测定单体氨基酸或氨基酸类似物时,半纯合饲粮中调整氨基酸含量为生长阶段猪需要量的 1.5 倍为宜。

测定能量饲料原料时,对于适口性好的能量饲料原料,利用待测原料作为唯一蛋白质来源,添加钙、磷、饲料级氯化钠等矿物质饲料以及微量元素预混剂、维生素预混剂配制测定饲粮。适口性不好的能量饲料原料需要混以基础饲粮采用套算法进行测定。

2. 指示剂种类及含量

可选择三氧化二铬(Cr_2O_3)等不消化物质作为外源指示剂,三氧化二铬在饲粮中的添加水平为 0.3%～0.5%。

3. 无氮饲粮的配制

无氮饲粮应由玉米淀粉、蔗糖、植物油、纤维素、饲料级氯化钠、钙和磷矿物质饲料、碳酸钾、氧化镁、微量元素和维生素预混剂等组成,参考配方见表 19-1。

表 19-1 无氮饲粮参考配方 %

原料	含量	原料	含量
玉米淀粉	79.20	饲料级氯化钠	0.40
蔗糖	10.00	维生素预混料	0.05
豆油	3.00	微量元素预混料	0.15
羧甲基纤维素	4.00	碳酸钾	0.40
石灰石粉	0.50	氧化镁	0.10
磷酸二氢钙	1.90	总计	100.00
三氧化二铬	0.30		

(四)实验期

待安装回肠瘘管的实验猪恢复健康后开始进行实验(一般在安装瘘管 14 d 以后)。每期实验分适应期、预试期和正试期。适应期不低于 6 d,并记录各实验猪待测饲粮的自由采食量,以确定正试期试猪的采食量。预试期不低于 5 d,按照适应期测定采食量的 85%～90%定量饲喂。正试期不低于 2 d,准确定量饲喂实验饲粮,每日 08:00—20:00 连续收集 12 h 回肠末端食糜,每次收集后立即置于−20 ℃冷冻保存。

将供试猪在代谢笼中进行个体饲养,将每日总采食量均分为两份,分别于 08:00 和 16:00 进行饲喂,自由饮水。猪舍温度控制在 20～25 ℃,相对湿度控制在 80%。

(五)实验样品的采集与制备

实验结束后,将食糜常温解冻,将每头猪每期食糜充分混合后取样,并在冷冻干燥机中冻干,置于室温下回潮 24 h,称重、记录、粉碎、密封保存。

(六)样品的测定

测定饲料及食糜样品中干物质、氨基酸和指示剂的含量。

五、结果和数据处理

(一)表观回肠氨基酸消化率

试样表观回肠氨基酸消化率按照公式(19-1)计算。

$$AID_{aa}=\left(1-\frac{AA_1}{AA_2}\times\frac{IM_2}{IM_1}\right)\times 100\% \qquad (19\text{-}1)$$

式中:AID_{aa} 为试样表观回肠氨基酸消化率,%;AA_1 为回肠食糜中氨基酸含量,g/kg DM;AA_2 为待测饲粮中氨基酸含量,g/kg DM;IM_2 为待测饲粮中指示剂含量,g/kg DM;IM_1 为回肠食糜中指示剂含量,g/kg DM。

(二)基础回肠内源氨基酸损失

试样基础回肠内源氨基酸损失按照公式(19-2)计算。

$$BIAA = AA_3 \times \frac{IM_4}{IM_3} \tag{19-2}$$

式中：BIAA 为试样基础回肠内源氨基酸损失，g/kg DM；AA_3 为无氮饲粮饲喂条件下回肠末端食糜中氨基酸含量，g/kg；IM_4 为无氮饲粮中指示剂含量，g/kg；IM_3 为无氮饲粮饲喂条件下回肠末端食糜中指示剂含量，g/kg。

(三)标准回肠氨基酸消化率

试样标准回肠氨基酸消化率按照公式(19-3)计算。

$$SID_{aa} = AID_{aa} \times \frac{BIAA}{AA_2} \tag{19-3}$$

式中：SID_{aa} 为试样标准回肠氨基酸消化率，%；AID_{aa} 为试样表观回肠氨基酸消化率，%；BI-AA 为基础回肠内源氨基酸损失，g/kg DMI；AA_2 为待测饲粮中氨基酸含量，g/kg DM。

(四)标准回肠可消化氨基酸

试样标准回肠可消化氨基酸按照公式(19-4)计算。

$$AA_{SID} = AA_2 \times SID_{aa} \tag{19-4}$$

式中：AA_{SID} 为试样标准回肠可消化氨基酸含量，g/kg；AA_2 为待测饲粮中氨基酸含量，g/kg；SID_{aa} 为试样标准回肠氨基酸消化率，%。

(五)适口性不好的能量饲料标准回肠可消化氨基酸

待测能量饲料原料标准回肠可消化氨基酸按照公式(19-5)计算。

$$AA_{SID} = \frac{AA_{SID2} - AA_{SID1} \times C_2}{C_1} \tag{19-5}$$

式中：AA_{SID} 为待测能量饲料原料标准回肠可消化氨基酸，g/kg；AA_{SID2} 为试样标准回肠可消化氨基酸，g/kg；AA_{SID1} 为基础饲粮标准回肠可消化氨基酸，g/kg；C_2 为基础饲粮在待测饲粮中的比例，%；C_1 为待测能量饲料原料在待测饲粮中的比例，%。

以生物学重复为单位，计算待测饲粮(饲料)标准回肠可消化氨基酸的平均值和标准差，结果保留 2 位小数。根据实验目的和实验设计，采用相应的统计方法对实验数据进行分析。

思考题

1. 什么是表观回肠氨基酸消化率、真回肠氨基酸消化率和标准氨基酸消化率？
2. 什么是无氮饲粮？如何配制？

实验二十　鸡饲料标准回肠可消化氨基酸的测定

一、目的和要求

本实验要求学生掌握测定鸡饲料标准回肠可消化氨基酸含量的原理和方法。

二、原理

小肠是肉鸡和蛋鸡氨基酸消化吸收的主要场所，在小肠中没有被消化吸收的蛋白质和氨基酸进入大肠（主要是盲肠）可被微生物降解成胺和氨，这些非蛋白质含氮物被吸收后一般不能合成体蛋白，而是以尿氮的形式排出体外，因此传统的肛门收粪法测得的氨基酸消化率并不能准确反映饲料氨基酸的营养价值。测定回肠氨基酸消化率被认为是评定饲料氨基酸营养价值的适宜方法。

饲料回肠氨基酸消化率可以表示为表观回肠氨基酸消化率、标准回肠氨基酸消化率和真回肠氨基酸消化率，各表示方法既有区别也有联系。

回肠氨基酸消化率为肉鸡或蛋鸡采食饲粮中氨基酸含量与回肠末端食糜中氨基酸含量的差值占采食饲粮中氨基酸的百分比。回肠末端食糜中的氨基酸包括来源于饲粮的未被消化吸收的氨基酸和内源氨基酸。内源氨基酸也称为内源氨基酸损失，包括分泌进入消化道的消化液、消化道脱落的细胞及消化道微生物中含有的氨基酸，这些氨基酸进入消化道而未被再次消化吸收的部分即为内源氨基酸损失。内源氨基酸损失可区分为基础内源氨基酸损失和特定内源氨基酸损失。基础内源氨基酸损失是指不管饲喂何种饲粮，都不可避免地被动物排出的内源氨基酸，这种损失只受摄入干物质而引起的分泌和排泄的影响，而不受饲粮原料组成的影响。特定内源氨基酸损失是指饲喂特定饲料原料而引起的超出基础内源氨基酸损失的那部分氨基酸损失，这部分损失受饲粮原料组成的影响。

表观回肠氨基酸消化率为肉鸡或蛋鸡采食饲粮中氨基酸总量与回肠末端食糜中氨基酸总量的差值占采食饲粮中氨基酸总量的百分比。如果利用基础内源氨基酸损失校正表观回肠氨基酸消化率，即为标准回肠氨基酸消化率，即标准回肠氨基酸消化率等于采食饲粮中氨基酸总量与扣除基础内源氨基酸损失后的回肠末端食糜中氨基酸的差值占饲粮中氨基酸食入量的百分比。利用基础内源氨基酸损失和特定内源氨基酸损失校正表观回肠氨基酸消化率，即为真回肠氨基酸消化率，即真回肠氨基酸磷消化率等于采食饲粮中氨基酸总量与扣除基础内源氨基酸损失和特定内源磷损后的回肠末端食糜中氨基酸的差值占饲粮中氨基酸食入量的百分比。

表观回肠氨基酸消化率在配合日粮中一般不具有可加性，不能应用于实际的饲粮配方。因为特定内源氨基酸损失难以准确测定，而且目前尚未纳入肉鸡、蛋鸡的氨基酸需要的一部分，因此真回肠氨基酸消化率也无法应用于实际的饲粮配方。而一般认为标准回肠氨基酸消化率在配合日粮中具有可加性，因此在饲粮配方中通常采用标准回肠氨基酸消化率指标。

三、方法和步骤

（一）实验动物的选择

选择 21 d 肉仔鸡或 30～50 周龄蛋鸡作为实验动物，每个饲粮处理至少有 6 个生物学重复，每个生物学重复 12 只，每 2 只 1 笼。

（二）饲粮的配制

1. 实验饲粮的配制

测定蛋白质饲料原料时，用待测饲料混以适量不含氮的原料（如玉米淀粉、蔗糖、纤维素和植物油等)以及钙、磷、饲料级氯化钠、氯化胆碱、维生素预混料和微量元素预混料等配制成半纯合饲粮。如待测饲粮组成可包括:待测饲料原料、玉米淀粉、纤维素、植物油、石粉、磷酸氢钙、饲料级氯化钠、氯化胆碱、维生素预混料和微量元素预混料。

测定能量饲料原料时,适口性好的能量饲料原料以待测原料为唯一蛋白质来源,加入钙、磷、饲料级氯化钠、氯化胆碱、维生素预混料、微量元素预混料等,饲粮中无须加入玉米淀粉、纤维素、植物油等原料,如待测饲粮组成可包括待测饲料原料、石粉、磷酸氢钙、饲料级氯化钠、氯化胆碱、维生素预混料和微量元素预混料;适口性不好的其他饲料原料可采用套算法,配制基础饲粮及由50%~80%的基础饲粮和20%~50%的待测饲粮构成的新混合饲粮。

测定单体氨基酸或其他类似物时,半纯合饲粮中该氨基酸含量以该阶段肉鸡(蛋鸡)需要量的1.5倍为宜。

2. 无氮饲粮的配制

无氮饲粮可由玉米淀粉、蔗糖或葡萄糖、植物油、纤维素、石粉、磷酸氢钙、饲料级氯化钠、碳酸氢钠、饲料级氯化钾、氧化镁、氯化胆碱、维生素预混料和微量元素预混料配制而成。

3. 指示剂的种类及含量

可选择三氧化二铬(Cr_2O_3)作为外源指示剂,其添加量为0.3%~0.5%,或选择其他效果相当的指示剂。

(三)实验鸡屠宰和样品的采集

饲喂相应饲粮5 d后实验结束,用二氧化碳窒息法对实验鸡实施安乐死,剪下从梅克尔憩室(Meckel's)到回肠-盲肠-结肠连接处近端约5 cm的回肠,用洗瓶或注射器以蒸馏水冲洗回肠食糜,以生物学重复为单位将食糜合并,置于−20 ℃下冷冻保存,冻干待测。

(四)样品氨基酸和指示剂的测定

饲粮(饲料)及食糜样品中氨基酸含量的测定采用实验十二中的测定方法,三氧化二铬(Cr_2O_3)的测定采用原子吸收光谱法或二苯卡巴肼比色法。

四、结果和数据处理

(一)基础回肠内源氨基酸损失

基础回肠内源氨基酸损失量按照公式(20-1)计算。

$$EIAAL_{基础}=AA_{食糜}\times Cr_{饲粮}/Cr_{食糜} \tag{20-1}$$

式中:$EIAAL_{基础}$为基础回肠内源氨基酸损失量,mg/kg DMI;$AA_{食糜}$为饲喂无氮饲粮时回肠食糜中氨基酸含量,mg/kg;$Cr_{饲粮}$为无氮饲粮中铬含量,mg/kg;$Cr_{食糜}$为饲喂无氮饲粮时回肠食糜中铬含量,mg/kg。

(二)表观回肠氨基酸消化率

表观回肠氨基酸消化率按照公式(20-2)计算。

$$AIAAD=[1-(Cr_{饲粮}/Cr_{食糜})\times(AA_{食糜}/AA_{饲粮})]\times100\% \tag{20-2}$$

式中：AIAAD 为表观回肠氨基酸消化率，%；$Cr_{饲粮}$ 为饲粮中铬含量，mg/kg；$Cr_{食糜}$ 为食糜中铬含量，mg/kg；$AA_{食糜}$ 为食糜中氨基酸含量，mg/kg；$AA_{饲粮}$ 为饲粮中氨基酸含量，g/kg。

(三)标准回肠氨基酸消化率

标准回肠氨基酸消化率按照公式(20-3)计算。

$$SIAAD = [AIAAD + (100 \times EIAAL_{基础} / AA_{饲粮})] \times 100\% \quad (20\text{-}3)$$

式中：SIAAD 为标准回肠氨基酸消化率，%；AIAAD 为表观回肠氨基酸消化率，%；$AA_{饲粮}$ 为饲粮中氨基酸含量，g/kg；$EIAAL_{基础}$ 为基础回肠内源氨基酸损失量，mg/kg DMI。

(四)适口性不好的饲料原料标准回肠氨基酸消化率

适口性不好的饲料原料标准回肠氨基酸消化率按照公式(20-4)计算。

$$SIAAD_{待测饲料原料} = [(SIAAD_{待测饲粮} - SIAAD_{基础饲粮} \times C_2)/C_1] \times 100\% \quad (20\text{-}4)$$

式中：SIAAD 为待测饲料原料标准回肠氨基酸消化率，%；$SIAAD_{待测饲粮}$ 为待测饲粮标准回肠氨基酸消化率，%；$SIAAD_{基础饲粮}$ 为基础饲粮标准回肠氨基酸消化率，%；C_2 为基础饲粮在待测饲粮中的比例(以干物质计)，%；C_1 为待测饲料原料在待测饲粮中的比例(以干物质计)，%。

(五)饲料中标准回肠可消化氨基酸

饲料中标准回肠可消化氨基酸含量按照公式(20-5)计算。

$$AA_{SID} = AA_{饲料} \times SIAAD \quad (20\text{-}5)$$

式中：AA_{SID} 为饲料中标准回肠可消化氨基酸含量，g/kg；$AA_{饲料}$ 为饲料中氨基酸含量，g/kg；SIAAD 为饲料标准回肠氨基酸消化率，%。

以生物学重复为单位，计算待测饲粮(饲料)标准回肠氨基酸消化率的平均值和标准差，根据实验目的和实验设计，采用相应的统计方法对实验数据进行分析。

思考题

1. 什么是基础内源氨基酸损失和特定内源氨基酸损失？
2. 如何测定基础回肠内源氨基酸损失量？

实验二十一　猪饲料标准全肠道可消化磷的测定

一、目的和要求

本实验要求学生掌握测定饲料标准全肠道可消化磷(standardized total tract digestible phosphorus, STTD P)含量的原理和方法，并用以测定猪饲料标准全肠道可消化磷。

二、原理

全肠道可消化磷的量为动物采食的磷总量减去粪中排出的磷总量。粪中排出的磷包括未被吸收的饲粮中的磷和内源磷。内源磷通常被称为内源磷损失，这些损失掉的磷代表被分泌进入消化道而未被再次吸收的含磷化合物。内源磷损失包括基础内源磷损失和特定内源磷损失。基础内源磷损失是指无论饲喂何种饲粮，都不可避免地被动物排出的内源磷，这种损失不受饲料原料组成的影响，而只受动物摄入干物质而引起的分泌和排泄的影响。特定内源磷损失是指饲喂特定饲料原料(如高纤维饲料和含抗营养因子饲料)后引起的超出基础内源磷损失的那部分磷损失。当饲喂高度可消化饲粮(如淀粉和酪蛋白等)时，特定内源磷损失最小。当饲喂高纤维或含抗营养因子饲粮时，特定内源磷损失大幅度升高。

表观全肠道磷消化率等于饲粮中磷食入量与粪中磷排出量的差值占饲粮中磷食入量的百分比。利用基础内源磷损失校正表观全肠道磷消化率，即为标准全肠道磷消化率，即标准全肠道磷消化率等于饲粮中磷食入量与粪中磷排出量(扣除基础内源磷损失)的差值占饲粮中磷食入量的百分比。利用基础内源磷损失和特定内源磷损失校正表观全肠道磷消化率，即为真全肠道磷消化率，即真全肠道磷消化率等于饲粮中磷食入量与粪中磷排出量(扣除基础内源磷损失和特定内源磷损失)的差值占饲粮中磷食入量的百分比。

单一饲料原料的表观全肠道磷消化率在配合日粮中不一定具有可加性，因此不能应用于实际的饲粮配方。因为特定内源磷损失难以准确测定，而且目前未纳入动物磷需要的一部分，故真全肠道磷消化率也不能用于饲粮配方。而标准全肠道磷消化率在配合日粮中通常具有可加性，国际上一般建议在日粮配方中采用标准全肠道磷消化率评估饲粮中磷的消化程度。

三、仪器设备

①代谢笼。

②台秤。

③冰箱。

④电热鼓风干燥箱。

四、试剂和材料

①各种饲料原料。

②盐酸：6 mol/L。

③氧化铁。

五、方法和步骤

(一)实验设计

根据待测饲粮(饲料)的数量确定实验设计。每种饲粮(饲料)测定至少 6 个生物学重复，每个生物学重复至少 1 头猪。

(二)实验动物选择

选择品种相同、体重相近的健康实验猪，体重 20 kg 左右，单笼饲养在代谢笼中。

(三)饲粮配制

利用明胶、玉米淀粉、蔗糖、植物油、纤维素、石粉、饲料级氯化钠、碳酸钾、氧化镁、合成赖氨酸、蛋氨酸、苏氨酸、色氨酸、组氨酸、异亮氨酸、维生素预混料、微量元素预混料等配制无磷日粮。

测定蛋白质饲料原料时,以待测蛋白质饲料为唯一磷源,参照《猪营养需要量》(GB/T 39235—2020),混以明胶、玉米淀粉、蔗糖、植物油、石粉、饲料级氯化钠、维生素预混料、微量元素预混料配制成半纯合饲料。

测定磷源矿物质饲料时,以待测矿物质饲料为唯一磷源,参照《猪营养需要量》(GB/T 39235—2020),混以明胶、玉米淀粉、蔗糖、植物油、纤维素、石粉、碳酸钾、氧化镁、饲料级氯化钠、合成氨基酸、维生素预混料、微量元素预混料配制成半纯合饲料。

测定能量饲料原料时,适口性好的能量饲料原料以待测原料为唯一磷源,参照《猪营养需要量》(GB/T 39235—2020),以玉米淀粉(可选)、蔗糖(可选)、植物油(可选)、石粉、饲料级氯化钠、维生素预混料、微量元素预混料配制成半纯合饲料;适口性不好的能量饲料原料可采用套算法,配制基础饲粮,如可利用玉米、豆粕、蔗糖、植物油、石粉、饲料级氯化钠、维生素预混料、微量元素预混料配制玉米-豆粕型基础饲粮(玉米、豆粕含磷),以 20%～50%的待测饲料替代玉米、豆粕配制实验饲粮,替代后保持玉米和豆粕的比例与基础饲粮相等。

(四)操作步骤

实验适应期为 9 d,集粪期为 5 d。集粪期每日饲喂 2 次(8:00 和 16:00)。通过在饲粮中加入氧化铁标记收粪起始和结束时间,具体方法是:将 5 g 氧化铁加入 100 g 饲粮混合均匀,在集粪期的第 1 天早晨饲喂实验猪,观察粪便,当粪便中有氧化铁排出时开始收粪。在收粪期的最后 1 d 早晨再次饲喂上述含氧化铁的饲粮,当粪便中有氧化铁排出时停止收粪。

集粪期收集全部粪便,每天早晨收集代谢笼下部集粪盘中的粪便,称重,冻存于−20 ℃冰箱中。在集尿桶中事先加入 10 mL 6 mol/L 盐酸以减少氮损失,每天早晨收集尿液,称重,留取 10%的尿液,经玻璃棉过滤后于−20 ℃冰箱中保存。

实验结束后,将每头猪的粪便合并、烘干、混匀、粉碎,取样待测。同时将每头猪的尿液合并、混匀,取样待测。

(五)样品测定

测定饲粮(饲料)和粪、尿中干物质和磷含量。

六、结果和数据处理

(一)表观全肠道磷消化率

表观全肠道磷消化率按照公式(21-1)计算。

$$ATTD = [(P_i - P_f)/P_i] \times 100\% \tag{21-1}$$

式中:ATTD 为表观全肠道磷消化率,%;P_i 为集粪期磷食入量,g;P_f 为集粪期粪中磷排出量,g。

（二）基础内源磷损失量

基础内源磷损失量按照公式(21-2)计算。

$$EPL_{基础饲粮} = (P_f/F_i) \times 1\ 000 \times 1\ 000 \quad (21\text{-}2)$$

式中：$EPL_{基础饲粮}$为基础内源磷损失，mg/kg DMI；P_f 为集粪期粪中磷排出量，g；F_i 为集粪期干物质采食量，g。

（三）标准全肠道磷消化率

标准全肠道磷消化率按照公式(21-3)计算。

$$STTD = [P_i - (P_f - EPL_{基础饲粮} \times F_i/10^6)]/P_i \times 100\% \quad (21\text{-}3)$$

式中：STTD 为标准全肠道磷消化率，%；P_i 为集粪期磷食入量，g；P_f 为集粪期粪中磷排出量，g；F_i 为集粪期干物质采食量，g。

（四）适口性不好的单一饲料标准全肠道磷消化率

适口性不好的单一饲料标准全肠道磷消化率按照公式(21-4)计算。

$$STTD_{单一饲料} = STTD_{基础饲粮} - (STTD_{基础饲粮} - STTD_{实验饲粮})/f \quad (21\text{-}4)$$

式中：$STTD_{单一饲料}$为单一饲料标准全肠道磷消化率，%；$STTD_{基础饲粮}$为基础饲粮标准全肠道磷消化率，%；$STTD_{实验饲粮}$为实验饲粮标准全肠道磷消化率，%；f 为实验饲粮总磷中待测饲料磷的比例，%。

以生物学重复为单位，计算饲粮（饲料）标准全肠道可消化磷的平均值和标准差，结果保留2位小数。根据不同实验设计，采用相应的统计方法对实验数据进行分析。

思考题

1. 什么是基础内源磷损失？什么是特定内源磷损失？
2. 本实验中如何通过在饲粮中加入氧化铁标记收粪起始和结束时间？

实验二十二　瘤胃饲料营养物质降解率的测定(尼龙袋法)

一、目的和要求

尼龙袋法是评价反刍动物饲料营养价值的一种快速、廉价和有效的方法，该方法可用来测定饲料营养物质在瘤胃中的降解率，可在短时间内评价多种饲料的降解率，已得到广泛应用。

本实验要求学生掌握尼龙袋法测定饲料瘤胃降解率的原理和方法。

二、原理

反刍动物区别于非反刍动物的最大之处为复胃结构，其中瘤胃体积较大，对饲料的降解起着巨大作用，同时瘤胃微生物可利用一些非反刍动物不能利用的物质合成动物所需要的营养物质。采用常规饲料营养价值评定方法，会导致结果存在一定误差。因此，研究人员提出了尼龙袋法。

尼龙袋法通过两步测定饲料瘤胃降解率：第一步是将被测饲料装入尼龙袋，经瘤胃瘘管放到瘤胃中，一定时间后取出，测定尼龙袋中饲料消失率的时间变化曲线；第二步是使用铬标记方法测定饲料的瘤胃外流速度。饲料在尼龙袋中降解率与尼龙袋在瘤胃中滞留时间有关。用瘤胃外流速度校正后得到的饲料的瘤胃降解率，称为饲料的动态降解率。

（一）动态降解率的测定原理

瘤胃微生物通过尼龙袋的孔眼进入尼龙袋内，利用其酶解作用对饲料进行降解，已被降解成小分子的化学物质通过尼龙袋的孔眼流入瘤胃中，经过一段时间后，残留在袋内的饲料就是未被降解的部分。在正常情况下，进入瘤胃的饲料，同时受到两方面作用，即微生物降解和瘤胃内容物的排出，因此用尼龙袋法测定的饲料降解率必须用瘤胃外流速度进行校正，才能得出饲料在瘤胃内的真实降解率。饲料营养物质的瘤胃降解率与尼龙袋在瘤胃中滞留时间 t（h）的关系符合公式（22-1）。

$$X = a + b(1 - e^{-ct}) \tag{22-1}$$

式中：X 为尼龙袋在瘤胃中滞留时间 t 的饲料营养物质降解率，%；a 为快速降解部分比例，%，这部分物质在很短的时间内即从尼龙袋中消失；b 为慢速降解部分比例，%，随着滞留时间的增加，这部分物质的降解率逐渐增加；c 为慢速降解部分降解的速度常数，即为慢速降解部分的速度常数，以每小时降解的百分数表示，%/h；e 为自然对数的底；a、b 相加在一起为样品的总降解率，不超过 100。

装有饲料的尼龙袋在瘤胃中滞留时间不同，即可得出饲料营养物质瘤胃降解率-时间曲线（图 22-1），根据公式（22-1）进行最小二乘法，计算出公式中的 a、b、c 值，代入公式（22-2）中即可求出饲料营养成分的瘤胃动态降解率。

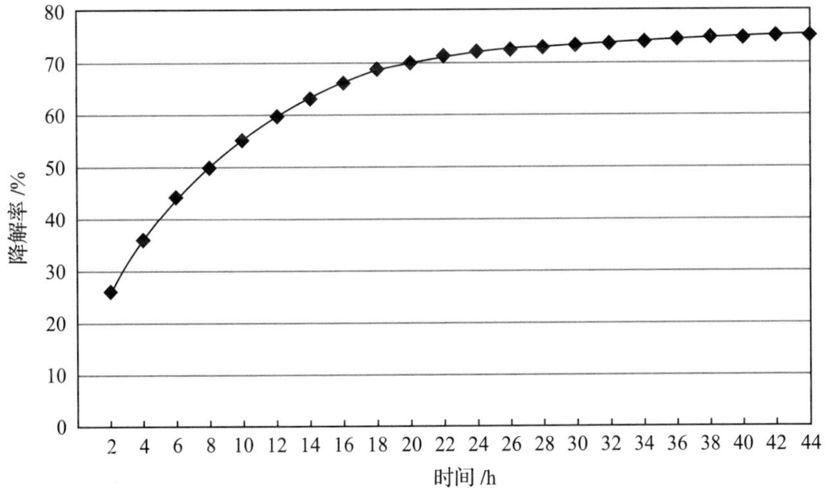

图 22-1　饲料营养物质瘤胃降解率-时间曲线

$$X = a + bc/(c + k) \tag{22-2}$$

式中：X、a、b、c 同公式（22-1）；k 为待测饲料瘤胃外流速度，即每小时待测饲料外流比例，%/h。

开始时降解率随时间的增长增加很快，随时间的延长逐渐变慢并最终不再增加，此时的降解率称为最大降解率。

（二）饲料瘤胃外流速度的测定原理

将待测饲料用重铬酸钠标记，通过铬流出瘤胃的速度测定待测饲料流出瘤胃的速度。在实际操作中，我们无法直接取得流出瘤胃的食糜样品测定铬浓度，可用粪样中的铬浓度代替，将粪样中铬浓度最大的时刻作为零时刻，此时粪样中的铬浓度作为零时刻的铬浓度 c_0，按照公式(22-3)进行最小二乘数据拟和，求出 k 值。

$$c=c_0e^{-kt} \tag{22-3}$$

式中：c 为粪中铬浓度达到高峰后的铬浓度，mg/kg；c_0 为零时刻该曲线在 Y 轴上的截距，mg/kg；t 为采样时间，h；k 为待测饲料瘤胃外流速度，即每小时待测饲料外流比例，%/h；e 为自然对数的底。

三、仪器设备

①样品粉碎机。
②电热恒温干燥箱。
③普通电炉。
④分析天平。
⑤分光光度计。
⑥凯氏瓶。
⑦托盘。
⑧容量瓶 。
⑨半软尼龙管。
⑩桶：底部装有细筛网，孔径为 230～250 μm。

四、试剂和材料

①重铬酸钠：分析纯。
②抗坏血酸：分析纯。
③浓硫酸：分析纯。
④高氯酸：分析纯。
⑤三氧化二铬：分析纯。
⑥尼龙布。

五、方法和步骤

（一）瘤胃瘘管动物的准备与饲养管理

1. 瘤胃瘘管

瘤胃瘘管式样如图 22-2 所示。

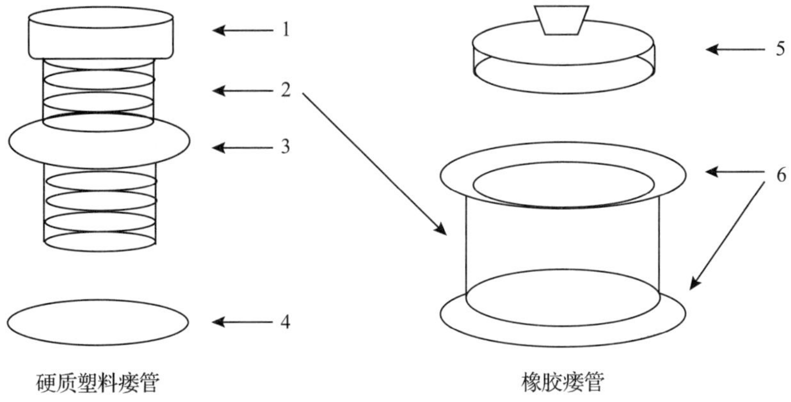

1. 瘘管盖　2. 直管　3. 旋套　4. 底座　5. 瘘管塞　6. 上下底座

图 22-2　瘤胃瘘管式样

引自:《反刍动物营养学》(2004)。

牛的瘤胃瘘管由硬质塑料或橡胶制成,大口径瘘管采用橡胶材料,小口径瘘管可用 60 cm 聚乙烯塑料加工而成。羊的瘘管多用硬质塑料制成。硬质塑料瘤胃瘘管由底座、直管、旋套和瘘管盖构成。橡胶瘘管由上下底座、直管和瘘管塞构成。根据实际情况,瘤胃瘘管的内径可适当增加或缩小,牛瘤胃瘘管的内径一般为 5～15 cm,羊瘤胃瘘管的内径一般为 4～8 cm。

2. 手术造瘘

选择健康、体况良好、性情温顺的动物,一般应至少选择 4 头,进行手术造瘘。手术造瘘过程包括手术前的准备、施术动物的麻醉、手术操作和术后动物的护理及维护,详见本节实验后的拓展知识(瘤胃瘘管技术)。

3. 饲养管理

一般选用 4 头瘤胃瘘管动物,或根据实验具体要求准备足够数量的瘤胃瘘管动物。每个待测饲料样品的每个培养时间点至少设 4 个生物学重复,每个生物学重复至少用 1 头瘤胃瘘管动物。实验应设预试期和正试期,预试期 15 d,正试期的时间根据实验要求进行确定(一般不少于 3 d)。饲喂营养水平一般按照实验动物维持需要量的 1.3 倍计算。精、粗料比为 3∶7 或 4∶6,自由饮水,保持圈舍卫生。瘤胃瘘管部位应每周定时用温水清洗 2 次。

(二)尼龙袋的制作与处理

1. 尼龙袋规格

尼龙布的孔径要适当,确保微生物和消化液进入袋内,又可使被降解的物质流出,同时要注意孔径的均匀性和一致性。建议使用孔径为 35～50 μm 的尼龙布。

尼龙袋的大小以能装入足够的样品为原则,确保瘤胃液进入袋内与样品充分混合,并能轻易将袋从瘘管中抽出。成品尼龙袋的尺寸建议为 8 cm×12 cm(长×宽)。

2. 尼龙袋制作与预处理

取 17 cm×13 cm 大小的尼龙布,用纤维细线进行双线缝合(图 22-3),袋的底部两角呈圆形,以免残留样品。袋的边沿用烙铁烫,以免脱丝。新袋在实验前要放入瘤胃内停留 72 h,取出,洗净、烘干、冷却后方可使用。

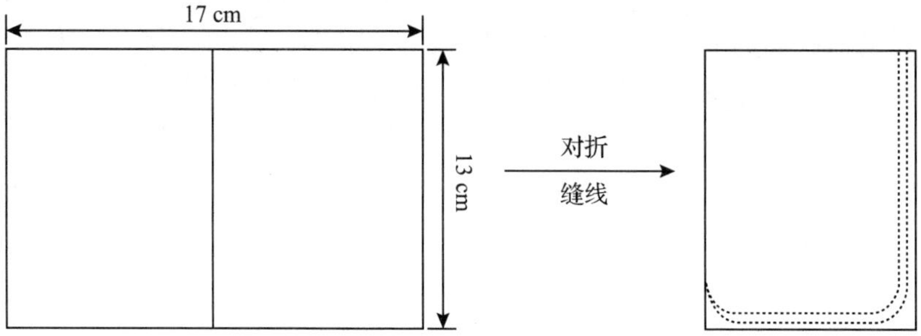

图 22-3 尼龙袋的尺寸及缝制

引自:《反刍动物营养学》(2004)。

(三)待测样品的制备

制备风干饲料样品时,采用粉碎机粉碎样品,一般要求能通过孔径为 2.5～3 mm 的标准筛。对于新鲜青草、多汁的饲料样品,将样品切短后以实验用高速搅拌器搅拌 20～30 s 即可,但不可将样品打成泥状,也可以在 60 ℃条件下烘干、恒重、粉碎(过孔径为 2.5 mm 的标准筛)。青贮饲料应冷冻、粉碎后过孔径为 5 mm 的筛,所有排出的汁液应被固体部分完全吸收。

(四)降解率的测定

①准确称取试样,精确至 0.000 1 g,样品量应根据袋的大小和冲洗后的剩余量足够供实验室分析用为原则,一般称取劣质干草与秸秆 2 g,优质干草 3 g,精料 5 g,鲜草 10～15 g。将样品装入尼龙袋,扎紧袋口。记录尼龙袋号、尼龙袋和样品重量,同时测定样品干物质含量。

②牛用半软塑料管长约 50 cm,羊用半软塑料管长 15～25 cm。在塑料管距顶端 2 cm 处划长 3 cm 左右的夹缝,间隔 2 cm 再划一个相同的夹缝,夹缝用于固定尼龙袋。塑料管另一端打孔用于系尼龙线,将塑料管通过尼龙线固定在瘘管盖上。于晨饲前经瘤胃瘘管将用半软塑料管固定的尼龙袋放入瘤胃腹囊处。

③培养时间为 12～72 h。因饲料种类不同,其营养物质降解速度不同,一般精料为 12～36 h,优质饲草为 24～60 h,劣质饲草为 48～72 h。操作时,根据需要在放袋后分别于 4、8、12、16、24、36、48、72 h 取出尼龙袋,可适当增加或者减少时间点。样品降解率测定记录可参照表 22-1。

④将取出的尼龙袋连同尼龙管和尼龙绳一起放入洗衣机,中速冲洗 8 min,中间换水 1 次。如无洗衣机,可用自来水缓慢细流冲洗,一般 5～8 min,直到冲洗水澄清。在 65 ℃条件下烘干至恒重。记录尼龙袋和残余样品重。

⑤测定样品在消化前与消化后的干物质、粗蛋白质、中性洗涤纤维和酸性洗涤纤维含量等指标。

⑥实验样品的消失率包括简单溶解和细小颗粒的冲走,饲料中一些颗粒粒度太小,未被降解就透过尼龙袋进入瘤胃中,并未参加降解过程。因而需要设对照袋,将一定重量的样品装入空白尼龙袋密封后,浸泡在水中并冲洗、烘干,以便校正误差。

表 22-1　样品降解率测定记录

日期__________　测定人__________　计算人__________　复查人__________

动物编号	培养时间/h	干尼龙袋重/g	尼龙袋+样品重/g	样品重/g	袋+培养后样品重/g	培养后样品重/g	样品特征	备注
计算方法		①	②	③=②-①	④	⑤=④-①		
洗涤损失								
合计								

(五)瘤胃外流速度的测定

1. 铬标记饲料的制备

饲料用粉碎机(2.5～3 mm 筛孔)粉碎。称取一定重量的饲料于容器内,铬用量占饲料干物质的 4%～14%,不同饲料有所变化,一般玉米为 8%,豆饼为 14%。

称取一定重量的重铬酸钠,溶于温水中,将重铬酸钠溶液徐徐倒入饲料中,并不断搅拌,直至呈稠粥状,水的用量以全部浸透饲料为宜,此时饲料变为橙黄色。将饲料转移到带盖的托盘中,铺开的厚度为 2～3 cm,盖上盖,置于 100 ℃烘箱内 24 h。后将饲料转移到底部装有细筛网(孔径为 230～250 μm)的桶中,用自来水冲洗,直到水澄清。再将底部装有细筛网的桶中饲料悬浮于清水中,此时的 pH 通常为 8.5～9.5。加入抗坏血酸,使溶液 pH 降到 4,搅拌后静置 12 h。测量溶液的 pH,如 pH 超过 4.5,则重复冲洗和抗坏血酸溶液浸泡操作,直到溶液 pH 降到 4。此步操作目的是将六价铬还原为三价铬,使铬与饲料稳定结合。用清水冲洗,使与饲料结合不紧的氧化铬完全被冲洗掉。最后放在 65 ℃烘箱内烘干至恒重,即得到铬标记饲料,其外观呈深绿色。

2. 测定步骤

①将铬标记饲料在晨饲时与精料混合一同喂给实验动物。铬标记饲料喂量:牛 300 g/头,羊 65 g/只。在饲喂后 4、8、12、16、20、24、28、32、36、40、44、48、54、60、72、84、96、108、120 h 于直肠采取粪样,在 65 ℃条件下烘干,粉碎通过孔径为 1 mm 的筛,保存备用。

②Cr_2O_3 标准曲线的制作:称取 0.05 g(精确至 0.000 1 g)绿色粉末状的 Cr_2O_3 于 100 mL 干燥的凯氏瓶内,加入 5 mL 消化剂(将 10 g 钼酸钠溶于 100 mL 蒸馏水中,再加入 150 mL 浓硫酸和 200 mL 70%的高氯酸即可),置于毒气柜中有石棉铁丝网的电炉上用小火加热消化,直到消化液呈橙色透明为止。然后将此液无损地移入 100 mL 容量瓶中定容,此为 Cr_2O_3 母液,每毫升含 5 μg Cr_2O_3。另取 100 mL 容量瓶 7 个,分别准确移取 0、2、5、10、15、20、25 mL 母液于各容量瓶中定容。以母液 0 为对照,440 nm 波长下比色测定各溶液吸光度。根据溶液浓度及吸光度绘制 Cr_2O_3 的标准曲线。

③粪样中 Cr_2O_3 含量的测定:准确称取 1 g(精确至 0.000 1 g)不同时间收取的风干粪样,分别置于 100 mL 凯氏瓶内,加入 5 mL 消化剂(同上),电炉加热消化直到消化液呈橙色为止。

冷却后定容至 100 mL，440 nm 波长下比色测定吸光度，由标准曲线确定 Cr_2O_3 含量。瘤胃外流速度测定粪样中 Cr_2O_3 含量记录见表 22-2。

表 22-2 瘤胃外流速度测定粪样中 Cr_2O_3 含量记录

日期________ 测定人________ 计算人________ 复查人________

动物编号	项目	时间/h																		
		4	8	12	16	20	24	28	32	36	40	44	48	54	60	72	84	96	108	120
标准曲线																				
	吸光度																			
	含量																			

六、结果和数据处理

(一)结果计算

1. 各时间点饲料中某养分的降解率

各时间点饲料中某养分的降解率 X(%)按照公式(22-4)计算。

$$X=\frac{m_1\times\alpha_1-m_2\times\alpha_2}{m_1\times\alpha_1}\times100\% \tag{22-4}$$

式中：m_1 为消化前样品重，g；α_1 为消化前样品中某养分含量，%；m_2 为消化后样品重，g；α_2 为消化后样品中某养分含量，%。

2. 瘤胃外流速度

Cr_2O_3 浓度最大的粪样设置为零时刻的粪样，其 Cr_2O_3 浓度为 c_0，将以后各时间点采集粪样的时刻和 Cr_2O_3 浓度按照公式(22-3)进行最小二乘数据拟和，求出 k 值。

3. 瘤胃动态降解率

根据公式(22-1)进行最小二乘法，计算出公式中的 a、b、c 值，代入公式(22-2)中即可求出饲料中某养分的瘤胃动态降解率。动态降解率的计算结果统计可参考表 22-3。

表 22-3　动态降解率计算结果统计

日期＿＿＿＿＿　测定人＿＿＿＿＿　计算人＿＿＿＿＿　复查人＿＿＿＿＿

动物编号	快速降解部分比例/%	慢速降解部分比例/%	慢速降解部分降解的速度常数/(%/h)	瘤胃外流速度/(%/h)	动态降解率/%
计算方法	a	b	c	k	$X=a+bc/(c+k)$
合计					

(二) 重复性

实验的变异主要来自实验动物(变异系数为 62%),其次来自不同实验日之间(变异系数为 4.9%),变异最小的是不同尼龙袋之间(变异系数为 3.3%)。为此,建议每个培养时间点至少做 2 个平行测定。

七、注意事项

①基础日粮会影响饲料样品的降解率,应根据实验目的来选择基础日粮。

②样品均匀性要好,要有一定细度,便于瘤胃液充分发挥发酵作用,否则会影响实验的准确性。

③尼龙袋的通透性要好,网眼大小要合适。

④冲洗尼龙袋过程中不能用手挤压袋内样品,以免增大消失率。

⑤使用后的尼龙袋如需重复利用时,应清洗干净,并在显微镜下进行检查,如有损坏应予以剔除。

⑥最长培养时间应接近或等于最长降解时间,直到出现降解率的渐近线为止。

⑦尼龙袋应放置在瘤胃腹囊适当位置。

⑧应用对照袋来校正冲洗损失。

思考题

1. 本实验中对尼龙袋的要求是什么?
2. 本实验中对样品的细度和数量有什么要求?
3. 本实验中如何确定样品在瘤胃内的培养时间?
4. 本实验中尼龙袋应放置在瘤胃中的什么位置?
5. 本实验中基础日粮的组成对降解率有何影响?
6. 本实验中如何制备铬标记饲料?
7. 本实验中为什么要使用对照袋?
8. 应用尼龙袋法测定饲料瘤胃降解率的注意事项有哪些?

拓展知识

瘤胃瘘管技术

一、手术前准备

1. 实验动物

选择体况良好、健康和性情温顺的反刍动物，不宜过肥，以免增加手术难度。手术前禁饲至少 24 h，对于防止手术过程发生瘤胃臌气及其异物性肺炎等至关重要。严格遵守国家有关实验动物的法律法规。

2. 手术器械及场所消毒

对手术过程使用的器械、创巾、缝线和相关衣物等应进行严格消毒，采用高压灭菌技术。手术室四周、手术台及其器械操作台面应进行彻底清洗，干燥后用福尔马林-高锰酸钾进行消毒。

3. 手术人员准备

手术人员进入手术室前应更换消毒后的衣物，并戴上手术帽和口罩，手术帽应遮盖全部头发及发际，口罩应完全遮住口鼻；进入手术室后首先进行手臂的清洁与消毒。

4. 动物术部准备

手术前应当去除术部及周围的被毛。用肥皂水清洁术部皮肤，用碘酊消毒，再用酒精脱碘。消毒范围应包括术部及其以外 10～15 cm 部位，擦洗时从中心部位逐渐向外涂擦，术部消毒后铺盖创巾。

二、瘤胃瘘管安装

1. 麻醉

进行瘘管手术时，对羊通常实施全身麻醉技术，对牛通常实施局部麻醉技术。麻醉剂选用 0.01～0.015 mg/kg 剂量的速眠新注射液进行肌内注射全身浅麻醉，用浓度约为 0.8%的盐酸普鲁卡因进行手术部位浸润麻醉。

2. 选择手术部位

瘤胃瘘管应在动物左侧腹侧部，躯干侧中线稍上。

3. 安装瘘管

在手术部位纵向切开皮肤，切口应略大于瘘管底座直径。在暴露的浅筋膜上切一小口，用手术剪纵向剪开。逐层钝性分离肌肉组织，暴露腹膜。用组织镊或止血钳提起腹膜，切一小口，将食指和中指深入腹膜下，用手术剪沿指缝切开腹膜，暴露腹腔。

打开腹腔即可暴露出瘤胃壁。选择血管较少的区域从切口处拉出。用生理盐水浸泡过的纱布塞紧瘤胃壁的四周，以防手术过程中流出的瘤胃内容物进入腹腔造成腹膜炎。在拟切开胃壁的部位四周进行椭圆形缝合，缝针应穿入胃壁肌肉层，且注意不要穿透胃壁。缝合过程中不要拉紧缝线，最后一针的位置与起始针基本平行，两针之间应预留一小缺口，以免发现胃壁切口过小时无法延长切口。用组织镊或止血钳提起胃壁，用手术刀或手术剪在胃壁上切一小口。由助手提起胃壁，术者用手术剪沿椭圆形缝合方向切开胃壁。将瘤胃瘘管底座放入瘤胃，逐渐拉紧预埋缝线，拉紧时注意将胃壁切口边缘内翻向瘤胃内。将预埋缝线拉紧后打结，剪去线头。沿瘘管四周胃壁再缝入一圈缝线,做荷包缝合。打开瘤胃瘘管盖,用灭菌纱布塞住瘘管口。用酒精消毒拉出的瘤胃壁,待生理盐水冲洗后将拉出的胃壁放入腹腔。

在原切口后侧相距 2～3 cm 处,相同方向切一小口,切口大小应略小于瘘管直管外径。持止血钳或针钳通过切口伸入腹腔,夹住瘘管壁,将瘘管从小切口拉出。之后逐层缝合大切口,腹膜和肌肉层做连续单纯缝合,皮肤做结节缝合或双间断缝合。如有必要,对小切口瘘管壁上下两侧的皮肤做结节缝合。缝合后用碘酊等消毒创口,大切口用四层灭菌纱布覆盖。旋上瘘管旋套和瘘管盖。如瘘管直径较大,也可不做小切口,将瘘管直接在原切口处固定。

三、术后护理

手术后应尽快使动物从麻醉状态中恢复。术后一周内每天静脉注射青霉素 160 万 U、链霉素 80 万 U,并用碘酊消毒创口,7 d 后便可拆线。

保证充足的清洁饮水,饲喂优质的柔软粗饲料,并控制饲喂量。待动物食欲恢复正常后开始恢复补饲精料。一般术后 30 d 即可用于实验。实验过程中应定期清除瘘管四周被毛,清洗并消毒瘘管及皮肤。

实验二十三 反刍动物食糜小肠消化率的测定

一、目的和要求

本实验要求学生掌握应用移动尼龙袋技术测定反刍动物食糜小肠消化率的原理和方法。

二、原理

反刍动物由于瘤胃的存在,对营养物质的利用明显区别于单胃动物。同时,反刍动物小肠又是营养物质吸收的主要部位。因此,以小肠可消化养分为基础评定反刍动物饲料营养价值和营养需要符合其消化代谢特点,因而数据更加准确。评价饲料养分的小肠消化率是反刍动物营养研究的重点。

移动尼龙袋法又称半体内法,其测定反刍动物食糜小肠消化率的基本原理是对反刍动物安装瘤胃瘘管和真胃瘘管,将一定重量经过瘤胃降解的饲料残渣装入一定规格的尼龙袋中,封口后通过真胃瘘管将尼龙袋投入真胃中,从粪便中收集排出的尼龙袋,最终测定待测饲料养分的小肠消化率。半体内法的优点是不需要测定食糜流量,可避免食糜流量测定(指示剂法)所带来的误差;实验动物可以正常饲喂,可避免日粮频繁改变对消化代谢的影响,实验动物应激反应较小。

三、仪器设备

①电热恒温干燥箱:可控制温度在(130±2) ℃。

②水浴锅。

③样品营养物质测定设备:同概略养分分析(实验三至实验八)。

④瘤胃未降解饲料残渣制备所需设备:同瘤胃饲料营养物质降解率的测定(尼龙袋法)(实

验二十二）。

四、试剂和材料

①营养物质测定所需试剂同概略养分分析（实验三至实验八）。

②半软尼龙管。

③尼龙布。

④尼龙绳。

五、方法和步骤

1. 实验动物的选择

选取 3 头以上健康、装有永久性瘤胃瘘管和真胃瘘管的反刍动物。

2. 瘤胃未降解饲料残渣的制备

采用尼龙袋法，具体操作详见瘤胃饲料营养物质降解率的测定（尼龙袋法）（实验二十二）。早晨饲喂后 2 h，将装有 5 g 饲料样品的密封尼龙袋通过瘤胃瘘管投入瘤胃内，每头牛设置 3 个以上生物学重复。16 h 后准时取出尼龙袋，浸泡数分钟，然后立即用自来水冲洗，直至水澄清为止。冲洗后的尼龙袋于 65 ℃烘箱中烘干至恒重，取出尼龙袋中的残渣，称重后测定样品中的营养成分。

3. 小肠消化率的测定

将上述残渣样品准确称取 0.5～1 g，放入孔径为 40～50 μm 的尼龙袋（1 cm×2 cm）中，密封编号，每头牛设置 3 个生物学重复。投入真胃瘘管之前，将尼龙袋在 40 ℃条件下预热 3～5 min，每 30 min 投放一个，一般在下午投放尼龙袋。第 2 天，收集动物所有粪便，找出所有未超过 24 h 的尼龙袋，回收后的尼龙袋用自来水进行冲洗，直至水澄清为止。将尼龙袋放入 65 ℃烘箱中烘干至恒重，取出样品，粉碎后测定样品中的营养成分含量。

六、结果和数据处理

食糜小肠消化率 X（%）按照公式（23-1）计算。

$$X=\frac{m_1-m_2}{m_1}\times 100\% \tag{23-1}$$

式中：m_1 为 16 h 瘤胃未降解残渣中某营养物质含量，g；m_2 为小肠未降解残渣中某营养物质含量，g。

七、注意事项

①从粪便中收集尼龙袋，由于残渣经过大肠微生物发酵，对测定结果有一定影响。

②尼龙袋容易在肠道中堵塞，故尼龙袋大小要适宜；从粪中排出的时间差异较大，收集相对困难。

③由于尼龙袋会刺激肠道，加快肠道的蠕动，尼龙袋在肠道内的平均滞留时间低于食糜。

④尼龙袋的孔径大小、饲料残渣装袋量、饲料在瘤胃内的滞留时间等因素对测定结果的影响还需要进一步研究，需要建立统一的标准化方法。

思考题

1. 移动尼龙袋法测定反刍动物食糜小肠消化率的原理是什么？
2. 移动尼龙袋法测定反刍动物食糜小肠消化率的注意事项有哪些？

拓展知识

真胃瘘管技术

一、手术前准备

1. 实验动物

选择体况良好、健康和性情温顺的反刍动物，不宜过肥，以免增加手术难度。手术前禁饲 24 h，对于防止手术过程发生瘤胃臌气，瘤胃液被吞咽入气管导致异物性肺炎等至关重要。严格遵守国家有关实验动物的法律法规。

2. 手术器械及场所消毒

对手术过程使用的器械、创巾、缝线和相关衣物等应进行严格消毒，采用高压蒸汽灭菌技术。手术室四周、手术台及其器械操作台面进行彻底清洗，干燥后用福尔马林-高锰酸钾进行消毒。

3. 手术人员准备

手术人员进入手术室前应更换消毒后的衣物，并戴上手术帽和口罩，手术帽应遮盖全部头发及发迹，口罩应完全遮住口鼻；进入手术室后首先进行手臂的清洁与消毒。

4. 动物术部准备

手术前应当去除术部及周围的被毛。用肥皂水清洁术部皮肤，碘酊消毒后用酒精脱碘，也可用洗必泰等消毒剂。消毒范围应包括术部及其以外 10～15 cm 部位，擦洗时从中心部位逐渐向外涂擦，术部消毒后铺盖创巾。

二、真胃瘘管安装

1. 保定与麻醉

将实验动物以左侧卧的姿势保定在手术台上，麻醉剂选用 0.01～0.015 mg/kg 剂量的速眠新注射液肌内注射，进行全身浅麻醉，用 0.5%～1% 盐酸普鲁卡因进行手术部位浸润麻醉。

2. 选择手术部位

真胃瘘管手术部位在动物右腹侧部，最后一根肋骨后下方，躯干侧垂线的下 1/3 段中点。

3. 安装瘘管

切开皮肤，分离腹肌，切开腹膜，然后用扩创钩拉开切口皮肤与肌肉，确认皱胃幽门部位，手感硬块，拉出后以舌钳固定。在皱胃浆膜、肌肉层做一圈直径 4 cm 荷包缝合。相隔 1 cm，再做第二圈荷包缝合。提起固定舌钳，在内层荷包缝合正中距两端缝线 4～5 mm 处，切开皱胃；然后用小创钩拉开，将伤口用纱布塞住，以防皱胃内容物外溢；折叠瘘管底部，放入皱胃切口内，最后分别抽紧并结扎两圈荷包缝线，在切口周围涂青霉素干粉，松开舌钳，将皱胃复位于腹腔。

4. 闭合腹腔

在与皱胃自然位置相应部位，距手术切口 2～4 cm 处切一新口，引出瘘管颈部，两个切口术部分别撒青霉素干粉，进行全层结节缝合。最后涂以碘酊，在瘘管口装上橡皮塞即可。

三、术后护理

手术后应尽快让动物从麻醉状态中恢复。术后 1 周内每天静脉注射青霉素 160 万 U、链霉素 80 万 U，并用碘酊消毒创口，7 d 后可拆线。

保证充足的清洁饮水，饲喂优质的柔软粗饲料，并控制饲喂量。待动物食欲恢复正常后开始恢复补饲精料。一般术后 1 个月即可用于实验。实验过程中应定期清除瘘管四周被毛，清洗并消毒瘘管及皮肤。

实验二十四　放牧家畜采食量的测定

一、目的和要求

本实验要求学生了解测定放牧家畜采食量的意义，掌握应用全收粪法结合内源指示剂法测定放牧家畜采食量的原理和方法。

二、原理

放牧家畜采食量是确定载畜量、合理利用草地资源以及制定放牧家畜饲养标准和补饲量的重要参数。然而在放牧条件下，直接测定家畜采食量非常困难，主要由于自然放牧条件环境复杂多变，难以控制。于是，便出现了间接测定法。目前应用较为广泛的方法是全收粪法结合内源指示剂(如盐酸不溶灰分等)计算放牧家畜采食量。

牧草中的盐酸不溶灰分通过家畜消化道时，不容易被家畜消化吸收，99%以上会随着粪便排出体外，是一种较为理想的内源指示剂。实验过程中采用全收粪法得到家畜总排粪量，并通过测定牧草和粪中 4 mol/L 盐酸不溶灰分的含量，最终计算放牧家畜采食量。虽然采用全收粪法测定放牧家畜排粪量难度较大，但此法相比较外源指示剂等方法更加准确，得到了研究人员的广泛认可。

三、仪器设备

①干燥器：以无水氯化钙或变色硅胶作为干燥剂。

②分析天平：感量 0.000 1 g。

③电热恒温干燥箱。

④马弗炉。

⑤瓷坩埚：50 mL。

⑥坩埚钳。

⑦烧杯：250 mL。

四、试剂和材料

①盐酸溶液：4 mol/L。

②无灰滤纸。

五、方法和步骤

1. 实验动物的选择与饲养管理

选择放牧场地，选用健康、体况良好和体重接近的成年反刍动物（不少于 8 只），预试期（不少于 5 d）给所有实验动物系收粪袋，进行适应性训练；正试期不少于 5 d，整个实验期不做任何补饲。

2. 牧草样品的采集

在预试期内，每天跟随实验动物走动并观察其采食牧草的种类和部位。正试期内利用模拟采食法每天收集牧草样品约 500 g，装入密封袋后于－20 ℃冰箱中保存，将所有牧草样品在 65 ℃烘箱中烘干制成半干样品，并研磨用于干物质和 4 mol/L 盐酸不溶灰分含量的测定。

3. 粪样的采集

采用全收粪法收集实验动物的粪便，每天下午归牧后称量鲜粪并记录，充分混匀后按照四分法采取鲜粪总重量的 10%于－20 ℃冰箱中保存，在 65 ℃条件下烘干制成半干样品，用于干物质和 4 mol/L 盐酸不溶灰分含量的测定。

4. 4 mol/L 盐酸不溶灰分的测定

牧草和粪便样品中 4 mol/L 盐酸不溶灰分的测定方法如下：将瓷坩埚置于马弗炉中，550 ℃灼烧 30 min，待炉温降到 100～200 ℃时移入干燥器中冷却至室温（30 min），称重。称量风干牧草样品或粪样 2～5 g 置于已知质量的坩埚中，于电炉上小心炭化至无烟后转入马弗炉中，550 ℃灼烧 4～6 h（至试样呈灰白色为止），取出，于干燥器中冷却至室温。用 75 mL 4 mol/L 盐酸将灰分全部转移到无嘴烧杯中，烧杯口安装球形回流式冷凝器，在电热板上加热煮沸 15 min，然后用无灰滤纸过滤，热水冲洗残渣和滤纸，直至洗液呈中性为止。将带有残渣的滤纸转移至原坩埚中，置于恒温干燥箱中（103±2）℃烘 2 h，在电炉上小火炭化至无烟后移到马弗炉中 550 ℃灼烧 30 min，待温度降至 100～200 ℃时取出，在干燥器中冷却至室温，称重。同一试样要取两份进行平行测定。

4 mol/L 盐酸不溶灰分含量 X（%）按照公式（24-1）计算。

$$X=\frac{m_2-m_1}{m}\times 100\% \tag{24-1}$$

式中：m_2 为坩埚和 4 mol/L 盐酸不溶灰分总质量，g；m_1 为坩埚质量，g；m 为样品质量，g。

六、结果和数据处理

放牧家畜采食量 m（kg/d）按照公式（24-2）计算。

$$m=m_1\times\frac{X_1}{X_2} \tag{24-2}$$

式中：m_1 为每日排干粪量，kg/d；X_1 为粪中 4 mol/L 盐酸不溶灰分含量，%；X_2 为饲草中

4 mol/L 盐酸不溶灰分含量,%。

七、注意事项

①采用酸不溶灰分作为内源指示剂,能够计算放牧家畜的采食量。但由于冬、春季节牧草植株较矮,放牧家畜在摄取牧草的同时容易误食泥沙,使粪中酸不溶灰分回收率偏高或者超过100%,最终导致放牧家畜采食量的计算产生偏差。

②采用指示剂法测定放牧家畜的采食量,属于间接测定方法。在一定条件下,适当增加实验动物的数量、实验天数,结果会更加具有代表性。

思考题

1. 全收粪法结合盐酸不溶灰分计算放牧家畜采食量有哪些优缺点?
2. 全收粪法结合盐酸不溶灰分计算放牧家畜采食量的注意事项有哪些?
3. 如何确保应用全收粪法结合盐酸不溶灰分计算放牧家畜采食量的准确性?

实验二十五　饲料养分代谢率的测定

代谢实验是测定饲料代谢能(metabolizable energy,ME),研究各种营养物质新陈代谢及其平衡规律的重要手段。通过代谢实验可测定饲料代谢能、营养物质代谢率(或存留率)。代谢实验测定的营养物质代谢率,主要是指能量代谢率、氮的代谢率(蛋白质代谢率,或称存留率)以及某些矿物营养元素(钙、磷等)的代谢率。因为饲料中的某些营养物质(如粗纤维、脂肪、无氮浸出物以及氨基酸)在正常情况下不能以原形由尿排出,故通过代谢实验表达的代谢率(或利用率)没有意义。而由于有些矿物元素在体内代谢中会受循环利用的影响,如B族维生素会受肠道微生物合成的干扰,代谢实验一般难以准确测定。

家禽的粪、尿均由泄殖腔排出,故对于家禽进行代谢实验比消化实验更简便。禽类的代谢实验除常规全收粪法外,根据其系统发育形成的特点(如有嗉囊、消化道短、排空快),常采用排空强饲法进行。

一、常规全收粪法测定家禽饲料的代谢能

(一)原理

家禽生命活动过程中的代谢产物除体热和气体、微量分泌物、表皮脱落物外,其余部分通过粪、尿排出。由于其粪、尿一起经泄殖腔排出,家禽的粪、尿统称为家禽的排泄物。除非特殊需要(如测定消化率)一般不做人工肛门进行粪、尿分离,而是直接收集粪、尿混合排泄物。此外,为防止羽毛、皮屑等对排泄物的污染,也有用穿衣法及在泄殖腔口黏合或缝合集粪瓶等方法来进行全收粪、尿的实验。

代谢能指饲料总能减去粪能(fecal energy,FE)、尿能(urinary energy,UE)及消化道可燃性气体的能量后剩余的能量。消化道可燃性气体的能量来自动物消化道微生物发酵产生的气体,主要是甲烷。家禽的盲肠虽然也有微生物发酵,但产生的气体较少,通常可以忽略不计,故家禽的饲料代谢能可按公式(25-1)计算。

$$饲料代谢能=\frac{食入饲料总能-排泄物总能}{饲料干物质采食量} \tag{25-1}$$

如前所述，粪能有饲料来源与非饲料来源之分。同样，尿能中也有非饲料来源的内源能。故上文所述的代谢能指表观代谢能(apparent metabolizable energy，AME)，对内源产物进行扣除校正后，则称真代谢能(true metabolizable energy，TME)。

家禽体内蛋白质代谢的主要产物——尿酸仍含有能量。1 g 饲料氮在体内约产生 3 g 尿酸(约为 34.4 kJ)。由于食入饲料中所含蛋白质水平不同以及在实验期间氮平衡状况不同，则其能量损失不同。为便于比较不同饲料的代谢能，应消除氮沉积量对代谢能的影响，即根据氮沉积量对代谢能进行校正，使其成为氮沉积量为零时的代谢能，称之为氮校正代谢能(nitrogen corrected metabolizable energy，MEn)。如以表观代谢能为基础经氮沉积量校正后的代谢能，称为氮校正表观代谢能(AMEn)；如以真代谢能为基础经氮沉积量校正后的代谢能，称为氮校正真代谢能(TMEn)。

氮校正代谢能按照公式(25-2)计算。

$$MEn=GE-EE-RN\times 34.4 \tag{25-2}$$

式中：MEn 为饲料的氮校正代谢能，kJ/g；GE 为饲料的总能，kJ/g；EE 为每食入 1 g 饲料干物质所产生的排泄物能，kJ/g；RN 为每食入 1 g 饲料干物质所沉积的氮量，g，可为正值、负值或零，计算时将符号代入；34.4 为每克沉积氮应校正的能量，kJ/g。

测定氮校正表观代谢能时，RN 可按照公式(25-3)计算。

$$RN=\frac{食入饲料氮量-对应的排泄物氮量}{食入饲料氮量} \tag{25-3}$$

测定氮校正真代谢能时，RN 可按照公式(25-4)计算。

$$RN=\frac{食入饲料氮量-对应的排泄物氮量+内源排泄物氮量}{食入饲料氮量} \tag{25-4}$$

(二)仪器设备

①普通天平：称量 500 g，感量 0.01 g。

②分析天平：感量 0.000 1 g。

③台秤：称量 5 kg，感量 5 g。

④氧弹式热量计：GR-3500 型。

⑤电热恒温干燥箱：60～105 ℃，温度可调控。

⑥冰箱：家用，160 L。

⑦培养皿：直径为 12 cm。

⑧代谢实验笼：60 cm×45 cm×50 cm，带食盘、饮水杯和活动集粪盘。

⑨塑料食品袋。

⑩刮刀。

⑪镊子。

⑫洗耳球。

⑬样品瓶：250 g 装。

(三)试剂和材料

①10％盐酸溶液或 10％酒石酸溶液。
②来苏尔。
③甲苯。

(四)方法和步骤

1. 实验鸡的选择与饲养管理

家禽饲料的代谢能测定一般用鸡来做实验。实验鸡必须健康、营养状况良好，品种、年龄、性别一致，体重相近，并已按免疫程序进行了正常免疫接种。每种饲料至少 6 个有效生物学重复，每个生物学重复需 6～8 只鸡。如用小鸡来进行饲料代谢能的测定，可用淘汰的鉴别公雏。于 2 周龄时开始实验，5～10 只为一组，养于一个代谢实验笼内，作为一个有效生物学重复。若选用大鸡，则不论公母均每笼一只。刚开始选择实验鸡的数量应足够多，以备在预试期中淘汰后备用。鸡代谢实验笼(图 25-1)内应配有盛水器皿，以便在实验期间随时给实验鸡供应饮水。喂料装置与其他饲养管理措施则按实验设计要求执行。

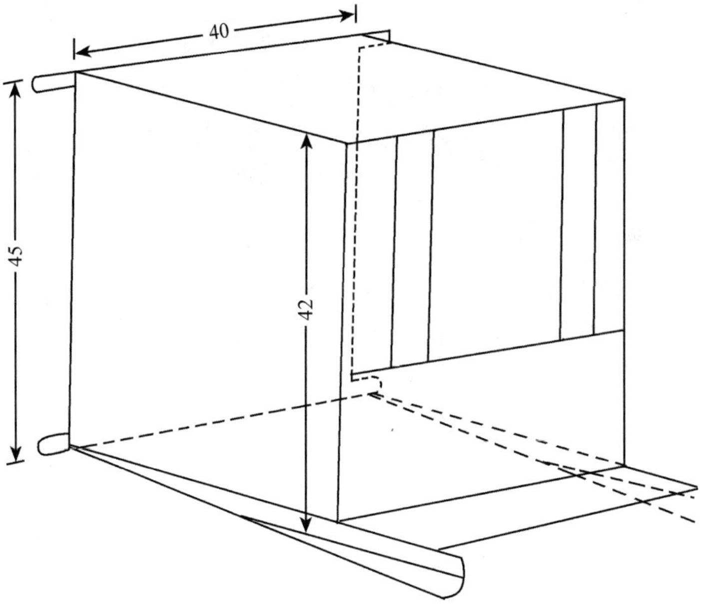

图 25-1 鸡代谢实验笼(单位：cm)

2. 实验饲粮的准备

与消化实验一样，实验前应按配方要求和实验鸡的采食量一次备足实验期间所需的各种饲料，切忌在实验中途更换饲料。将准备好的饲料按配方进行配制并制成颗粒，这样可防止在饲喂过程中发生饲料的抛撒损失及对排泄物的污染。

3. 实验鸡的驯养与预试期

将选好的实验鸡饲养在代谢实验笼内，逐渐加喂准备好的实验饲粮，让实验鸡有一个适应新饲料和新饲养管理条件的过程。此外,要观察检查饲喂设备是否撒料,并及时调整;要摸清实验鸡采食和排粪、尿规律,确定每日排泄物收集分界点、日喂饲次数与每次喂料量。按每次的喂料量将实验期所需饲粮分别称出装袋、编号备用,同时按常规法取得被测饲粮样品,粉碎过 40 目筛,装入样品瓶备测干物质含量和能值。由于实验鸡的消化道较短,食入的饲料残渣在 24 h 内即可排净,另外,鸡适应新饲料约需 48 h,因此,实验鸡的驯养预试期至少要有 3 d 的时间。预试期结束时,淘汰不易调教及采食不规律的鸡,每个饲料留足 6 个测定单元即可进入正试期。

4. 正试期及排泄物的收集处理

正试期一般为 4 d。在此期间,每天均要定时定量饲喂,自由饮水。按实验设计规定的次数和要求收集处理每天的排泄物,具体操作如下。

实验鸡于正试期开始前 1 d 18:00 停料停水。实验开始的第 1 天早晨 6:00,称取实验鸡空腹体重。称重后,立即在代谢笼下安上活动集粪盘(镀锌白铁皮、搪瓷盘或塑料薄膜等均可),以备收集排泄物,随即喂料喂水。实验期间每天加料加水各 4 次(分别在 7:00、10:00、14:00、18:00),并准确记录每只鸡每日的实际采食量①。正试期第 4 天 18:00 实验鸡停止采食,即取下饲槽和水槽,停食停水。

排泄物的收集次数与时间:正试期第 1 天 16:00 收集第一次排泄物,以后每天收集 2 次(分别在 6:00 和 16:00)。实验开始后的第 5 天 6:00 收集最后一次排泄物。随后再称取实验鸡的空腹重。至此,代谢实验的饲喂、收集排泄物工作即结束。

排泄物的收集要以笼为单位,在每次收集排泄物时,先清理掉排泄物上的鸡毛、皮屑和饲料(用镊子和洗耳球吹)。对清理掉的饲料要计量,以便从每日喂料量中扣除。而后用刮刀无损地将全部排泄物刮入已知质量的铝盒或带盖搪瓷盘中,加入数滴甲苯,以防排泄物变质。随后将排泄物放入 0～4 ℃冰箱中保存。夏季应于每天的中午用注射器喷洒 10%盐酸溶液于排泄物上,以固定排泄物中的氨。待正试期 4 d 的排泄物全部收完后,先称取排泄物的总量,后铺平放入 60～70 ℃烘箱中烘干测定初水分,之后用粉碎机粉碎过 40 目筛,并充分混匀后装入样品瓶供吸附水和能值测定用。

(五)说明

1. 常规法

常规法适合于测定肉仔鸡、成年鸡、产蛋鸡饲料的代谢能,但采用这种方法时鸡的采食量不易准确计量,并且在任食情况下鸡对饲料的摄入有选择性,适口性差的饲料采食量低,而且不稳定,会影响饲料代谢能的测定结果。所以对于适口性差的饲料采用常规法测定时,多将待测饲料代替一定比例的基础饲粮,通过套算法来测定其代谢能。采用常规法测定饲料代谢能时,实验鸡的采食量较大,对应的食入能和排泄物能的量也较大,内源排泄物能在总的排泄物能中所占的比例较小,并且这种方法对实验鸡造成的应激小,鸡对待测饲料的消化利用情况也较为稳定,故测得的 AME 值与 TME 值接近,并且测定值变化较小。

2. 单个饲料表观代谢能的测定

为了测定单个饲料的表观代谢能,在常规法中必须进行 2 次代谢实验,最后应用套算法才

① 采食量=给料量－余料量－撒料量

能算出饲粮中某个饲料的表观代谢能。实际中常采用分组实验法:即将实验鸡按相同与相似的原则分成2组,一组用于测定基础饲粮的AME,另一组测定由适当比例待测饲料取代基础饲粮后组成的混合饲粮的AME。基础饲粮和混合饲粮的各项营养指标应尽可能一致。待测饲料取代基础饲粮的比例(按干物质计)以20%～30%为宜。其余的实验方法与操作步骤和常规法相同。

3. 关于收集排泄物方法的选择

完全收排泄物是代谢实验测定的关键,常见的收集排泄物方法有以下2种。

(1)集粪板收粪法　通过放在代谢笼下的金属板或塑料板收集排泄物。该法操作方便,对实验禽造成的应激小,但存在难以完全收集排泄物,排泄物易被羽毛和皮屑污染的缺点。为了减少羽毛、皮屑的影响,可给实验禽穿上特制的衣服,衣服可以设计为只留头、脚和臀部在外面,身体裹在里面的半封闭形状。衣服松紧要适当,以免造成不必要的应激。

(2)集粪瓶收粪法　集粪瓶形似婴儿奶瓶,盖缝合在实验禽的泄殖腔周围,瓶体部分(或塑料袋)作为收集容器,实验时拧合,过渡期取下。这一装置克服了粪板的缺点,但存在着盖易被磨掉、对实验禽造成的应激大的缺点。

4. 指示剂法

为了避免实验期间各种外来物对鸡排泄物的污染,减少收集排泄物的工作量,也可采用类似实验十八中的指示剂法来进行鸡饲料表观代谢能的测定,同样可分外源指示剂法和内源指示剂法,具体的实验方法、操作步骤和注意事项与实验十八中的指示剂法基本相同。实验期的划分和天数则与鸡饲料表观代谢能测定的常规法相同。鸡饲料表观代谢能可按照公式(25-5)计算。

$$\text{饲料表观代谢能}=\text{饲料能}-\frac{\text{饲料干物质中指示剂含量}}{\text{排泄物干物质中指示剂含量}}\times\text{排泄物能} \tag{25-5}$$

二、排空强饲法测定家禽饲料真代谢能(TME)或氨基酸真代谢率

(一)原理

家禽消化道短,排空快,粪、尿均由泄殖腔混排,故内源排泄物测定较易实现。加拿大的Sibbald I. R. 在1976年提出了家禽饲料真代谢能的测定方案(称为TME法)。其基本方法是用一组成年白来航公鸡作为实验动物,通过插入嗉囊的长管强饲一定量的待测饲料,另一组鸡则不喂。测定前2组鸡都要同样饥饿24～32 h,以使消化道排空。然后分别喂料(40～50 g)或绝食。喂料后开始计时,并收集排泄物。当恰满24～32 h时,实验结束。收集排泄物始末要称量实验鸡体重作为参考。然后,按照公式(25-6)即可计算出饲料真代谢能。

$$\text{TME}=\frac{\text{GE}\times X-(Y_1-Y_2)}{X} \tag{25-6}$$

式中:TME为饲料真代谢能,kJ/g;GE为饲料总能值,kJ/g;X为强饲饲料量,g;Y_1为强饲实验鸡的排泄物总能,kJ;Y_2为绝食实验鸡的排泄物总能,kJ。

Sibbald I. R. 提出的真代谢能法(TME法)有3个基本假设:①由排泄物排出的能量是食入能量的线性函数;②代谢粪能,如消化道分泌物、肠黏膜脱落的细胞和内源尿能的损失量不

受食入饲料的性质和数量的影响；③当食入量为零时，回归直线 Y 轴的截距与由同一实验用同体重的绝食实验鸡测得的内源排泄物能值相似。

而澳大利亚的 Farrell D. J. 以及美国一些学者则对此持批判态度，其论点是：①不同饥饿期间实验鸡之间的内源排泄物量有着相当大的差异；②饲粮组成对内源能排泄量有影响，如饲料中的中性洗涤纤维含量（NDF）与内源排泄物能值（Y）的关系是 $Y=8.5+0.83NDF$（$r=0.78$）；③内源排泄物能值还受其他种种因素，如环境温度、饥饿、鸡的预处理条件等的影响。Farrell D. J. 还提出了以训练迅速采食为主要手段的代谢能快速测定法（诱饲法），这一方法与 TME 法操作过程基本一致，只是给料方法不同，预试期进行禁食-诱饲训练，使实验禽在 1 h 内食尽规定的饲料量。这一方法试图避免强饲应激，但该法对适口性差的饲料很难达到规定的采食量。

两者的立论虽然不同，但所提方案的共同缺点是，都没有解决如何确切排除内源排泄物的能量对代谢能测值的干扰问题。以动物为测试手段所产生的个体间的测值差异应该是绝对的。不可能有 2 个或 2 个以上的个体或同一个体在不同测试期的内源排泄物量完全一致。因此对生物学方法的测值只能争取在一定约束条件下的相对准确。我国在总结真代谢能法和诱饲法正反两方面经验的基础上提出了排空强饲法。

Sibbald(1987)将他提出的测禽类饲料真代谢能的方法移植于可利用氨基酸的测定，并将其测定结果定义为真可利用氨基酸（true available amino acid，TAAA）。由于禽类粪与尿均由泄殖腔排出，而且在正常情况下尿中所含氨基酸的量很少，其含氮量不到整个尿氮的 2%，故可忽略不计。因此采用代谢实验实际测得的是饲料可消化氨基酸，与可利用氨基酸属同义语。以此法测定鱼粉、羽毛粉等高蛋白质饲料时仍需辅以无氮饲粮。无氮饲粮主要由淀粉、葡萄糖、油脂、纤维素、矿物质、微量元素、维生素添加剂等组成。设计原则是基本满足实验动物的营养需要，但不得含有任何形式的含氮物质。结果按照公式(25-7)或公式(25-8)计算。

$$\text{氨基酸真代谢率}=\frac{\text{食入氨基酸}-(\text{实验组排泄物中氨基酸}-\text{对照组排泄物中氨基酸})}{\text{食入氨基酸}}\times 100\% \qquad (25\text{-}7)$$

$$\text{氨基酸真消化率}=\frac{\text{食入氨基酸}-(\text{排泄物中氨基酸}-\text{内源氨基酸})}{\text{食入氨基酸}}\times 100\% \qquad (25\text{-}8)$$

为了排除禽类盲肠中微生物对氨基酸利用率测定的干扰，有学者建议用摘除盲肠的鸡（图 25-2）作为实验动物，但并未见有实验证明摘除盲肠的实验鸡比不摘除盲肠的正常鸡更符合客观实际情况的报道。为此，加拿大、澳大利亚、日本以及中国的许多学者仍主张用不摘除盲肠的健康鸡作为实验动物。利用不摘除盲肠的实验鸡进行代谢实验，其中每个测定 6 个生物学重复，每个生物学重复需 6～8 只鸡，排空期通过饮水供给一定量葡萄糖，测定内源氨基酸组实验鸡强饲无氮饲粮。

（二）仪器设备

同常规全收粪法测定家禽饲料的代谢能。

（三）试剂和材料

同常规全收粪法测定家禽饲料的代谢能。

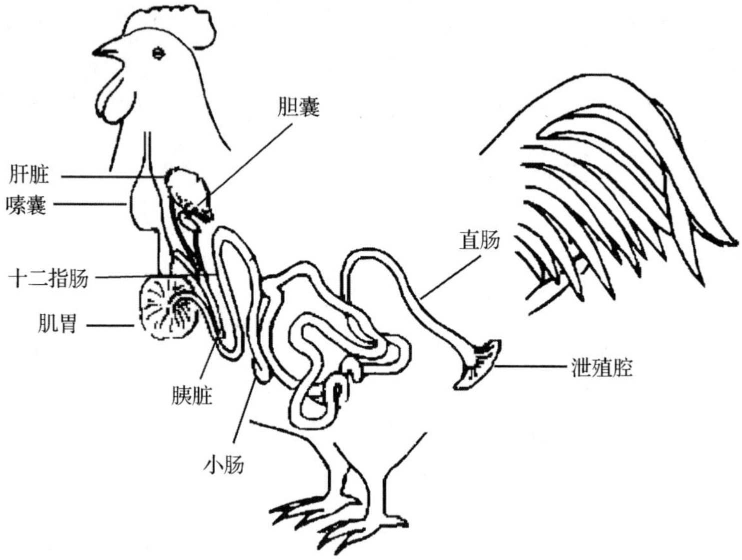

图 25-2 摘除盲肠的鸡

(四)方法和步骤

1. 实验动物的选择

①选用体重 1.8 kg 以上、体重相近、采食正常、强饲后无异常反应、无怪癖的健康公鸡为实验动物。

②排泄物收集瓶的缝合手术:在代谢实验开始前 1 周,于排泄腔口外围处缝合 60 mL 塑料瓶盖,瓶盖面中央挖一圆孔及对称的 4 对小孔,以便粪尿通过及缝合固定瓶盖用。在收集排泄物时,拧上收集排泄物的塑料瓶,其他时间取下收集瓶。以集粪板直接收集排泄物时不进行上述处理。

③连续 2 次测定期间,应设置 10～14 d 的恢复期。

④实验鸡只数:每测一种饲料需设置 6 个生物学重复,每个生物学重复组需 6～8 只鸡。

2. 饲养管理

①鸡舍:全封闭式或半开放式鸡舍。

②在带集粪盘的代谢笼内个体饲养,适应后供实验用。

③室温:15～27 ℃。

④光照:光照强度为 20 lx,自然光照或人工光照,每日光照时间为 16 h。

⑤在非实验期,限制饲喂生长蛋鸡全价配合饲料。

⑥自由饮水、禁食砂石。

3. 实验进程

实验分预试期、正试期(禁食排空、强饲、排泄物收集)及恢复期 3 个阶段,其进程见表 25-1。

表 25-1　排空强饲法测定家禽饲料真代谢能或氨基酸真消化率实验进程

项目	预试期	正试期			恢复期
		禁食排空期	强饲或诱饲期	排泄物收集期	
时间	3 d 以上	48 h	按个体准确计时	48 h	10 d 以上
待测饲料组	喂全价配合饲料，最后一次喂待测饲料	自由饮水	待测饲料	自由饮水	同预试期
对照组	喂全价配合饲料，最后一次喂待测饲料	自由饮水	禁食	自由饮水	同预试期

4. 测定程序

(1)禁食　准确记录禁食排空开始时间，禁食 48 h，禁食期间自由饮水(测定氨基酸真消化率时，也可通过饮水每鸡每日补充葡萄糖 50 g)。

(2)强饲　禁食结束后，利用强饲器对每只鸡准确强饲 40～50 g 风干被测饲料并及时按个体记录时间，粗纤维含量高及羽毛粉等低容重的饲料可酌减，以不呕吐为度。强饲器见图 25-3。

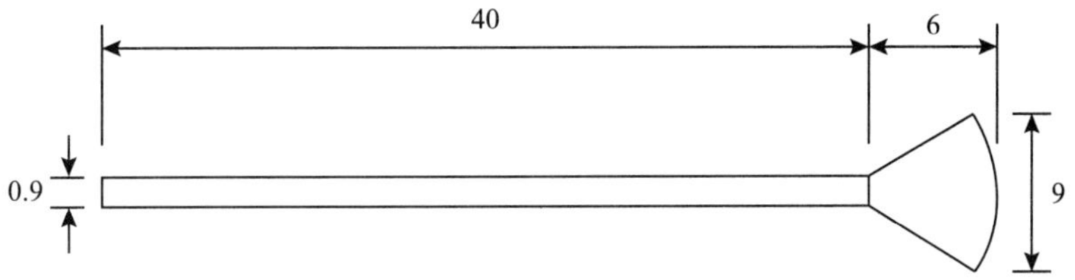

图 25-3　强饲器(单位:cm)

(3)排泄物的收集与处理　强饲后立即装好集粪瓶，以重复组为单位收集 48 h 的排泄物。其间，每日收集若干次，取出后立即保存于 4 ℃下，也可直接在 60～70 ℃下烘干，置于室内回潮 24 h，称重、记录，作为每个重复组鸡的平均风干排泄物总量。粉碎，过 40 目(孔径为 0.45 mm)筛。将每个重复组实验鸡的风干排泄物混合均匀，装瓶封存并立即取样，在 100～105 ℃下分析其干物质含量，用以计算每个重复组鸡的平均全干排泄物量。若不能同步进行总能或氨基酸分析，于测定总能或氨基酸含量前须再次测定样品干物质含量，以便准确计算排泄物中氨基酸含量或总能。若以集粪板收集排泄物时，须仔细拣出羽毛、皮屑等杂物。

5. 内源排泄物量的测定方法

如表 25-1 所示，即同步收集对照组在 48 h 期间的排泄物，作为校正用内源排泄物的样品。这种方法被称为“平行对照法”。也可采用“自身对照法”，即在被测饲料组收集 48 h 排泄物后接着再收集 48 h 的内源排泄物。或者对测定内源氨基酸排泄量对照组实验鸡，在禁食结束后，每只鸡强饲 50 g 无氮饲粮，接着收集 48 h 的内源排泄物。

6. 强饲用饲料的配比与配合

(1)待测饲料　按照常规方法将待测饲料粉碎、混匀、备用。测定饲料氨基酸真消化率时，对粗蛋白质含量为 20%及 20%以上的浓缩饲料及蛋白质饲料原料，根据其蛋白质含量，混以适量玉米淀粉(含氮量×6.25＜3%)，将日粮的粗蛋白质水平调整至 16%～18%，并按 15～20 周龄生长蛋鸡营养需要推荐量补充钙、磷、饲用氯化钠等矿物质饲料，添加微量元素预混料、维生素预混料。粗蛋白质含量低的饲料原料及全价配合饲料无须使用玉米淀粉。

(2)无氮饲粮配方　由45.5%的玉米淀粉(含氮量×6.25<3%)、45.5%的蔗糖、5%的纤维素粉以及4%的磷酸氢钙、微量元素预混料和维生素预混料组成。

上述各种强饲饲料，分别以生物学重复为单位按配方批量配合，然后根据重复组内的鸡只数一次性按需要等量称出若干份，同步测定干物质含量后备用。

7. 结果计算与统计分析

①分析结果小数点后保留位数：饲料及排泄物的总能等，保留小数点后2位；饲料的干物质、真代谢能、氨基酸真消化率等，保留小数点后2位。

②根据重复组鸡的真代谢能或氨基酸真消化率，计算待测饲料代谢能或氨基酸真消化率的平均值及其相应的标准差。

③饲料真代谢能或氨基酸真消化率计算公式见实验原理部分。

(五)说明

①排空强饲法简易、快速，可以直接对单一饲料进行测定。但在测定过程中，饥饿排空、强饲等处理本已给实验鸡造成应激，若强饲的待测饲料又难于消化且毒副作用较大，则测定的结果与正常鸡采食配合饲料时的情况是否一致有待研究。

②成年公鸡的测定数值是否适用雏鸡、产蛋鸡尚不清楚。

③使用绝食公鸡来测定内源排泄物量尚有争议。

思考题

1. 测定家禽饲料的代谢率一般有哪些方法？
2. 试述常规全收粪法测定家禽饲料(饲粮)代谢能的全过程。
3. 试述排空强饲法测定家禽饲料真代谢能(TME)或氨基酸真代谢率的全过程。
4. 有哪些方法可以收集家禽的全部排泄物？

实验二十六　饲料中钙、磷的代谢实验

一、目的和要求

不同饲料中钙、磷的组成和性质不同，动物对其利用情况也不同。非反刍动物利用无机和动物性来源的钙、磷比植物来源的钙、磷更有效。反刍动物对各种来源的钙、磷都能有效利用。钙、磷与其他营养素和非营养物质之间的平衡影响动物对钙、磷的利用。为了解动物饲粮中钙或磷的吸收与平衡情况，为实际生产提供参考依据，必须进行饲料中钙、磷的代谢实验。

本实验要求学生了解和认识进行钙、磷代谢实验的作用和意义，掌握测定饲料中钙、磷代谢实验的原理和方法。

二、原理

随饲料被采食的钙进入动物肠吸收部位后，在1,25-二羟维生素D_3诱导产生的钙结合蛋白的参与下，主动转运吸收，而磷则以离子态被动吸收。钙、磷的吸收主要决定于吸收时的溶解度，凡有利于溶解的因素，即有利于钙、磷的吸收。酸性环境、乳糖(可形成乳酸)、适量的脂肪、钙和磷的适宜比例均有助于钙、磷的吸收。

钙、磷主要经过粪和尿两条途径排泄，而不同种类的动物经不同途径排泄的量不同。草食动物的磷主要经粪排泄，肉食动物则主要经尿排泄。正常情况下所有动物的钙均经粪排出。

动物消化吸收后的钙、磷在体内不断地进行着沉积和分解，即进行周转代谢。周转代谢经消化道、肾脏、产品（蛋、奶）排出的量是评定动物钙、磷需要的依据。动物体内的钙、磷不断地排入消化道，同时又不断地被吸收利用。粪中钙、磷的来源有两方面：一是饲料中未消化的钙、磷；二是代谢产物，即已被吸收再由肠道排泄的钙、磷。因此钙、磷的吸收率或消化率不能简单地按食入与粪排出的差数来计算。由于钙、磷的内源干扰较大，同时需考虑粪和尿中钙、磷的排出，即分析钙、磷的吸收与平衡。理解和应用钙、磷在体内的动态平衡，对动物的饲养和生产有重要意义。

钙、磷代谢实验可用来表示动物体内的钙、磷平衡状况，表明动物机体是处于钙、磷的储存还是消耗状态。根据食入钙（或磷）、粪中钙（或磷）和尿中钙（或磷），按公式(26-1)至公式(26-8)计算平衡状况。

$$\text{食入饲料钙}=\text{粪中钙}+\text{尿中钙}+(\text{或}-)\text{体内存留(或分解)钙} \tag{26-1}$$

$$\text{存留钙}=\text{食入饲料钙}-(\text{粪中钙}+\text{尿中钙}) \tag{26-2}$$

$$\text{钙的总利用率}=\text{存留钙}\div\text{食入饲料钙} \tag{26-3}$$

$$\text{可消化钙的利用率}=\text{存留钙}\div(\text{食入饲料钙}-\text{粪中钙}) \tag{26-4}$$

$$\text{食入饲料磷}=\text{粪中磷}+\text{尿中磷}+(\text{或}-)\text{体内存留(或分解)磷} \tag{26-5}$$

$$\text{存留磷}=\text{食入饲料磷}-(\text{粪中磷}+\text{尿中磷}) \tag{26-6}$$

$$\text{磷的总利用率}=\text{存留磷}\div\text{食入饲料磷} \tag{26-7}$$

$$\text{可消化磷的利用率}=\text{存留磷}\div(\text{食入饲料磷}-\text{粪中磷}) \tag{26-8}$$

所以，饲料中钙、磷代谢实验是研究日粮中钙、磷的需求与利用，评定饲料中钙、磷的营养价值，确定动物对钙、磷的需求和日粮中钙、磷利用率的一种基本方法。

三、仪器设备

①样品粉碎机。

②标准筛：40 目（孔径为 0.45 mm）。

③电热恒温干燥箱：可调节温度在室温至 300 ℃。

④高温电炉：可控制温度在（550±20）℃。

⑤分析天平：感量 0.000 1 g。

⑥分光光度计：有 10 mm 比色皿，可在 400 nm 波长处测定吸光度。

⑦普通电炉：4～6 联，温度可调控。

⑧毒气柜。

⑨消化代谢笼。

⑩吸尿装置。

⑪磅秤:称量 500 kg,感量 0.1 kg。
⑫台秤:称量 10～15 kg,感量 5 g。
⑬药物天平:称量 500 g,感量 0.01 g。
⑭冰箱:家用,160 L。
⑮粪铲:各种大小(不锈钢)。
⑯搪瓷盘:32 cm×45 cm 和 20 cm×30 cm。
⑰铝桶:带盖,口径为 32 cm。
⑱培养皿:直径为 11～15 cm。
⑲塑料袋:30 cm×45 cm。
⑳称量瓶:25～30 mL。
㉑样品瓶。
㉒喷雾器:农用。
㉓手套。
㉔医用口罩。
㉕小刀。
㉖棕色玻璃收尿瓶:2 000 mL。
㉗带盖量筒:2 000 mL。
㉘容量瓶:50、100 mL。
㉙移液管:5、10 mL。
㉚量筒:5、10 mL。
㉛洗瓶:500 mL。

四、试剂和材料

①甲苯:分析纯。
②酒精:医用消毒酒精。
③来苏尔。

五、方法和步骤

(一)实验动物的选择和饲养管理

为了消除各种因素对钙、磷代谢实验结果的影响,对实验动物的选择应注意以下几方面。

①选择生长发育、营养状况、食欲、体质均正常,经过免疫注射和驱虫的健康动物,确保实验动物具有代表性。

②实验动物的品种、性别必须一致。

③体重、年龄、血缘关系和发育阶段应基本相同,应在食欲旺盛,对新饲料、新环境适应力强的阶段。例如猪,选择体重 30～60 kg,3～5 月龄的去势公猪。选择公畜有利于分离粪、尿,可减少尿液对粪的污染。去势动物比未去势动物性情相对温顺,有利于调教和管理。

④实验动物数量应据实验目的和要求的精度来确定,一般测定一个饲料的钙、磷代谢需要至少 6 个有效生物学重复,每个生物学重复至少 1 头猪。如在比较不同饲料中钙、磷消化代谢

时，可用拉丁方设计，这可消除实验动物个体的差异，还可增加实验结果的数据。

⑤实验动物的饲养管理除喂料与清扫粪便依据实验设计的要求外，其余管理措施应按照常规操作程序进行，如每日给予实验动物充足清洁的饮水，任其自由饮用，夏季注意防暑降温，冬季注意防寒保暖等。

为了方便收集粪、尿，最好将实验动物置于消化代谢笼内进行个体饲养，笼的大小以实验动物可以在内前后走动和起卧，却不可转身为宜。牛要单槽饲喂，做到个体饲喂和相互间的粪便无污染、混杂。

（二）饲料的准备与饲喂

①进行钙、磷代谢实验所用饲料，其养分含量应满足供试动物的基本营养需要，养分含量过高或过低均不能得到正确可靠的代谢率测定结果。例如：生长猪基本营养需要为维持所需和正常生长所需；牛一般按 1.3 倍维持营养需要配合饲料。

②饲料配方确定后应根据实验动物数量、耗料量等一次性备齐整个实验期所需的各种饲料原料。切忌在代谢实验的中途更换饲料来源，以免影响实验结果。

③牛或羊的代谢实验精料应事先一次性配制好，按每次每头喂量称好存放。当实验饲料中含有青粗料时，青粗料应预先备足数量，实验时在每次饲喂前取规定量与每次的精料充分混合后一起饲喂，切忌与精料分开饲喂。

（三）实验期划分及操作要点

1. 驯养观察期

将选好的实验动物饲养在实验室环境中，观察被选动物对新环境的适应情况；训练其定点采食、饮水和排粪；掌握采食量和调整给料量，做到每次给料都能让动物采食完，尽可能做到少剩或不剩料。

驯养观察期的时间长短无具体规定，根据实验动物具体情况灵活掌握。在此期间应逐渐改变饲料品种，直到饲料更换完成，让动物适应新饲料，采食正常，行为安逸后方可进入下一期的工作。在此阶段也可对动物进行驱虫和加强免疫注射处理。

2. 预试期

预试期一般为 8～10 d，猪和禽为 8 d，反刍和草食动物至少为 10 d。本期目的是让动物进一步适应新的饲料和新的饲养环境，掌握动物的排粪规律，使其消化道中非测定饲料的残渣全部排净，确保正试期收集的粪和尿为测定饲料的残渣。

禁食规定以外的饲料，按驯养观察期最后确定的每次给料量，将实验期各头动物所需要的饲料按饲喂次数分别称好装入塑料袋（每头动物每次一袋），编号备用。

饲料样品的采集应视情况而定。若测定稳定的精料型饲料，应在预试期分装饲料时按照四分法取得饲料样品，用常规法制备分析样品，密封于样品瓶中置阴凉干燥处保存，备测营养成分。若测定含青、粗、精料混合型饲料，精料样品仍在预试期采集，青、粗饲料则应在正试期的每次饲喂前采集样品，在 60 ℃条件下烘干测定初水分后粉碎，密封保存。

3. 正试期

①准确测定实验动物的采食量、排粪量及排尿量是保障钙、磷代谢实验结果可靠的重要环节。对于不同的实验动物，因其消化道结构长短不一，排空速度有快有慢，为减少误差，正试期

应在 6～10 d 或 10 d 以上，鸡至少在 6 d，牛则应达到 10 d。

②逐日详细记录每日每头动物给料量、剩料量、排粪量与排尿量。

③正试期对实验动物排粪的收集、记录与制样，均应按实验动物个体以天为单位分别进行，每天的界限以 2 d 间排粪少或不排粪的时间为好。实践中选择每天 9:00 或 14:00 作为天与天之间的分界点。每日收集粪次数应当随排随收，昼夜有专人值班。

(四)样品采集与实验记录

1. 采食量测定记录及饲料样品采集

从理论上讲，按照驯养观察期确定的饲料喂量进行定量饲喂非常方便，但实际上总会或多或少地出现剩料现象。剩料应立即采集样品测定干物质含量并保存，实验结束时将全期剩料混合，以四分法制备分析样品，测定剩料成分。

含水量较多的青绿多汁类饲料和糟渣类饲料应在每次临饲喂前采集样品进行干物质测定，以消除因每次饲喂的此类饲料的干物质含量不同给整个实验期食入干物质总量测定结果带来的影响。

2. 排粪量的测定记录与粪样的采集

正试期每次收集到的粪样须先放入一个带盖的铝桶中置于冷暗处保存，待 1 d 的粪样收齐后混合均匀，按每天排粪量的 5%～20%(不少于 100 g)取 2 份样品，一份平铺于培养皿中置于 100～105 ℃干燥箱内测定总水分，求其干物质含量；另一份平铺于搪瓷盘中，置于 60～70 ℃干燥箱内烘干(中途搅拌，以利于快速干燥)，取出于室温下回潮，测定初水分。然后磨碎过 40 目筛，密封于样品瓶中置阴凉干燥处保存，供测定吸附水和钙、磷用。

如有防腐冷冻条件，上述样品也可以每头动物为单位，按每天排粪量的固定比例留鲜样保存，待正试期收集粪样结束后，将实验期的鲜粪样品集中，按头一并进行取样处理和测定。

为了保证收集的粪样是由实验饲料产生的粪，可用不消化的有色物质标记出来，如洋红或氧化铁。即在实验开始和结束时于饲料中混入少量标记物质，当粪样中出现标记物质时，即开始或停止收集粪样。

3. 排尿量的测定记录与尿样的采集

每天 24 h 的尿样应定时进行收集(24 h 尿样的收集时间，由上午第一次饲喂时起至翌晨饲喂前止)。根据不同试畜规定实验期(即收集期)天数，每天每头试畜的总尿量，用 2000 mL 带盖量筒量其容量，并做好记录。将尿样摇匀后，取其 1/10 量倾入另一棕色瓶(瓶外应标记实验动物号)中，可加入少量甲苯防腐，在 4 ℃条件下保存。整个实验期间，每天每头实验动物的尿样，均按同样收集方法，按日把尿样并入棕色瓶中混合均匀后保存，供测定总钙、磷量用。

(五)钙、磷真代谢率的测定

实验动物的选择、饲粮的准备如前所述。测定过程由预试(过渡)期、排空期和收集期三阶段组成。预试(过渡)期一般为 8～10 d，猪和禽为 8 d，反刍和草食动物至少需 10 d。预试期的前段让实验动物自由采食饲粮，最后一次喂被测饲料，然后停料不停水进入饥饿排空期。非反刍动物采食后达到空腹状态的时间较易确定，猪需要 72～96 h，禽需要 48 h，大鼠需 19 h，兔需 60 h。反刍动物较难确定空腹状态的适宜时间，一般需要 120 h 以上。排空期结束后，喂料组即喂给规定的被测饲料并立即收集排泄物；饥饿组继续停料不停水，与喂料组同时收集排泄物。收集期一般为 32 h。直到收集期结束后处理排泄物，记录质量并测定排泄物中钙与磷含量。内源钙、磷测定实验的工作安排见表 26-1。

表 26-1 内源钙、磷测定实验的工作安排

期别	第一次测定			第二次测定
	预试期	排空期	收集期	预试期 排空期 收集期
时间	禽和猪为 8 d，反刍和草食动物至少 10 d	猪 96 h，禽 48 h，兔 60 h，牛和羊 120 h	32 h	
喂料组	前段自由采食饲粮，最后一次喂被测饲料，食后停料不停水，进入排空期	排空期结束时，让实验动物在尽短时间内采食完被测饲料，立即进入收集期	收集 32 h 后停止，即第一次测定的饲喂工作结束	作为饥饿组，同第一次测定的饥饿组处理
饥饿组	前段自由采食饲粮，最后一次喂被测饲料，食后停料不停水，进入排空期	继续停料不停水，并与喂料组同时进入收集期	收集 32 h 后停止，即第一次测定的饲喂工作结束	作为喂料组，同第一次测定的喂料组处理

(六)钙的测定

同饲料中钙的测定(实验十四)。

(七)总磷的测定

同饲料中总磷的测定(实验十五)。

六、结果和数据处理

(一)实验记录与计算

记录实验期饲料采食量，计算采食干物质总量；记录实验动物排粪量；计算排出干物质总量；并记录实验动物排尿总量。

(二)钙平衡的计算

1. 食入钙量

食入钙量按公式(26-9)计算。

$$Ca_{食入}=A\times B \tag{26-9}$$

式中：$Ca_{食入}$为实验动物 24 h 食入钙总量，g；A 为实验动物 24 h 食入饲料总量，g；B 为日粮中钙含量，%。

2. 排出钙量

排出钙量按公式(26-10)至公式(26-13)计算。

$$Ca_{粪}=a\times b \tag{26-10}$$

式中：$Ca_{粪}$为喂料组实验动物 24 h 粪中钙总量，g；a 为喂料组实验动物 24 h 排粪总量，g；b 为喂料组粪中钙含量，%。

$$Ca_{粪内源}=a'\times b' \tag{26-11}$$

式中：$Ca_{粪内源}$为喂料组实验动物 24 h 粪中内源钙总量，g；a'为饥饿组实验动物 24 h 排粪总量，g；b'为饥饿组粪中钙含量，%。

$$Ca_{尿}=c\times d \tag{26-12}$$

式中：$Ca_{尿}$为喂料组实验动物 24 h 尿中钙总量，g；c 为喂料组实验动物 24 h 排尿量，g；d 为喂料组尿中钙含量，%。

$$Ca_{尿内源}=c'\times d' \tag{26-13}$$

式中：$Ca_{尿内源}$为喂料组实验动物 24 h 尿中内源钙总量，g；c'为饥饿组实验动物 24 h 排尿量，g；d'为饥饿组尿中钙含量，%。

3. 钙的吸收与代谢计算

钙的吸收与代谢按公式(26-14)至公式(26-23)计算。

每日表观消化钙量＝每日食入钙量－每日粪中钙含量 (26-14)

每日真消化钙量＝每日食入钙量－(每日粪中钙含量－每日粪中内源钙量) (26-15)

每日表观存留钙量＝每日表观消化钙量－每日尿中钙含量 (26-16)

每日真存留钙量＝每日真消化钙量－(每日尿中钙含量－每日尿中内源钙量) (26-17)

钙的表观消化率＝(每日表观消化钙量÷每日食入钙量)×100% (26-18)

钙的真消化率＝(每日真消化钙量÷每日食入钙量)×100% (26-19)

钙的表观存留率＝(每日表观存留钙量÷每日食入钙量)×100% (26-20)

钙的真存留率＝(每日真存留钙量÷每日食入钙量)×100% (26-21)

可消化钙的表观利用率＝(每日表观存留钙量÷每日表观消化钙量)×100% (26-22)

可消化钙的真利用率＝(每日真存留钙量÷每日真消化钙量)×100% (26-23)

(三)磷平衡的计算

1. 食入磷量

食入磷量按公式(26-24)计算。

$$P_{食入}=A\times B \tag{26-24}$$

式中：$P_{食入}$为实验动物 24 h 食入磷总量，g；A 为实验动物 24 h 食入饲料总量，g；B 为日粮中磷含量，%。

2. 排出磷量

排出钙量按公式(26-25)至公式(26-28)计算。

$$P_{粪}=a\times b \tag{26-25}$$

式中：$P_{粪}$为喂料组实验动物 24 h 粪中磷总量，g；a 为喂料组实验动物 24 h 排粪总量，g；b 为喂料组粪中磷含量，%。

$$P_{粪内源}=a'\times b' \tag{26-26}$$

式中：$P_{粪内源}$为喂料组实验动物 24 h 粪中内源磷总量，g；a'为饥饿组实验动物 24 h 排粪总量，g；b'为饥饿组粪中磷含量，%。

$$P_{尿}=c\times d \tag{26-27}$$

式中：$P_{尿}$为喂料组实验动物 24 h 尿中磷总量，g；c 为喂料组实验动物 24 h 排尿量，g；d 为喂料组尿中磷含量，%。

$$P_{尿内源}=c'\times d' \tag{26-28}$$

式中：$P_{尿内源}$为喂料组实验动物 24 h 尿中内源磷总量，g；c'为饥饿组实验动物 24 h 排尿量，g；d'为饥饿组尿中磷含量，%。

3. 磷的吸收与代谢计算

磷的吸收与代谢按公式(26-29)至公式(26-38)计算。

每日表观消化磷量＝每日食入磷量－每日粪中磷含量　(26-29)

每日真消化磷量＝每日食入磷量－(每日粪中磷含量－每日粪中内源磷量)　(26-30)

每日表观存留磷量＝每日表观消化磷量－每日尿中磷含量　(26-31)

每日真存留磷量＝每日真消化磷量－(每日尿中磷含量－每日尿中内源磷量)　(26-32)

磷的表观消化率＝(每日表观消化磷量÷每日食入磷量)×100%　(26-33)

磷的真消化率＝(每日真消化磷量÷每日食入磷量)×100%　(26-34)

磷的表观存留率＝(每日表观存留磷量÷每日食入磷量)×100%　(26-35)

磷的真存留率＝(每日真存留磷量÷每日食入磷量)×100%　(26-36)

可消化磷的表观利用率＝(每日表观存留磷量÷每日表观消化磷量)×100%　(26-37)

可消化磷的真利用率＝(每日真存留磷量÷每日真消化磷量)×100%　(26-38)

七、注意事项

①实验动物必须具有代表性。

②实验所用的饲粮(饲料)养分含量应满足动物的基本营养需要,过高或过低均会影响结果的准确性。

③必须一次性备齐整个实验期所需的各种饲料原料。

④注意圈舍清洁,防止粪、尿污染。

思考题

1. 本实验中为什么要测定饲料中钙、磷平衡状况?
2. 钙、磷代谢实验的基本原理是什么?
3. 钙、磷代谢实验预试期的工作要点是什么?
4. 本实验中粪样如何收集与处理?
5. 本实验中尿样如何收集与处理?

实验二十七　猪饲料净能的测定

一、目的和要求

本实验要求学生掌握测定饲料净能(net energy,NE)的原理和方法,并用以测定猪饲料的净能值。

二、原理

饲料中可被动物利用的能量称为有效能,评价饲料有效能的指标有消化能(DE)、代谢能(ME)和净能(NE)等。消化能是指饲料中可消化养分所含有的能量,即动物采食的饲料总能(GE)与粪能(FE)之差(DE=GE-FE)。代谢能是饲料中能被机体利用的能量,即采食饲料总能减去粪能、尿能(UE)及消化道可燃性气体能(E_{gas})[主要是甲烷能(GE_{CH_4})]剩余的能量($ME=GE-FE-UE-E_{gas}/GE_{CH_4}$)。净能是指饲料中用以维持生命和生产产品的能量,即饲料代谢能与食后体增热(heat increment,HI)之差(NE=ME-HI)。体增热(HI)又称热增耗,是指动物采食饲料后短时间内体内产热高于绝食代谢产热的热量,这部分能量以热的形式散失。

通过代谢实验测定饲料代谢能(ME),在此基础上通过间接测热法测定食后体增热(HI),根据 NE=ME-HI,并利用间接测定法(套算法)原理计算饲料净能(NE)。

三、仪器设备和材料

①代谢笼。

②间接测热室。

③台秤。

④冰箱。

⑤氧化铁。

⑥各种饲料原料。

四、方法和步骤

(一)实验动物

选择品种、月龄、性别、生理阶段一致，体重不低于 20 kg，健康、食欲旺盛、发育良好的实验猪。每种饲粮测定不少于 6 个生物学重复，每个生物学重复至少 1 头猪。如选择 25～30 kg 的三元杂交猪 12 头，随机分为 2 组，每组 6 头进行测定。

(二)实验饲粮

1. 基础饲粮

基础饲粮可为普通玉米-豆粕型饲粮，基础饲粮配方见表 27-1。

2. 实验饲粮

实验饲粮以待测原料按照 20%～50%比例替代基础饲粮或基础饲粮中的能量-蛋白质饲料部分配制。

若待测饲料替代一定比例的基础饲粮配制待测饲粮，待测饲粮中各原料百分比按照公式(27-1)计算。

待测饲粮中各原料百分比＝基础饲粮各原料百分比×(100%－待测饲料百分比)　(27-1)

若待测饲料替代一定比例基础饲粮中的能量-蛋白质饲料(即矿物质饲料、维生素饲料和饲料添加剂以外的饲料原料)配制，待测饲粮中各原料百分比按照公式(27-2)计算。

待测饲粮中各原料百分比＝基础饲粮中各原料百分比×(100%－矿物质饲料百分比－维生素饲料百分比－饲料添加剂百分比)－待测饲料百分比/(100%－矿物质饲料百分比－维生素饲料百分比－饲料添加剂百分比)　(27-2)

实验饲粮配方见表 27-1。

表 27-1　基础饲粮和实验饲粮配方　%

原料	基础饲粮	实验饲粮Ⅰ	实验饲粮Ⅱ
玉米	68.00	47.60	46.97
大豆粕	28.00	19.60	19.34
大豆油	1.00	0.70	0.69
石粉	1.50	1.05	1.50
磷酸氢钙	0.80	0.56	0.80
饲料级氯化钠	0.40	0.28	0.40
维生素和微量元素预混料	0.20	0.14	0.20
氯化胆碱	0.10	0.07	0.10
去皮豆粕	—	30.00	30.00
合计	100.00	100.00	100.00

注：实验饲粮Ⅰ通过待测饲料替代一定比例基础饲粮配制；实验饲粮Ⅱ通过待测饲料替代一定比例基础饲粮中的能量和蛋白质饲料(即矿物质饲料、维生素饲料和饲料添加剂以外的饲料原料)配制。

(三)代谢实验

1. 适应期

实验设适应期为 6～10 d,每天 8:00 饲喂一次,饲喂量接近自由采食量,训练实验猪使之在 1 h 内采食完成。

2. 粪、尿收集期

适应期结束后进入粪、尿收集期,共 6 d,按照适应期的饲喂量和饲喂方法饲喂。将氧化铁加入饲粮中标记收集粪便的起始和终止时间。每日早晨收集粪、尿一次,收集的粪便称重,置于－20 ℃保存,在尿液收集器中加入 20 mL 3 mol/L 盐酸以减少氮损失,将收集的尿液混匀,称重,取 5%置于－20 ℃冰箱中冷冻保存,待实验结束后,将冷冻的尿液室温融化,充分混匀,经玻璃棉过滤除杂后测定。

(四)间接测热法(呼吸测热法)

代谢实验结束后将实验猪从代谢笼转入间接测热室,使其在 1 h 内采食完 1 d 的饲料量。然后测定 24 h 的气体交换量(即 O_2 消耗量、CO_2 呼出量和 CH_4 排出量),同时收集 24 h 排出的尿,计算采食状态下实验猪产热量。然后,继续测定 12 h 的气体交换量,并收集 12 h 排出的尿,折算 24 h 饥饿状态下的产热量。前者与后者的差值即为食后体增热(HI)。间接测热室内温度维持在 22 ℃,实验期间实验猪自由饮水。

五、结果和数据处理

(一)食后产热量、绝食产热量及 24 h 产热量

蛋白质产热量 Q(kJ)按照公式(27-3)计算。

$$Q = m \times 6.25 \times 18 \tag{27-3}$$

式中:m 为采食状态下实验动物 24 h 尿中氮总量,g;6.25 为换算系数;18 为每克蛋白质体内氧化产热量,kJ/g。

蛋白质 O_2 消耗量 V_1(L)和蛋白质 CO_2 生成量 V_2(L)分别按照公式(27-4)和(27-5)计算。

$$V_1 = m \times 6.25 \times 0.96 \tag{27-4}$$

$$V_2 = m \times 6.25 \times 0.77 \tag{27-5}$$

式中:m 和 6.25 同上;0.96 为每克蛋白质体内氧化消耗 O_2 的量,L/g;0.77 为每克蛋白质体内氧化产生 CO_2 的量,L/g。

非蛋白质呼吸熵按照公式(27-6)计算。

$$\text{非蛋白质呼吸熵} = \text{非蛋白质 } O_2 \text{ 消耗量} \div \text{非蛋白质 } CO_2 \text{ 生成量} = (\text{总 } O_2 \text{ 消耗量} - \text{蛋白质 } O_2 \text{ 消耗量}) \div (\text{总 } CO_2 \text{ 生成量} - \text{蛋白质 } CO_2 \text{ 生成量}) \tag{27-6}$$

根据非蛋白质呼吸熵和非蛋白质 O_2 消耗量(或非蛋白质 CO_2 生成量)计算非蛋白质代谢产热量(表 27-2),并按照公式(27-7)计算总产热量。

$$\text{总产热量} = \text{蛋白质代谢产热量} + \text{非蛋白质代谢产热量} \tag{27-7}$$

表 27-2　不同的呼吸熵所对应的 O_2 消耗和 CO_2 生成的产热量

呼吸熵	O_2/(kJ/L)	CO_2/(kJ/L)	CO_2/(kJ/g)
0.70	17.096	28.008	14.259
0.75	19.828	26.439	13.460
0.80	20.087	25.108	12.782
0.85	20.347	23.937	12.213
0.90	20.602	22.891	11.652
0.95	20.857	21.954	11.175
1.00	21.117	21.117	10.749

(二)食后体增热

食后体增热(kJ)按照公式(27-8)计算。

$$食后体增热=食后\ 24\ h\ 产热量-绝食\ 24\ h\ 产热量 \tag{27-8}$$

(三)饲粮净能

饲粮净能 NE(kJ/g)按照公式(27-9)计算。

$$NE=(GE_i-GE_f-GE_u-GE_{CH_4}-HI)/DMI \tag{27-9}$$

式中:GE_i 为食入总能,kJ;GE_f 为粪中排出总能,kJ;GE_u 为尿中排出总能,kJ;GE_{CH_4} 为甲烷排出总能,kJ;HI 为食后体增热,kJ;DMI 为干物质食入量,g。

(四)单一饲料的净能

单一饲料的净能按照公式(27-10)计算

$$NE_{单一饲料}=NE_{基础饲粮}-(NE_{基础饲粮}-NE_{实验饲粮})/\alpha \tag{27-10}$$

式中:$NE_{单一饲料}$ 为单一饲料的净能,kJ/g;$NE_{基础饲粮}$ 为基础饲粮的净能,kJ/g;$NE_{实验饲粮}$ 为实验饲粮的净能,kJ/g;α 为实验饲粮中待测饲料的比例(或实验饲粮 GE 中待测饲料 GE 的比例,%。

以生物学重复为单位,计算待测饲料净能的平均值和标准差,根据实验目的和实验设计,采用相应的统计方法对实验数据进行分析。

思考题

1. 什么是食后体增热?什么是净能?

2. 本实验中,若以待测饲料替代一定比例基础饲粮配制待测饲粮,待测饲粮中各原料百分比如何计算?若以待测饲料替代一定比例基础饲粮中的能量-蛋白质饲料,待测饲粮中各原料百分比如何计算?

实验二十八　动物消化道(瘤胃、小肠和大肠)微生物高通量测序

一、16S rDNA 测序

(一)目的和要求

本实验要求学生掌握应用十六烷基三甲基溴化铵法提取消化道微生物 DNA 的方法,能够正确解读微生物 16S rDNA 测序结果。

(二)原理

16S rDNA 存在于所有细菌染色体基因组中,既包含高度保守区域(可反映生物物种间的亲缘关系),又包含高度变化区域(可反映物种间的差异性),且片段大小适中,常用来作为细菌群落结构分析的标记分子。16S rDNA 测序是利用高通量测序技术对环境样本 16S rDNA 片段(常用 V3-V4 区、V4 区或 V4-V5 区)进行扩增,并结合生物信息学分析,获取样本微生物多样性、群落结构组成、物种丰度等信息。目前,16S rDNA 测序已成为研究动物胃肠道微生物多样性及群落组成差异的重要技术手段之一。

(三)仪器设备

①NanoDrop 2000 超微量分光光度计。
②高压灭菌锅。
③电泳仪。
④Mini-Beadbeater 研磨仪。
⑤凝胶成像分析系统。

(四)试剂和材料

①磷酸缓冲盐溶液(phosphate buffered saline,PBS):简称 PBS 缓冲液。
②十六烷基三甲基溴化铵溶液:4 g 十六烷基三甲基溴化铵、16.364 g NaCl、20 mL Tris-HCl(1 mmol/L,pH=8)、8 mL EDTA(0.5 mmol/L,pH=8),定容至 200 mL。
③RNA 酶:10 mg/mL。
④酚-氯仿-异戊醇溶液(25∶24∶1)。
⑤异丙醇。
⑥70%冰乙醇。
⑦TE buffer:10 mmoL/L Tris-HCl,1 mmol/L EDTA。
⑧锆珠。

(五)方法和步骤

1. 基因组 DNA 的提取

取 1 mL 瘤胃液和 0.3 g 灭菌锆珠放入螺口离心管后离心(13 000 r/min,10 min),将上清液丢弃。在沉淀中加入 1 mL 磷酸缓冲盐溶液,涡旋混匀后离心(13 000 r/min,10 min),将上清液

丢弃，重复该步骤直至上清液澄清，将上清液丢弃。在沉淀中加入 1 mL 十六烷基三甲基溴化铵溶液(直接称取 0.3 g 肠道食糜样品和 0.3 g 灭菌锆珠，并吸取 1 mL 十六烷基三甲基溴化铵溶液至螺口离心管中)，将离心管拧紧，使用 Mini-Beadbeater 研磨仪进行机械破壁(击打 1 min，冰上冷却 1 min，重复 3 次)。将研磨后的离心管于 70 ℃水浴 20 min 后离心(10 000 r/min，10 min)，收集上清液，加入 5 μL RNA 酶(规格为 10 mg/mL)，并于 37 ℃水浴 30 min。加入与上清液等体积的酚-氯仿-异戊醇溶液，振荡 30 s 混匀后离心(13 000 r/min，10 min)，收集上清液，加入等体积的酚-氯仿-异戊醇溶液，振荡 30 s 混匀后离心(13 000 r/min，10 min)，重复该步骤进行抽提，直至两界面清晰。收集上清液，加入 0.8 倍体积的异丙醇，混匀静置 10 min 后于−20 ℃过夜。过夜后离心(13 000 r/min，10 min)，将上清液丢弃，加入 70%冰乙醇(500～750 μL)，将 DNA 沉淀轻轻弹起，离心(13 000 r/min，10 min)，将上清液丢弃，将 DNA 沉淀风干。在 DNA 沉淀中加入适量 TE 缓冲液(根据 DNA 浓度大致估算，一般在 50～100 μL)，于 70 ℃水浴 5 min，使 DNA 溶解。使用 NanoDrop 2000 超微量分光光度计测定 DNA 浓度和纯度，并用 1%琼脂糖凝胶电泳检测 DNA 完整性。

2. PCR 扩增和产物纯化

使用带有 barcode 的特异引物对提取的 DNA 模板进行 PCR 扩增。细菌 16S rDNA V3-V4 区可采用通用引物 338F(5′-ACTCCTRCGGGAGGCAGCAG-3′)和 806R(5′-GGACTACHVGGGTWTCTAAT -3′)进行扩增。将同一样品(3 个生物学重复)的 PCR 产物混合均匀，采用 2%琼脂糖凝胶电泳进行检测，并使用 AxyPrep DNA 凝胶提取试剂盒(Axygen Biosciences，美国)进行纯化回收。

3. 文库制备和测序

使用 QuantiFluor™-ST 对纯化回收的 PCR 产物进行定量检测。参照 Illumina MiSeq 平台的标准化操作流程构建 16S rDNA 基因文库，并在 Illumina MiSeq PE 300 平台进行双端测序。

4. 生物信息学分析

根据标签信息获得测序样品的有效序列，并对原始序列进行质量控制和过滤。根据重叠片断关系，使用 FLASH(V1.2.7)软件将成对的序列进行拼接，重叠片断长度应不低于 10 bp。使用 UCHIME 中的 UCHIME 模块将序列中的嵌合体拆除，最终获得质量较高的优化序列。采用 QIIME 软件和 RDP Classifier 贝叶斯算法对 OTU 代表序列按照 97%的相似度进行聚类分析和物种注释，并获得各个分类水平(域、界、门、纲、目、科、属和种)的群落结构信息。其中，16S 细菌序列比对采用 Silva 数据库。对样本进行 Alpha 多样性分析，计算 Chao1、香农指数(Shannon index)和辛普森指数(Simpson index)以评估微生物菌群的丰度和多样性。采用主坐标分析对样本群落组成[操作分类单元(operational taxonomic unit，OTU)水平]的差异性进行评估，可结合置换多元方差分析(permutation multivariate analysis，PERMANOVA)或相似性分析(Analysis of Similarities，ANOSIM)等进行统计学显著性检验。采用非参数检验(曼－惠特尼 U 检验、克鲁斯卡尔－沃利斯检验等方法)对不同组间各分类水平上的微生物差异进行统计分析，各组中的特征性微生物可通过 LEfSe 分析进行鉴别。

二、宏基因组测序

(一)目的与要求

本实验要求学生了解宏基因组测序与16S rDNA测序的区别,掌握宏基因组数据的正确解读。

(二)原理

宏基因组测序是一种新兴的微生物高通量测序技术,可针对环境中的微生物群体(包括细菌、古菌、真核生物、病毒等)进行全面的基因组测序,并结合生物信息学分析,揭示微生物群落信息。与16S rDNA相比,宏基因组测序不仅可以研究微生物的群落结构组成及物种丰度,还可以进行更为深入的基因和功能层面[京都基因与基因组的百科全书(Kyoto Encyclopedia of Genes and Genomes,KEGG)通路、碳水化合物活性酶等]的研究分析,且宏基因组测序的功能分析的准确度要远高于16S rDNA测序的功能预测。宏基因组测序是将微生物基因组DNA进行片段化,在片段两端加入测序接头,测序后重新进行拼接组装。

(三)方法和步骤

1. 基因组DNA的提取

实验步骤同16S rDNA测序中的DNA提取方法。此外,也可按照试剂盒的标准流程采用E. Z. N. A®. Stool DNA Kit进行基因组DNA的提取。使用NanoDrop 2000超微量分光光度计测定提取DNA的浓度和纯度,并用1%琼脂糖凝胶电泳检测提取DNA的完整性。

2. 宏基因组测序

取1 μg提取的基因组DNA,通过Covaris S220 Focused-ultrasonicator仪器进行片段化,长度约为450 bp。使用TruSeq™ DNA Sample Prep Kit构建Illumina PE文库,并在Illumina HiSeq PE150平台进行宏基因组测序。测序完成后,对测序原始序列进行质控,使用Trimmomatic将原始序列中的接头污染和低质量序列去除。测序序列与宿主基因组进行比对,宿主序列也一并去除掉。使用Megahit进行序列拼接组装,其中最短片断重叠群的序列长度为500 bp。分别使用METAProdigal和CD-HIT进行基因预测和聚类(阈值为0.95),构建非冗余基因集。使用BLASTP(v2.2.28+)将上述构建的非冗余基因集与NR数据库进行比对,获取分类学物种注释信息,并计算各分类水平上(域、界、门、纲、目、科、属和种)的物种丰度。将非冗余基因集与NOG或KEGG数据库进行比对,进行功能注释。使用hmmscan将非冗余基因集与CAZy数据库进行比对,获取碳水化合物活性酶的注释信息。根据实验需求,还可将非冗余基因集与ARDB数据库进行比对,获取抗生素抗性功能注释信息。

3. 数据分析

采用PCoA分析对样本微生物群落组成(种水平)和功能的差异性进行评估,可结合PERMANOVA或ANOSIM等分析进行统计学显著性检验。采用非参数检验(Mann-Whiney U-test、Kruskal-Wallis one-way analysis等方法)对不同组间各分类水平上的微生物差异进行统计分析,各组中的特征性微生物可通过LEfSe分析进行鉴别。

(四)注意事项

①进行基因组 DNA 提取时,需无菌操作,且所用的离心管、器皿等耗材及试剂均需灭菌处理。

②数据的多元统计分析(主坐标分析、非度量多维排列分析等)可采用 R 软件中的不同软件包实现。

③数据的统计分析可根据实验需求的不同而进行灵活选择,也可结合环境因素(日粮类型、代谢物、生产性状等)进行关联分析,并使用 Gephi 或 Cytoscape 软件进行可视化呈现。

④经过 16S rDNA 测序后,可使用 PICRUSt 软件对物种功能进行进一步预测分析。

⑤可将 16S rDNA 测序和宏基因组测序联合研究微生物的多样性、群落组成和功能,其结果更为可靠。

实验二十九　动物饲养实验设计

动物饲养实验是通过饲喂动物已知营养物质含量的饲粮或饲料,对其生长情况、生产性能、饲料转化率、组织和血液生化指标等进行测定,来评定饲料营养价值、确定畜禽营养需要和比较饲养方式优劣的一种综合性实验方法。

一般的饲养实验都是在生产条件下,使用一定量的实验动物,经过重复、精心饲喂进行的,得出的实验结果数据可靠,经得起生产实践的考验。但大多数饲养实验是通过设处理组和对照组比较畜禽的生产性能等以判定其结果,不同的处理组和对照组,即使是同一品种、条件一致的畜禽,饲养在同样的条件下,也会有差异。对饲养实验中出现的这些差异,必须经过统计学上的处理,分析判断其差异的来源。因此,在进行饲养实验以前要充分考虑生物统计对实验设计的要求,根据实验目的、实验动物的情况以及环境条件等,进行适宜可行的饲养实验设计。

动物饲养实验设计的任务就是在实验研究工作之前,根据研究项目的需要,应用数理统计原理,周密安排,力求用较少的人力、物力和时间,最大限度地获得丰富而可靠的资料,通过分析得出正确的结论,明确回答研究项目所提出的问题。如果设计不合理,不仅达不到实验的目的,甚至会导致整个实验的失败。因此,能否合理地进行实验设计,关系到科研工作的成败。

实验设计的目的是避免系统误差,控制、降低实验误差,无偏估计处理效应,从而对样本所在总体做出可靠、正确的推断。

一、实验设计概述

(一)实验设计的基本概念

1. 实验

实验是在人为控制条件下进行的一种有目的的实践活动。如比较不同饲料对畜禽生产性能影响上的差别。

不同于观察,实验要求发挥人们的主观能动性,通过控制条件来影响事物的发展状态和进程,更有利于我们对其客观规律的认识。

2. 实验设计

实验设计，广义上是指实验研究课题设计，也就是整个实验计划的拟定，主要包括课题的名称、实验目的、研究依据、内容及预期达到的效果、实验方案、重复数的确定、实验单位的选取和分组，实验的记录项目和要求、实验结果的分析方法、经济效益或社会效益的估计、已具备的条件、需要购置的仪器设备、参加研究人员的分工、实验时间、地点、进度安排和经费预算、成果鉴定、学术论文撰写等内容；而狭义上是指实验单位（如动物实验的畜禽）的选取、重复数的确定及实验单位的分组。动物饲养实验设计主要指狭义的实验设计。

3. 实验单元

一个实验单元是实验材料的基本单元，它是实验工作者施加处理的对象。这个基本单元可以是一个细胞、一个组织或是一个动物个体，有时也可以是一组个体。如在研究猪的出生窝重和断奶窝重时，实验单元就是同窝的所有仔猪。

4. 实验指标

每个实验单元要度量的实验结果的标志称为实验指标，如日增重、瘦肉率、产奶量等，同一实验中可以有多个实验指标。

5. 实验因子

实验中根据实验目的要研究的影响实验指标的因素称为实验因子。如要比较不同饲料对动物生产性能（指标）上的差别，饲料就是实验因子。要指出的是，在一个实验中，除了实验者要研究的影响实验指标的因素外，还会有其他因素影响实验指标。如上述实验中，饲料是实验因子，但实验动物本身的差异（年龄、体重、性别、遗传背景等）和它们所处环境的差异也会造成生产性能上的差异。原则上，实验者应选择个体间无差异或差异很小的实验动物并使它们处于相同的环境条件下进行实验。但在很多情况下，我们无法做到这一点，也就是说不可避免地会存在一些影响实验指标的客观因素，我们将它们称为客观因子或干扰因子。实验设计的一个重要任务就是通过合理的设计，能够利用统计分析将干扰因子的影响降低到最小。

在一个实验中，如果只有一个实验因子，该实验称为单因子实验；如果有两个实验因子，该实验称为双因子实验；以此类推。

6. 因子水平

对实验因子按其质或量所划分的等级或状态，称为因子水平，简称为水平。如果饲料中的蛋白质含量是实验因子，不同的含量就是不同的水平。

7. 实验处理

根据实验因子的不同水平对实验单元所处以的不同措施，称为实验处理，简称为处理。在单因子试验中，因子的一个水平就是一个处理；在多因子实验中，不同因子的每一个水平组合就是一个处理。

8. 实验误差

由实验处理外的其他因素引起的观测值的变异，称为实验误差，可分为 2 类：一类是系统误差，它是指由于干扰因子的存在使一个处理内的实验单元与另一处理内的实验单元之间有整体性的差异趋势，这个差异与实验处理所造成的差异相混淆，使我们不能得出正确的结论。这类误差一般是可以通过合理的实验设计加以避免和校正的。另一类是由随机和偶然的干扰因子造成的误差，它一般会造成各个实验单元之间的随机变异，我们称之为随机误差。这类误差是不可避免的，但可以通过合理的实验设计来降低它的影响。

(二)饲养实验设计的基本要求

1. 实验的代表性

实验的代表性是指实验材料(包括动物)的选择能代表总体(群体)水平,实验条件应能反映将来推广实验结果所在地区的自然条件、饲料状况和管理水平等,以便在具体条件下应用。既要代表目前条件,同时还要看到某些技术将采用的可能性。

2. 实验的正确性

实验的正确性包括准确性和精确性两个方面。准确性是指实验结果是否接近于真值。由于真值是未知的,所以我们只能用样本的统计数来推断。精确性是指实验误差的大小,可用多次测定值的变异程度衡量。实验误差首先是实验材料本身固有的差异,其次是在实验环境条件和操作过程中造成的误差。因此,准确性不等于精确性,但要获得高的准确性,必须先提高精确性。用降低误差的方法,诸如增加重复、随机化、配对比较、区组设计等,即可提高实验的精确性。

3. 实验的重演性

在相同条件下进行相同的实验获得类似的结果,对推广实验结果至关重要。为保证重演性,实验过程中要严格检查各种设施、条件,遵守操作规程,详细观察,准确记录,仔细核对,认真分析,对结果数据进行必要的重复验证,以避免人为因素引起的误差。

4. 实验动物的一致性

其主要包括遗传背景、年龄、性别、胎次、体重、生理状态、健康状况等。应使这些条件尽量相同或相近。

5. 要有一定的预试期

分期实验应合理设置间隔时期,以排除饲料后延效应的影响。

(三)饲养实验设计应遵循的基本原则

实验设计的作用主要是估测处理效应,控制和估计实验误差,以便合理地统计分析,做出正确推断。由试畜本身、饲料种类、管理条件不一致等引起的系统误差,只要实验工作做得精细,比较容易克服。而由个体特性不同、舍内小气候不一致、管理上的微小差异等引起的偶然误差(统计分析中称为实验误差)具有随机性,难以完全消除。为了尽量减少实验误差,提高实验的精确性,实验设计应遵循以下原则。

1. 重复

同一处理设置的实验单位数称为重复。一个重复可以是一头(只)畜禽,也可以是多头(只)畜禽。重复增加,每个重复内的头数可适当减少;反之,减少重复影响应增加每个重复的头数。重复的最主要作用是估计随机误差方差,如果一批处理只有一个观察值,无从求得差异,也就无法估计误差。误差的大小与重复次数的平方根成正比,故重复越多误差越小。但增加重复需较多的试畜,由试畜来源、环境和管理等不一致造成的误差反而会增大。为了避免这一点,需要在局部控制条件下进行重复。据经验和统计学依据,误差自由度以6~12为宜。

2. 随机化

所谓随机化是指将各实验单位随机分配到各种处理中去,各组随机接受一种处理,不受任何主观因素的影响。随机化的目的是减少系统误差。并且将重复与随机相结合,实验就能提供无偏的实验误差估计值。

在畜禽饲养实验中，随机化的分配方法可采用抽签或随机数字表进行，其中以随机数字表较为常用。

3. 局部控制

实验设计应考虑采用各种技术措施，控制和减少处理因素以外其他各干扰因素对实验结果的影响。当干扰因素不能从实验中排除时，通过设计对其进行控制，从而降低或校正其影响，提高统计分析的准确性，这种处理方法被称为局部控制。

例如，当实验环境或实验单位差异较大时，可将整个实验环境或实验单位分成若干个小环境或小组（区组或单位组），在小环境或小组内使非处理因素尽量一致。这样根据需要在各区组内设置重复，即使区组间差异增大，区组内局部控制的精度可以始终保持不变。

重复、随机化、局部控制这 3 条原则相互关联，根据这 3 条原则设计实验，配合适当的统计分析，就能得出可靠的实验结果。

二、饲养实验设计方法

动物饲养实验设计根据研究的内容、目的和要求以及实验动物和实验条件的不同，有不同的实验设计方法。本节主要讨论常用饲养实验设计方法及其适用范围，具体的统计检验方法可参考相关书籍。

（一）完全随机化设计

完全随机化设计是按因子设计水平数目，将试畜随机分组，然后分配到各个处理中去，使每个实验单元都有相同的机会接受某个处理。该实验设计要求供试动物除处理因素的水平之外，试畜来源、管理和环境条件等尽量一致，使影响实验结果的因素在各组中都相同，互相抵消，突出不同处理的影响。

完全随机化设计是最简单的实验设计方法，可用于单因子实验，也可用于多因子实验。完全随机化设计的实质是随机分组。随机分组可以通过抽签或利用随机数字表来进行。

例如：研究酶制剂对断奶仔猪生产性能的影响，需要将实验猪分为对照组和实验组。可在某猪场选择体重 10 kg 左右、断奶、去势、驱虫、防疫过的仔猪 16 头，空腹 12 h 后，个体称重，编为 1～16 号，打耳号或做耳标，从随机数字表中任选一个数字和走向，开始连续选出 16 个两位数的数字，分别代表 1～16 号仔猪，将单数或双数分别代表对照组（Ⅰ）或处理组（Ⅱ）。仔猪分组情况见表 29-1。

表 29-1 仔猪分组情况

仔猪编号	随机数字	组别	仔猪编号	随机数字	组别
1	17	Ⅰ	9	24	Ⅱ
2	07	Ⅰ	10	20	Ⅱ
3	44	Ⅱ	11	14	Ⅱ
4	99	Ⅰ	12	85	Ⅰ
5	83	Ⅰ	13	83	Ⅰ
6	11	Ⅰ	14	48	Ⅱ
7	46	Ⅱ	15	93	Ⅰ
8	32	Ⅱ	16	72	Ⅱ

分组时出现 2 组猪数不等时，再将数量多的组同样以随机的方法选出，调到另一组。

分组后观察猪只的生长及健康情况，必要时可调整或淘汰。在实验开始和结束时，应连续 2 d 在早晨空腹时进行称重。

该设计如果是分成一个对照组和一个实验组，用 t 检验；2 组以上用 F 检验，进行不同处理结果的统计分析。

(二)配对实验设计

为了消除或降低某种干扰因子对实验指标的影响，使对照组和不同处理组的动物尽量一致，可采用配对实验设计。即选择各方面条件相同的试畜，双双搭配成对，同一对内的试畜应尽量一致。将每对分别分配到对照组和处理组。理想的配对是同窝、同性别、同体重的个体。同一实验对象的前后两次观察值，都可以认为是配对的。但若找不到配对动物，也不要勉强配对。

例如：有实验动物 20 头，分别将性别、年龄相同，体重相近的两头配成一对，共 10 对，编号为 1～10 号，用随机法将每对中的两头分别分到甲、乙两个处理组中。设计方案见表 29-2。

表 29-2　配对实验设计方案

配对编号	随机数字	配对中的第一头动物组别	配对中的第二头动物组别	配对编号	随机数字	配对中的第一头动物组别	配对中的第二头动物组别
1	89	甲	乙	6	51	甲	乙
2	38	乙	甲	7	03	甲	乙
3	20	甲	乙	8	74	乙	甲
4	26	甲	乙	9	15	甲	乙
5	13	甲	乙	10	72	乙	甲

(三)随机区组实验设计

随机区组实验设计是根据局部控制的原则，将各方面情况和来源基本相同(如同窝、同性别、体重基本相同)的动物划归为一个单位组，每一个单位组内的动物数等于处理数，并将各单位组的实验动物随机分配到各处理组中。

随机区组实验设计是发展了的配对实验设计，用于 2 组以上的实验。如果实验规模过大，组间难以达到条件一致，可采用该设计方法，这样可把组间误差单独分开，从而突出实验因子的差异程度。该实验设计要求同一区组内的实验动物应尽量一致，不同区组间的试验动物允许存在差异，但每一区组内动物的随机分组必须是独立进行的，每种处理在一个区组内只能出现一次。在饲养实验中，常把实验场、同一场内的不同畜舍、实验日期、家畜的窝别和胎次等作为区组。

例如：研究 3 个不同的酶制剂添加水平对断奶仔猪生产性能的影响，可采用随机区组法设计实验。从 3 个猪场选择断奶期相近的断奶子猪 54 头，公母各半。区别公母猪，各组分成 3 个区组，每个猪场为 1 个区组，每个区组有 18 头猪，数量不足时，可做适当调整。然后按随机化的原则，将各个区组分配到 3 个处理组中。这样每个处理组有第一猪场、第二猪场、第三猪场的猪各 6 头(公母各半)，共计 18 头。具体分配情况见表 29-3。

表 29-3　随机区组实验设计方案

处理组	第一猪场(区组)		第二猪场(区组)		第三猪场(区组)		总数
	♂	♀	♂	♀	♂	♀	
Ⅰ	× × ×	× × ×	× × ×	× × ×	× × ×	× × ×	18
Ⅱ	× × ×	× × ×	× × ×	× × ×	× × ×	× × ×	18
Ⅲ	× × ×	× × ×	× × ×	× × ×	× × ×	× × ×	18
总数	18		18		18		54

采用随机区组设计时,应注意以下几个问题。

①在系统误差比较大的情况下,把它分离出去(设置区组)十分有利。但分离区组减少了误差自由度,从而降低了检验的精确性。因此,在误差与区组间期望均方相差无几的情况下,不宜设置区组。

②如果因子各水平对区组的反映缺乏相似性,就不能把各个区组的实验结果合并。同时实验因子与区组有交互作用时,不应采用无重复的随机区组设计。

③随机区组设计与一些复杂的实验设计相比,分析简单,处理数与重复数没有严格的限制。

(四)拉丁方设计

拉丁方设计是比随机区组设计多一个区组的设计,是从横行和直行 2 个方向进行双重局部控制,使 2 个方向都成为区组。拉丁方设计有 3×3、4×4、5×5 等。

在畜禽的饲养实验中,要控制来自两个方面的系统误差,且实验动物的数量受到限制,动物的生理阶段对生产性能等实验结果有明显影响时,应用拉丁方设计较为有利。

该设计的特点是:分直行和横行 2 个方向,每一直行和每一横行内各只有一个处理,即每种处理在横行和直行都只出现一次,而且横行与直行数目相等。但因素之间不能存在交互作用。如果前一实验阶段的处理有残效,就会全部包含在误差项里而增大误差。为此,每个阶段之前必须有一定的预试期,使残效消失,或延长实验期,只使用后半期的数据进行分析。

该实验设计可不受实验期长短的影响,并且可用较少的试畜得到同样正确的结论,在统计中可消除个体及期别间的差异,常用于泌乳牛或产蛋鸡的短期饲养实验。

例如:用 3 头乳牛进行 3 种不同饲料配方对其泌乳性能影响的实验。由于不同牛只的泌乳性能有较大的差异,同一牛只在其一个泌乳期的不同泌乳阶段的泌乳性能也有较大差异。为了消除不同牛只和牛的不同泌乳阶段对泌乳性能的影响,选用 3 头同一胎次、产犊日期相近的母牛,考查 3 个阶段的泌乳性能,每头牛在不同的泌乳阶段饲喂不同的饲料,采用 3×3 拉丁方设计的方案，见表 29-4。

表 29-4　3×3 拉丁方设计方案

实验期	牛号		
	1	2	3
第一阶段	A	B	C
第二阶段	B	C	A
第三阶段	C	A	B

拉丁方设计也可以重复，组成复合方。例如：用 4×4 拉丁方设计测定饲料的消化率，基础日粮由玉米、豆粕、麸皮、大麦以及预混料等组成。测定玉米、大麦、麸皮的消化率，用 1～8 号猪，2 个重复，进行 4 期消化实验，每期 20 d。具体分配情况见表 29-5。

表 29-5　2 个 4×4 拉丁方实验设计方案

饲料	期别							
	Ⅰ	Ⅱ	Ⅲ	Ⅳ	Ⅰ	Ⅱ	Ⅲ	Ⅳ
基础饲料	1	2	3	4	5	6	7	8
80%基础饲料+20%玉米	3	4	1	2	6	7	8	5
80%基础饲料+20%大麦	4	1	2	3	7	8	5	6
80%基础饲料+20%麸皮	2	3	4	1	8	5	6	7

实验结果：将重复的 2 个实验合并整理，每个饲料有 8 个数据的平均数，每个期别也有 8 头猪的平均数，8 头猪各有其个体对 4 种饲料的消化率。整理后按表 29-6 中自由度分裂进行变量分析。

表 29-6　2 个 4×4 拉丁方变量分析表中自由度分裂

变异来源	自由度	变异来源	自由度
期别间	3	重复	1
饲料间	3	机误	17
猪间	7	总数	31

(五)交叉设计

交叉设计是指处理因素在不同个体和期别间进行对调，即在同一个实验中将实验单位分期进行，交叉反复 2 次以上的实验设计方法，也称为反转实验设计。

在畜禽的饲养实验中，当选择遗传及生理等方面相同或相似的实验动物较困难时，为了提高实验的精确度，常采用交叉设计法。常用的有 2×2 和 2×3 交叉设计。

例如：研究尿素对泌乳奶牛的饲用价值，可设置对照料 a_1 和尿素配合饲料 a_2 2 个处理，选择各方面条件相近的奶牛 6 头，随机分为 b_1 和 b_2 两组，每组 3 头，预试期为 1 周，实验期分为Ⅰ和Ⅱ两期，可采用 2×2 交叉设计，设计方案见表 29-7。

表 29-7　2×2 交叉实验设计方案

组别	期别	
	Ⅰ	Ⅱ
b_1	a_1	a_2
b_2	a_2	a_1

这种方法的优点是可消除个体和期别间的误差，能用较少的实验动物获得较高的精度。但必须满足这些条件：①忽略因子间的交互作用；②没有处理残效；③2 组试畜头数应相等。

(六)正交试验设计

正交试验设计是利用正交表安排和分析多因素实验的一种设计方法。

在畜禽的饲养实验中，当需要考查多个因子，每个因子又想考查多个水平时，如果按复因子实验设计处理组较多，并且某些因子的某些水平又没有多大必要，可考虑使用正交试验设计。

该设计的特点是在实验的全部水平组合中有规律地选取具有代表性的部分组合进行实验，即用部分实验来代替全面实验，通过对部分实验结果的分析，了解全面实验的情况。它是安排多因素实验、寻求最优水平组合的一种高效率实验设计方法，既考虑了多因子多水平，又不扩大实验规模。

正交试验设计的实施依据是根据选定的因子和水平数，合理选择正交试验表，然后按表列出实验方案，并使用正确的统计分析方法。由于多因子的交互作用随着因素的增加而逐渐变小，所以 3 个因素以上的正交试验一般不考虑交互作用。

正交试验设计适用于多因素、多指标、实验周期较长、实验误差较大的实验，尤其适用于研究营养物质间的合理配比。

例如：研究仔猪对消化能(A)、粗蛋白质(B)和赖氨酸(C)的营养需要，则消化能、蛋白质和赖氨酸为 3 个因素，每个因素设 3 个水平。采用正交试验设计的步骤如下。

1. 确定因素和水平

仔猪对消化能、粗蛋白质和赖氨酸营养需要的研究因素水平见表 29-8。

表 29-8　实验因素水平

水平	因素		
	消化能	粗蛋白质	赖氨酸
1	A_1	B_1	C_1
2	A_2	B_2	C_2
3	A_3	B_3	C_3

2. 选用合适的正交表

根据确定的因素和水平以及交互作用，选用合适的正交试验表。本研究有 3 个因素和 3 个水平，如果不考虑交互作用，可选用 L9(34)正交试验表，即该研究需要设计 9 个实验组。

3. 表头设计

选好正交试验表后，就可以将确定的因素及相互作用分别排入正交试验表的表头和适当的列上。本研究不考虑相互作用，可将消化能、粗蛋白质、赖氨酸依次安排在 L9(34)正交试验表的 1～3 列上，第 4 列为空列，见表 29-9。

表 29-9　正交试验表头设计

列号	1	2	3	4
因素	A	B	C	

4. 列出实验方案

将选择的正交试验表中各因素的每列中的每个数字依次换成该因素的实际水平，即可得到正交试验设计方案，见表 29-10。

表 29-10　正交试验设计方案

组号	因素		
	消化能	粗蛋白质	赖氨酸
1	A_1	B_1	C_1
2	A_1	B_2	C_2
3	A_1	B_3	C_3
4	A_2	B_1	C_2
5	A_2	B_2	C_3
6	A_2	B_3	C_1
7	A_3	B_1	C_3
8	A_3	B_2	C_1
9	A_3	B_3	C_2

表 29-10 中共有 9 个实验(处理)组，每组消化能、粗蛋白质、赖氨酸的水平为与组号相对应的横排上的 3 个水平，如 1 组为 A_1、B_1、C_1；2 组为 A_1、B_2、C_2；…；9 组为 A_3、B_3、C_2。

三、饲养实验注意事项

在评定饲料营养价值、筛选高效饲料配方、研究动物营养需要、比较饲养方式的优劣和鉴别动物生产性能等方面，饲养实验法历来是最常用、最可靠的一种研究手段。由于饲养试验的结果最终要推广到生产实践中去，因此，实验结果的可靠性和重演性是至关重要的两方面。从实验设计到统计分析，任何一个环节失误都会产生严重的后果。在进行饲养实验前要充分考虑生物统计对实验设计的要求。这样，可根据实验目的、试畜情况以及环境条件等，制订适宜可行的实验设计方案。针对目前动物饲养实验中存在的问题，进行饲养实验应注意以下几方面。

①进行饲养实验时，对于实验动物的选择、实验设计、测定指标及测定方法、数据处理等应按照规范的方法进行。

②实验设计要在充分调查的基础上进行。根据生产中存在的问题，要在对实验的目的、任务进行仔细分析的基础上，确定对实验指标影响较大的关键因素并进行研究。一个实验中研究的因素不宜过多，否则，干扰因素难以控制。

③根据不同课题和因素的特点及动物的反应能力确定因素的水平。水平的数目要适当，过多会增加处理数，过少会漏掉一些好的信息，致使结果分析不全面。根据因素的特点合理设置水平间的差异。各因素水平的排列一般可采用等差法、等比法或随机法3种方法。

④实验设计时必须考虑设立比较标准的对照。畜禽饲养实验的目的是通过比较来鉴定不同处理的优劣，因此，应根据实验的目的和内容，选择不同的对照形式，如以空白作对照、不同处理互为对照、与正常(标准)值作对照、自身作对照等。

⑤应将设计方法、选择指标与统计分析有机地结合起来。根据实验的目的、实施条件、精度要求等确定设计方法，要反复考虑所用方法的可能性和现实性。

指标的选取应满足：合理性、正确性、特异性和客观性；灵敏、无偏技术上可靠；能分级，能与其他指标配合，有主次之分。

对数据的统计处理持客观、主动的态度。统计分析要和设计目的及方法相互配合，明确所用方法要达到的目的是什么，能否充分肯定或否定假设，能否合理地解释实验现象等。

⑥实验动物的一致性对实验的成功至关重要。实验动物力求均匀一致。为了选择各方面条件一致的动物，最好从母畜配种时就考虑其血缘、体况一致性及产子时间的同步性，同时保证有足够数量的母畜配种，以便提供较多的一致性较强的实验动物。

饲养实验一般要设置预试期，使实验动物适应环境，对不合适的动物进行调整或淘汰，为正式实验做好准备。预试期的长短可根据具体情况，根据相关规定而定。

实验动物的数量要按有关规定确定，一般预试期的动物数量要多于正试期。

⑦除了保证实验动物的一致性，为了遵循"唯一差异的原则"，实验的环境，如温度、湿度、通风、光照等也应尽量一致。在安排实验动物时，尽可能在不同的环境区安排有每个处理的一个或几个重复。

⑧实验饲粮要符合实验设计的要求。配制饲粮的原料要标准，并要准确测定其各种营养成分的含量。如果实验时间较长，实验饲粮需要配制多次时，所需原料要一次备齐，并要妥善保管，防止变质。

在确定动物的必需营养因子或确定某种养分的最低需要量时，为了配制除了被考查的营养因素外，其他的营养物质都满足需要的实验饲粮，采用纯合饲粮或半纯合饲粮。纯合饲粮所有的成分都是由纯的营养素组成，如合成氨基酸、淀粉、葡萄糖等，成本较高。为了克服这些缺点，只要能满足实验的要求，可采用部分天然饲料、部分纯化饲料的半纯合饲粮。

⑨根据实验的目的，一般要对一些指标进行观察和测定。指标的测定尽量选用规范的方法，如国家标准方法，并且操作要规范、准确。如体重一般是在早上空腹时测定，每次称重均应在同一时刻。各种指标测定的结果要注意做好记录。

⑩饲养方式，可设计为动物群饲或单饲。群饲较适合于小动物，实验动物采食较多的饲料，生产性能较高，节省人力、物力。但每头(只)动物的耗料无法准确统计，只能获得平均数。有时可能引起动物采食不均，增大组内误差。单饲能避免群饲的缺点，但采食量可能不足，并且实验动物体重间均匀度不够理想时，会增大组内误差。

⑪饲养实验中饲粮可采用任食和限食的饲喂方式。确定动物的营养需要、比较饲粮的差异以及其他非营养因素对生产性能的影响等饲养实验，多采用任食的方式。限食多用于评定饲料中养分的利用率和考查采食量的影响因素等饲养实验。

作业题

1. 某猪场有体重 10 kg 左右的仔猪 30 头，想利用其考查某种添加剂的效果，应怎样进行实验设计？

2. 欲研究添加 0.1％赖氨酸和 0.1％蛋氨酸对 A 品种和 B 品种的肉仔鸡（各 60 只）生产性能的影响，试用列表表示应如何安排分组？

3. 用 5 窝出生日期相近的仔猪，每窝 4 头，来比较 4 种不同饲料配方对仔猪增重的影响，试写出实验方案。

4. 欲利用拉丁方设计，研究添加 0.1％、0.2％、0.3％、0.4％的某种酶制剂，对 4 头奶牛产奶量的影响，试写出实验设计的步骤。

5. 为了确定 10～20 kg 体重的仔猪日粮中赖氨酸、蛋氨酸、苏氨酸的最适比例，应采用哪种实验设计方法？试写出实验方案。

思考题

1. 饲养实验设计的要求有哪些？应遵循的原则是什么？

2. 饲养实验设计的方法有哪些？各有何特点？

第二节　动物体外实验

实验三十　饲料养分体外消化率的测定（胃蛋白酶-胰酶两步法）

一、目的和要求

本实验要求学生掌握应用胃蛋白酶-胰酶两步法测定猪饲料养分的体外消化率的原理和方法。

二、原理

在体外条件下，模拟畜禽消化道的消化过程，根据畜禽的消化生理特性选择适宜的消化条件。猪饲料中的养分除粗纤维外，基本都在消化道前端完成消化，因此，该测定方法主要模拟猪的胃和小肠的内环境（肠道 pH、温度、消化酶的分泌、胃肠的运动、养分的吸收等参数）。首先用胃蛋白酶在酸性条件下完成饲料在胃内的消化过程，再用胰酶完成在小肠内的消化过程，剩下的残渣即为不能消化的饲料养分，以测定猪饲料干物质、有机物质（蛋白质消化率的测定用胰蛋白酶）和能量等的体外消化率。

三、仪器设备

①恒温水浴摇床：温度可控制在 20～50 ℃，转速可调（150～300 r/min）。

②定氮仪器、设备：同饲料中粗蛋白质的测定（实验四）。

③分析天平：感量 0.000 1 g。

④电热恒温干燥箱：可控制温度在（130±2）℃。

⑤具塞三角烧瓶:250 mL。

⑥布氏漏斗。

⑦定量滤纸:快速。

四、试剂和材料

①0.1 mol/L pH 为 6 的 PBS 缓冲液:称取 12.3 g 磷酸氢二钠与 87.7 g 磷酸二氢钠,溶解、定容到 1 000 mL 容量瓶中。

②0.2 mol/L pH 为 6.8 的 PBS 缓冲液:称取 49 g 磷酸氢二钠与 51 g 磷酸二氢钠,溶解、定容到 1 000 mL 容量瓶中。

③0.1 mol/L 盐酸:量取 9 mL 盐酸溶于 1 000 mL 水中,摇匀。

④0.2 mol/L 盐酸:量取 18 mL 盐酸溶于 1 000 mL 水中,摇匀。

⑤1 mol/L 盐酸:量取 9 mL 盐酸溶于 100 mL 水中,摇匀。

⑥0.6 mol/L 氢氧化钠溶液:称取 25 g 氢氧化钠溶于 1 000 mL 水中。

⑦1 mol/L 氢氧化钠溶液:称取 40 g 氢氧化钠溶于 1 000 mL 水中。

⑧50 g/L 胃蛋白酶溶液:准确称取 5 g 胃蛋白酶溶于 100 mL 0.1 mol/L 盐酸溶液中。

⑨200 g/L 胰酶溶液:准确称取 20 g 胰酶溶于 100 mL 0.2 mol/L pH 为 6.8 的 PBS 缓冲液中。

⑩0.5%氯霉素乙醇溶液(0.5 mg/mL 乙醇):称取 50 mg 氯霉素溶解于 100 mL 乙醇中。

⑪20%磺基水杨酸溶液(200 g/L):准确称取 200 g 磺基水杨酸溶于 1 000 mL 蒸馏水中。

⑫1%磺基水杨酸溶液(1 g/100 mL):准确称取 10 g 磺基水杨酸溶于 1 000 mL 蒸馏水中。

⑬乙醇。

⑭丙酮。

⑮定氮试剂:同饲料中粗蛋白质的测定(实验四)。

五、操作步骤

1. 试样的选取与制备

选取具有代表性的试样,用四分法缩分至 200 g,然后粉碎至全部过 40 目筛,混合均匀后装于密封容器,保存备用,防止试样成分的变化或变质。

2. 胃蛋白酶处理过程

①准确称取 1~5 g(m_1)(精确至 0.000 1 g)试样于 100 mL 锥形瓶中,每个样品做 2 个平行测定。

②加入 25 mL PBS 缓冲液(0.1 mol/L,pH=6),并放入磁棒温和搅拌。

③加入 10 mL 0.2 mol/L 盐酸溶液,用 1 mol/L 盐酸溶液或 1 mol/L 氢氧化钠溶液调整 pH 至 2。

④加入 1 mL 新鲜的胃蛋白酶溶液(内含 50 mg 胃蛋白酶)。

⑤加入 0.5 mL 氯霉素溶液,防止微生物的生长。

⑥加橡胶盖后,置于 39 ℃的恒温水浴振荡器中(120 r/min),消化 4 h,模拟饲料在胃内的消化。

3. 胰酶处理过程

①胃蛋白酶处理结束后，取下锥形瓶，加入 10 mL PBS 缓冲液（0.2 mol/L，pH=6.8）。

②加入 5 mL 0.6 mol/L 氢氧化钠溶液，并用 1 mol/L 盐酸溶液或 1 mol/L 氢氧化钠溶液调整 pH 至 7。

③加入 1 mL 新鲜的胰酶溶液（内含 200 mg 胰酶）。

④加橡胶盖后，置于 39 ℃的恒温水浴振荡器中（120 次/min），消化 4 h。

4. 残渣收集

①消化结束后，从恒温摇床上取下锥形瓶，加入 5 mL 20%磺基水杨酸溶液，室温放置 30 min，以沉淀未消化的蛋白质。

②真空抽滤。

③将锥形瓶中的残渣用 1%磺基水杨酸溶液完全冲洗到预先铺有已知质量的无氮滤纸的抽滤漏斗上，真空抽滤。

④用 10 mL 乙醇冲洗残渣 2 次。

⑤用 10 mL 丙酮冲洗残渣 2 次并抽干。

⑥将残渣连同已知质量的无氮滤纸置于 105 ℃烘箱中烘至恒重。

⑦称重，计算残渣的质量（m_2）。

5. 养分含量的测定

测定上述烘干残渣中粗蛋白质等养分含量（α_2）。同时，称取未消化试样，测定其粗蛋白质等养分含量（α_1）。

六、结果和数据处理

饲料中某养分的体外消化率 X（%）按照公式（30-1）计算。

$$X=\frac{m_1\alpha_1-m_2\alpha_2}{m_1\alpha_1}\times 100\% \qquad (30\text{-}1)$$

式中：m_1 为饲料样本质量，g；α_1 为饲料中某养分含量，%；m_2 为样本残渣质量，g；α_2 为样本残渣中某养分含量，%。

所得结果保留至小数点后 2 位。

七、注意事项

①注意配制胃蛋白酶溶液和胰酶（蛋白质消化率的测定用胰蛋白酶）时应保证酶的浓度，并现用现配，以保证酶的活性。

②制备样品时应选用具有代表性的试样，并保证粉碎粒度，要求全部通过 40 目的筛。

③在样品消化时应注意勿使样品附着瓶壁不与酶液接触，必要时可采取适当措施，使其浸入酶液，但不可使用蒸馏水冲洗，以防酶液浓度下降，对测定结果产生影响。

思考题

1. 简述胃蛋白酶-胰酶两步法测定猪饲料养分体外消化率的原理。
2. 简述胃蛋白酶-胰酶两步法测定猪饲料养分体外消化率的基本步骤。

实验三十一　饲料养分体外消化率的测定(模拟口腔-胃-小肠消化实验)

一、目的和要求

通过体内消化实验测定饲料营养物质的消化率可以较准确地评定饲料的营养价值,但体内消化实验耗时、费力、成本较高,而体外消化实验相比于体内消化实验具有简单、快捷、重复性好等特点,并与体内消化实验测定结果有较强的一致性,可为不同饲料营养价值的比较提供可靠依据。

本实验旨在让学生掌握体外消化实验的原理和方法,并通过体外消化实验测定饲料养分的消化率,了解不同饲料的可消化性,为评定饲料营养价值提供实验依据。

二、原理

用唾液淀粉酶、胃蛋白酶、胃脂肪酶、胰酶和胆盐模拟饲料在猪口腔、胃和小肠中的消化过程,估测饲料营养物质的消化率。首先用唾液淀粉酶模拟饲料在口腔中的消化,再利用胃蛋白酶、胃脂肪酶在酸性条件下模拟饲料在胃中的消化过程,然后再用胰酶和胆碱在中性条件下继续消化,完成饲料在小肠中的模拟消化,最后用磺基水杨酸分离已消化养分和未消化养分,测定饲料养分的消化率。

三、仪器设备

①分析天平。
②恒温水浴振荡器。
③涡旋混合器。
④酸度计。
⑤真空泵。
⑥离心管:50 mL。
⑦布氏漏斗:10 cm。

四、试剂和材料

①储备液、模拟唾液(simulated saliva fluid,SSF)、模拟胃液(simulated gastric fluid,SGF)和模拟肠液(simulated intestinal fluid,SIF)按照表 31-1 配制。

表 31-1　浓缩模拟消化液的配制

物质	储备液 /(g/L)	储备液 /(mol/L)	配制 0.4 L SSF (1.25×)需储备液体积/mL	配制 0.4 L SGF (1.25×)需储备液体积/mL	配制 0.4 L SIF (1.25×)需储备液体积/mL
KCl	37.3	0.5	15.1	6.9	6.8
KH_2PO_4	68	0.5	3.7	0.9	0.8
$NaHCO_3$	84	1	6.8	12.5	42.5

续表 31-1

物质	储备液 /(g/L)	储备液 /(mol/L)	配制 0.4 L SSF(1.25×)需储备液体积/mL	配制 0.4 L SGF(1.25×)需储备液体积/mL	配制 0.4 L SIF(1.25×)需储备液体积/mL
NaCl	117	2	—	11.8	9.6
$MgCl_2(H_2O)_6$	30.5	0.15	0.5	0.4	1.1
$(NH_4)_2CO_3$	48	0.5	0.06	0.5	—
HCl	—	6	0.09	1.3	0.7
$CaCl_2(H_2O)_2$*	44.1	0.3	—	—	—

注：* 配制浓缩模拟消化液时不加入 $CaCl_2(H_2O)_2$，进行消化实验时再加入。

②滤纸。

③pH 试纸。

④帕拉胶。

五、操作步骤

1. 试剂的准备

①取足量的 SSF(1.25×)、SGF(1.25×)、SIF(1.25×)于恒温振荡水浴锅中预热至 37 ℃。

②在消化实验前准备好所需的酶和胆盐溶液。将唾液淀粉酶、胃蛋白酶、胃脂肪酶、胰酶、胆盐从－20 ℃冰箱中取出放入冰盒内。其中唾液淀粉酶、胃蛋白酶、胃脂肪酶用预冷的蒸馏水溶解，胰酶和胆盐用预冷的 SIF(1.25×)溶解(消化酶需要用预冷后的溶剂进行溶解，溶解后于冰盒内保存，避免消化酶失活)。

③体外模拟消化各成分及用量如表 31-2 所示。

表 31-2　体外模拟消化各成分及用量

项目	成分	口腔(SSF)(2 min,37 ℃)	胃(SGF)(2 h,37 ℃)	小肠(SIF)(2 h,37 ℃)
组成	饲料或食糜	5 g 饲料	10 mL 口腔消化食糜	20 mL 胃消化食糜
	浓缩模拟消化液(1.25×)/mL	4	8	8
	$CaCl_2(H_2O)_2$(0.3 mol/L)/mL	0.025	0.005	0.04
	消化酶或胆汁溶液*	0.75 mL 唾液淀粉酶	0.667 mL 胃蛋白酶、0.48 mL 胃脂肪酶	5 mL 胰酶制剂中胰蛋白酶、3 mL 胆盐
	蒸馏水/mL	0.225	0.448	3.16
	5 mol/L HCl(调 pH)/mL	—	0.4	—
	5 mol/L NaOH(调 pH)/mL	—	—	0.8
	终体积/mL	10	20	40

续表 31-2

项目	成分	口腔(SSF)(2 min,37 ℃)	胃(SGF)(2 h,37 ℃)	小肠(SIF)(2 h,37 ℃)
模拟消化液成分	消化酶活性或胆盐浓度(占总消化产物)	75 U/mL 唾液淀粉酶	2 000 U/mL 胃蛋白酶、60 U/mL 胃脂肪酶	100 U/mL 胰酶制剂中胰蛋白酶、10 mmol/L 胆盐
	pH	7	3	7
	KCl/(mmol/L)	15.1	6.9	6.8
	KH_2PO_4/(mmol/L)	3.7	0.9	0.8
	$NaHCO_3$/(mmol/L)	13.6	25	85
	NaCl/(mmol/L)	—	47.2	38.4
	$MgCl_2(H_2O)_6$/(mmol/L)	0.15	0.12	0.33
	$(NH_4)_2CO_3$/(mmol/L)	0.06	0.5	—
	HCl/(mmol/L)	1.1	15.6	8.4
	$CaCl_2(H_2O)_2$/(mmol/L)	1.5	0.15	0.6

注：* 唾液淀粉酶活性为 100 U/mg,预冷蒸馏水溶解配制溶液浓度为 10 mg/mL;胃蛋白酶活性为 3 000 U/mg,预冷蒸馏水溶解配制溶液浓度为 20 mg/mL;胃脂肪酶活性为 25 U/mg,预冷蒸馏水溶解配制溶液浓度为 100 mg/mL;胰酶制剂中胰蛋白酶活性为 6 U/mg(200 U/mg),预冷的 1.25×电解质溶液溶解配制溶液浓度为 133.3 mg/mL(4 mg/mL);胆盐浓度为 0.667 mmol/g,1.25×电解质溶液溶解配制溶液浓度为 200 mg/mL。

2. 模拟口腔消化

①称取 5 g 粉碎过 40 目筛的待测试样于 50 mL 离心管中。

②向离心管中加入预热后的 SSF(1.25×)电解质溶液 4 mL。

③加入 0.3 mol/L $CaCl_2(H_2O)_2$ 溶液,使其在 SSF 中的最终浓度达到 1.5 mmol/L。

④加入 0.75 mL 唾液淀粉酶溶液使其在最终消化混合物中酶活性达到 75 U/mL。

⑤再加入蒸馏水将 SSF 稀释至 1×工作浓度,使 SSF(1.25×)、$CaCl_2(H_2O)_2$、酶溶液、蒸馏水总体积达到 5 mL,即 SGF(1×)消化液与饲料样本的最终比例为 1∶1(质量比),饲料样本与消化液总体积约为 10 mL,用涡旋混匀仪充分混匀。

⑥用封口膜封口后,将消化管放入恒温水浴振荡器,于 37 ℃条件下 120 r/min 振荡孵育 2 min。

3. 模拟胃消化

①取出离心管,加入预热后的 SGF(1.25×)电解质溶液 8 mL。

②用 5 mol/L HCl 溶液调整 pH 至 3。

③加入 0.03 mol/L $CaCl_2(H_2O)_2$ 溶液,使其在 SGF 中的最终浓度达到 0.15 mmol/L。

④加入胃蛋白酶和胃脂肪酶溶液,使最终消化混合物中胃蛋白酶活性为 2 000 U/mL,胃脂肪酶活性为 60 U/mL。

⑤再加入蒸馏水将 SGF 稀释至 1×工作浓度。使 SGF(1.25×)、$CaCl_2(H_2O)_2$、酶溶液、HCl 溶液、蒸馏水总体积达到 10 mL,即 SGF(1×)与口腔消化产物最终比例为 1∶1(体积比),用涡旋混匀仪充分混匀。

⑥用封口膜封口后，将消化管放入恒温水浴振荡器，于 37 ℃条件下 120 r/min 振荡孵育 120 min。

4. 模拟小肠消化

①待模拟胃液消化结束后取出离心管，用 5 mol/L NaOH 溶液将胃模拟消化产物 pH 调至 7，使胃蛋白酶失活，结束胃期消化。

②加入预热后的 SIF(1.25×)电解质溶液 8 mL。

③加入 0.03 mol/L $CaCl_2(H_2O)_2$ 溶液，使其在 SIF 中的最终浓度达到 0.6 mmol/L。

④加入胰酶和胆盐溶液，使最终消化混合物中胰蛋白酶的活性达到 100 U/mL，胆盐浓度达到 10 mmol/L。

⑤加入蒸馏水将 SIF 稀释至 1×工作浓度，使 SIF(1.25×)、$CaCl_2(H_2O)_2$、酶和胆盐溶液、NaOH 溶液、蒸馏水总体积达到 20 mL，即 SIF(1×)与胃消化产物最终比例为 1∶1(体积比)。用涡旋混匀仪将消化管内样品充分混匀。

⑥用封口膜封口后，将消化管放入恒温水浴振荡器，于 37 ℃条件下 120 r/min 振荡孵育 120 min。

5. 消化残渣收集

①消化结束后，加入 5 mL 20%磺基水杨酸溶液，室温沉淀 30 min，以沉淀未消化蛋白质。

②取布氏漏斗，铺上已知质量的无氮滤纸，然后将离心管中的消化产物用 0.1%磺基水杨酸溶液转移至漏斗中，再用蒸馏水反复冲洗离心管，将残渣全部转移至布氏漏斗，抽滤。

③用 10 mL 乙醇冲洗残渣 2 次，再用 10 mL 丙酮冲洗残渣 2 次，抽干。

④将剩余残渣用滤纸包好，于 105 ℃烘干至恒重，称量滤纸包的绝干重量。

6. 养分含量的测定

测定上述烘干残渣中粗蛋白质等养分含量。同时称取未消化试样，测定其粗蛋白质等养分含量。

六、结果和数据处理

每个试样做两个平行测定，饲料中某养分体外消化率 X(%)按照公式(31-1)计算。

$$X=\frac{m_1\alpha_1-m_2\alpha_2}{m_1\alpha_1}\times 100\% \quad (31\text{-}1)$$

式中：m_1 为饲料样本重，g；α_1 为饲料中某养分含量，%；m_2 为样本残渣重，g；α_2 为样本残渣中某养分含量，%。

所得结果保留至小数点后 2 位。

思考题

1. 简述模拟口腔-胃-小肠消化实验测定猪饲料养分消化率的原理。
2. 简述模拟口腔-胃-小肠消化实验测定猪饲料养分消化率的基本步骤。

实验三十二　猪饲料营养物质小肠模拟吸收实验

一、目的和要求

通过体外培养猪小肠上皮细胞，构建营养物质（小肽、氨基酸、葡萄糖）的体外吸收模型，再对营养物质进行定性定量分析，从而测定小肠上皮细胞对营养物质的吸收转运能力。

本实验要求学生了解和认识营养物质在小肠上皮细胞的吸收转运过程，掌握饲料营养物质小肠模拟吸收实验的原理和方法。

二、原理

小肠可分为十二指肠、空肠和回肠。小肠壁由内向外分为黏膜层、黏膜下层、肌层和浆膜层，其中黏膜层包括黏膜上皮、固有膜和黏膜肌层。小肠黏膜上皮主要由上皮细胞和分散其间的杯状细胞组成，是动物营养物质吸收的主要部位。上皮细胞具有吸收和转运营养物质的功能。

饲料中营养物质经小肠上皮细胞转运途径有两种：一种是通过细胞膜的经细胞转运途径，另一种是通过细胞间隙的细胞旁通路。一些小分子营养物质，如水、离子等小分子物质可通过扩散的方式经细胞间隙进入血液，但水溶性的大分子营养物质，如氨基酸、葡萄糖等则需要由专门的转运蛋白介导其经细胞转运。在肠道吸收营养物质的过程中，上皮细胞上的转运载体发挥着重要的作用。

传统理论认为，蛋白质营养实质上是氨基酸营养，蛋白质只有被消化成氨基酸后才能被吸收利用。然而，蛋白质经胃肠道消化后，除了以氨基酸形式吸收外，更多以小分子肽的形式直接吸收。在吸收转运过程中，一部分小肽以完整形式通过肠上皮细胞，而另一部分小肽会被多种胞质水解酶逐步水解成氨基酸。氨基酸和小分子肽的转运均为需要载体蛋白介导的主动转运过程。

饲料中的淀粉经消化后水解为葡萄糖，葡萄糖是大多数哺乳动物的能量来源。它在小肠上皮细胞的吸收转运是载体介导的主动转运过程。饲料中的葡萄糖从肠腔进入肠上皮细胞主要通过钠离子/葡萄糖共转运载体来实现。

本实验利用猪小肠上皮细胞（IPEC-J2）通过 Transwell 嵌套小室构建体外吸收模型，基本原理就是将 Transwell 嵌套小室放入培养板中，小室内称为上室，培养板内称为下室，上、下室以 Transwell 膜相隔。将猪小肠上皮细胞（IPEC-J2）接种于膜上，待形成致密的单细胞层后，在上室加入含营养物质的培养基，培养一定时间后，检测下室培养基中的营养物质含量，借此测定营养物质的吸收率。

三、仪器设备

①Millicell ERS-2 电压电阻仪。

②Millicell 24 孔插入式细胞培养板。

③倒置显微镜。

④微量酶标仪。

四、试剂和材料

①胎牛血清。

②DMEM/F12 培养基。

③双抗：即青霉素-链霉素混合液（100×）。

④BCA 蛋白浓度测定试剂盒。

五、方法和步骤

（一）IPEC-J2 的培养方法

利用 T25 细胞培养瓶（底面积为 25 cm^2）复苏 IPEC-J2 细胞，加入 5 mL 完全培养基（90% DMEM/F12＋10%胎牛血清＋1%双抗），在 5% CO_2、饱和湿度、37 ℃细胞培养箱内进行培养，定期利用倒置显微镜观察细胞的生长状态，待呈单层铺路石状，且状态良好，便可以进行实验。

（二）体外吸收实验

①首先将 Transwell 嵌套（直径为 12 mm，膜生长面积为 1.12 cm^2，膜孔径为 0.4 μm），放在 12 孔细胞培养板中，将细胞接种于 Transwell 嵌套膜上，在细胞培养小室的顶侧（apical side，AP）和基底侧（basolateral side，BL）分别加入 0.5 mL 和 1.5 mL 细胞培养液。置于细胞培养箱中培养，1～2 d 换液一次。如果使用 PET 膜的 Transwell 嵌套培养细胞，可置于倒置显微镜下观察细胞生长状态，监测细胞单层的形成。

②利用细胞电阻仪测定跨上皮细胞电阻（transepithelial electrical resistance，TEER），具体方法见下文④。随着培养时间的推移，TEER 值逐渐升高，直至达到最大值不再升高，保持稳定，跨膜电阻值曲线形成一个稳定的平台，开始进行正式吸收实验。

③进行正式吸收实验时，首先弃去原培养液，在 Transwell 嵌套小室顶侧（AP）加入 0.5 mL 含不同浓度营养物质的培养液，在基底侧（BL）加入 1.5 mL 培养基，培养 24 h。另设置一个空白对照组，空白对照顶侧（AP）和基底侧（BL）只加入培养液。分别收取小室顶侧和基底侧溶液，放入－80 ℃低温冰箱中保存，以备后续分析。

④TEER 的测定：将电阻仪电极放入 70%酒精中浸泡 15 min 灭菌后自然风干，浸泡于培养基中平衡 15 min。将电极垂直插入 Transwell 嵌套小室中，短端插入 AP 侧，长端插入 BL 侧，注意不要碰到细胞，以免破坏细胞单层膜完整性，待数值稳定后读数，记录电阻值。每孔测定 3 次，取其均值乘以 Transwell 的膜面积。按照公式（32-1）和公式（32-2）计算 TEER 值（Ω · cm^2）。

$$R_{细胞单层}=R_{样品}-R_{空白} \tag{32-1}$$

$$\text{TEER}=R_{细胞单层}\times A \tag{32-2}$$

式中：$R_{样品}$ 为实测电阻值，Ω；$R_{空白}$ 为测定空白（即没有接种细胞的小室）的电阻值，Ω；$R_{细胞单层}$ 为实际细胞单层的电阻值，Ω；A 为 Transwell 嵌套小室的底面积，cm^2。

⑤小肽的测定：利用质谱仪分析和鉴定 Transwell 嵌套小室顶侧（AP）和基底侧（BL）样本中小肽组分和含量，确定以完整形式通过细胞单层的小肽种类和数量。

⑥氨基酸含量的测定：采用氨基酸分析仪检测 Transwell 嵌套小室顶侧（AP）和基底侧

(BL)样本中氨基酸含量,确定各种氨基酸通过细胞单层的数量。

⑦葡萄糖含量的测定:Transwell 嵌套小室顶侧(AP)和基底侧(BL)样本中的葡萄糖含量利用高效液相色谱法或离子色谱法测定。利用高效液相色谱柱分离样本中的葡萄糖,利用视差折光检测器或蒸发发光散射检测器检测,外标法定量。或者利用离子色谱柱分离样本中的葡萄糖,利用脉冲安培检测器检测,外标法定量。

六、结果和数据处理

营养物质在小肠上皮吸收模型中的吸收率 X(%)按照公式(32-3)计算。

$$X=\frac{C_{下室}}{C_{上室}}\times 100\% \tag{32-3}$$

式中:$C_{下室}$为转运后下室中的营养物质的量,μg;,$C_{上室}$为转运前上室中的营养物质的量,μg。

以每个生物学重复为实验单位,计算营养物质小肠上皮细胞体外吸收率的平均值和标准差。分析结果有效位数为小数点后 2 位。根据实验目的和实验设计,采用相应的方法对实验数据进行统计分析。

思考题

1. 简述猪饲料营养物质小肠模拟吸收实验的原理。

2. 本实验中为什么要在跨膜电阻值达到最大值不再升高,跨膜电阻值曲线形成一个稳定的平台后开始进行正式吸收实验?

实验三十三　瘤胃饲料营养物质降解率的测定(体外发酵法)

一、目的和要求

本实验要求学生了解测定瘤胃饲料营养物质降解率的意义,熟练掌握应用体外发酵法测定瘤胃饲料营养物质降解率的原理和方法。

二、原理

将采集的反刍动物瘤胃液与缓冲液和底物混合,模拟瘤胃环境进行培养发酵,可用来测定瘤胃饲料营养物质的降解率。该方法不能模拟瘤胃食物内流、发酵终产物外移等生理活动,但因实验操作容易、装置简单、重现性好,仍被用来评定反刍动物饲料的营养价值。

三、仪器设备

①恒温水浴箱。

②CO_2 气瓶。

③发酵瓶:160 mL。

④坩埚。

四、试剂和材料

①溶液 A(微量元素溶液):称取 13.2 g $CaCl_2 \cdot 2H_2O$、10 g $MnCl_2 \cdot 4H_2O$、1 g $CoCl_2 \cdot 6H_2O$

和 8 g $FeCl_3 \cdot 6H_2O$ 溶解于蒸馏水中，并定容至 100 mL。

②溶液 B(缓冲液)：称取 4 g NH_4HCO_3 和 35 g $NaHCO_3$ 溶解于蒸馏水中，并定容至 1 000 mL。

③溶液 C(常量元素溶液)：称取 5.7 g Na_2HPO_4、6.2 g KH_2PO_4 和 0.6 g $MgSO_4 \cdot 7H_2O$ 溶解于蒸馏水中，并定容至 1 000 mL。

④溶液 D(0.1%刃天青溶液)：称取 100 mg 刃天青溶解于蒸馏水中，并定容至 100 mL。

⑤溶液 E(还原剂溶液)：称取 0.16 g NaOH 和 0.625 g $Na_2S \cdot 9H_2O$ 溶解于蒸馏水中，并定容至 100 mL，现用现配。

五、操作步骤

1. 瘤胃微生物培养液的配制

取 0.1 mL 溶液 A、200 mL 溶液 B、200 mL 溶液 C、1 mL 溶液 D 和 40 mL 溶液 E(现用现配)与 400 mL 蒸馏水充分混合均匀，通入 CO_2 至无色(刃天青溶液为厌氧指示剂，红色表示培养液中有游离氧存在，无色表示培养液呈厌氧状态)，加热至 39 ℃，并继续通入 CO_2 0.5～1 h。

2. 接种瘤胃液的采集

选择 3 头安装有永久性瘤胃瘘管且连续一周饲喂高粗日粮的牛(或羊)采集瘤胃液。晨饲 2 h 后采集瘤胃内容物，放置于 39 ℃预热、厌氧的塑料瓶内，迅速转移至实验室。在厌氧条件下，充分匀质化后用四层纱布过滤，用于接种。

3. 发酵过程

称取 1 g 发酵底物至发酵瓶中，并通入 CO_2 保持厌氧。将过滤后的瘤胃液与微生物培养液按照 1∶2 的比例混合均匀，取 100 mL 培养液分装于发酵瓶中。发酵瓶使用橡胶塞和铝盖密封后，放置于 39 ℃恒温水浴箱中恒温培养，定时摇匀。

4. 发酵样品的采集

发酵至终点时，采用冰浴发酵瓶终止发酵。将全部发酵液转移至 50 mL 离心管内，10 000 r/min 离心 5 min，将发酵残渣无损失转移至坩埚内，65 ℃烘干至恒重，测定营养物质的含量。

六、结果和数据处理

瘤胃饲料营养物质降解率 X(%)按照公式(33-1)计算。

$$X=\frac{m_1\alpha_1-m_2\alpha_2}{m_1\alpha_1} \tag{33-1}$$

式中：m_1 为放入发酵瓶底物的量，g；α_1 为底物中某营养物质的含量，%；m_2 为发酵残渣的量，g；α_2 为残渣某营养物质的含量，%。

七、注意事项

①在瘤胃液采集、处理及发酵过程中，均需保持严格厌氧。

②为保证发酵过程不受接种瘤胃液中未消化饲料颗粒的影响，接种瘤胃液一般选择晨饲 2 h 后采集。

③发酵时间为 12～72 h。饲料种类不同,其营养物质的降解速度不同,发酵时间应接近或等于最大降解时间。常用精饲料最长发酵时间为 48 h,粗饲料最长发酵时间为 72 h。

思考题

1. 本实验中常用饲料的发酵时间应为多少?
2. 本实验中还原剂溶液为什么需要现用现配?
3. 本实验在发酵过程中为什么需要定时摇匀培养液?

主要参考文献

[1] 陈代文．动物营养学实验指导[M]．北京：中国农业出版社，2017.

[2] 陈代文，余冰．动物营养学[M]．4 版．北京：中国农业出版社，2020.

[3] 冯仰廉．反刍动物营养学[M]．北京：科学出版社，2004.

[4] 金有顺，侯扶江．放牧家畜采食量的测定[J]．动物营养学报，2020，32(7)：3012-3030.

[5] 王丽娟，张永根．不同产地羊草蛋白质和氨基酸瘤胃降解特性及小肠消化率评定研究[J]．畜牧与兽医，2022，54(7)：35-42.

[6] 王恬，王成章．饲料学[M]．3 版．北京：中国农业出版社．2018.

[7] 王之盛，李胜利．反刍动物营养学[M]．北京：中国农业出版社，2016.

[8] 张丽英．饲料分析与饲料质量检测技术[M]．4 版．北京：中国农业大学出版社，2016.

[9] 中华人民共和国市场监督管理总局，中华人民共和国标准化管理委员会．饲料 采样：GB/T 14699—2023[S]．北京：中国标准出版社，2023.

[10] 中华人民共和国市场监督管理总局，中华人民共和国标准化管理委员会．饲料中粗蛋白的测定 凯氏定氮法：GB/T 6432—2018[S]．北京：中国标准出版社，2018.

[11] 中华人民共和国市场监督管理总局，中华人民共和国标准化管理委员会．饲料中粗纤维的含量测定：GB/T 6434—2022[S]．北京：中国标准出版社，2022.

[12] 中华人民共和国市场监督管理总局，中华人民共和国标准化管理委员会．饲料中中性洗涤纤维(NDF)的测定：GB/T 20806—2022[S]．北京：中国标准出版社，2022.

[13] 中华人民共和国市场监督管理总局，中华人民共和国标准化管理委员会．饲料中钙的测定：GB/T 6436—2018[S]．北京：中国标准出版社，2018.

[14] 中华人民共和国市场监督管理总局，中华人民共和国标准化管理委员会．饲料中总磷的测定 分光光度法：GB/T 6437—2018[S]．北京：中国标准出版社，2018.

[15] 中华人民共和国市场监督管理总局，中华人民共和国标准化管理委员会．饲料中水溶性氯化物的测定：GB/T 6439—2023[S]．北京：中国标准出版社，2023.

[16] 中华人民共和国市场监督管理总局，中华人民共和国标准化管理委员会．猪饲料真可消化氨基酸测定技术规程(简单 T 型瘘管法)：GB/T 40830—2021[S]．北京：中国标准出版社，2021.

[17] 中华人民共和国质量监督检验检疫总局，中华人民共和国标准化管理委员会．动物饲料试样的制备：GB/T 20195—2006[S]．北京：中国标准出版社，2006.

[18] 中华人民共和国质量监督检验检疫总局，中华人民共和国标准化管理委员会．饲料中水分的测定：GB/T 6435—2014 [S]．北京：中国标准出版社，2014.

[19] 中华人民共和国质量监督检验检疫总局，中华人民共和国标准化管理委员会．饲料中粗灰分的测定：GB/T 6438—2007[S]．北京：中国标准出版社，2007.

[20] 中华人民共和国质量监督检验检疫总局，中华人民共和国标准化管理委员会．饲料中粗脂肪的测定：GB/T 6433—2006[S]．北京：中国标准出版社，2006.

[21] 中华人民共和国质量监督检验检疫总局，中华人民共和国标准化管理委员会．饲料中酸性洗涤木质素(ADL)的测定:GB/T 20805—2006[S]. 北京:中国标准出版社,2006.

[22] 中华人民共和国质量监督检验检疫总局，中华人民共和国标准化管理委员会．饲料中盐酸不溶灰分的测定:GB/T 23742—2009[S]. 北京:中国标准出版社,2009.

[23] ADEDOKUN S A,PARSONS C M,LILBURN M S,et al. Standardized ileal amino acid digestibility of meat and bone meal from different sources in broiler chicks and turkey poults with a nitrogen-free or casein diet[J]. Poultry Science,2007,86(12):2598-2607.

[24] ADHIKARI P A, HEO J M, NYACHOTI C M. True and standardized total tract phosphorus digestibility in canola meals from Brassica napus black and Brassica juncea yellow fed to growing pigs[J]. Journal of Animal Science,2015,93(1):209-216.

[25] ALMEIDA F N, STEIN H H. Effects of graded levels of microbial phytase on the standardized total tract digestibility of phosphorus in corn and corn coproducts fed to pigs[J]. Journal of Animal Science,2012,90(4):1262-1269.

[26] CASAS G A,STEIN H H. Effects of microbial phytase on the apparent and standardized total tract digestibility of phosphorus in rice coproducts fed to growing pigs[J]. Journal of Animal Science,2015,93(7):3441-3448.

[27] KWON W B,KIM B G. Standardized total tract digestibility of phosphorus in various inorganic phosphates fed to growing pigs[J]. Animal Science Journal=Nihon chikusan Gakkaiho,2017,88(6):918-924.

[28] MCGHEE M L,STEIN H H. Effects of microbial phytase on standardized total tract digestibility of phosphorus in hybrid rye,barley,wheat,corn,and sorghum fed to growing pigs[J]. Translational Animal Science,2019,3(4):1238-1245.

[29] SON A R,SHIN S Y,KIM B G. Standardized total tract digestibility of phosphorus in copra expellers,palm kernel expellers,and cassava root fed to growing pigs[J]. Asian-Australasian Journal of Animal Sciences,2013,26(11):1609-1613.

附　录

附录 1　常用酸碱指示剂

附表 1-1　常用酸碱指示剂

指示剂	解离常数 (pK_a)	变色范围 (pH)	酸色	碱色	配制方法
百里酚蓝(麝香草酚蓝)	1.65	1.2～2.8	红色	黄色	1 g/L 的 20%乙醇溶液
甲基橙	3.4	3.1～4.4	红色	橙黄色	0.5 g/L 的水溶液
溴甲酚绿	4.9	3.8～5.4	黄色	蓝色	1 g/L 的 20%乙醇溶液或 0.1 g 指示剂溶于 2.9 mL 0.05 mol/L 的 NaOH 溶液，加水稀释至 100 mL
甲基红	5	4.4～6.2	红色	黄色	1 g/L 的 60%乙醇溶液
溴百里酚蓝(麝香草酚蓝)	7.3	6.2～7.3	黄色	蓝色	1 g/L 的 20%乙醇溶液
中性红	7.4	6.8～8	红色	黄橙色	1 g/L 的 60%乙醇溶液
百里酚蓝(第二变色范围)	9.2	8～9.6	黄色	蓝色	1 g/L 的 20%乙醇溶液
酚酞	9.4	8～10	无色	红色	5 g/L 的 90%乙醇溶液
百里酚蓝	10	9.4～10.6	无色	蓝色	1 g/L 的 90%乙醇溶液

附录 2　混合酸碱指示剂

附表 2-1　混合酸碱指示剂

指示剂组成	变色点(pH)	酸色	碱色	备注
1 份 1 g/L 甲基橙水溶液	4.1	紫色	绿色	灯光下可滴定
1 份 2.5 g/L 靛蓝二磺酸钠水溶液				
1 份 0.2 g/L 甲基橙水溶液	4.3	橙色	蓝紫色	pH 为 3.5 时呈黄色
1 份 1 g/L 溴甲酚绿钠盐水溶液				pH 为 4.05 时呈绿黄色；pH 为 4.3 时呈浅绿色
3 份 1 g/L 溴甲酚绿 20%乙醇溶液	5.1	酒红色	绿色	颜色变化明显
1 份 2 g/L 甲基红 60%乙醇溶液				
1 份 2 g/L 甲基红乙醇溶液	5.4	红紫色	绿色	pH 为 5.2 时呈红紫色

续附表2-1

指示剂组成	变色点(pH)	酸色	碱色	备注
1份1 g/L次甲基蓝乙醇溶液 1份1 g/L溴甲酚绿钠盐水溶液	6.1	黄绿色	蓝紫色	pH为5.4时呈暗蓝色；pH为5.6时呈绿色 pH为5.4时呈蓝绿色
1份1 g/L氯酚红钠盐水溶液 1份1 g/L溴甲紫钠盐水溶液	6.7	黄色	紫蓝色	pH为5.8时呈蓝色；pH为6时呈浅紫色；pH为6.2时呈蓝紫色 pH为6.2时呈黄紫色
1份1 g/L溴百里酚蓝盐水溶液 1份1 g/L中性红60%乙醇溶液	7	蓝紫色	绿色	pH为6.6时呈紫色；pH为6.8时呈蓝紫色 pH为7时呈蓝紫色，必须保存在棕色瓶中
1份1 g/L次甲基蓝60%乙醇溶液 1份1 g/L甲酚红钠盐水溶液	8.3	黄色	绿色	pH为8.2时呈玫瑰色
1份1 g/L百里酚蓝钠盐水溶液				pH为8.4时呈紫色
1份1 g/L百里酚蓝50%乙醇溶液 1份1 g/L酚酞50%乙醇溶液	9	黄色	紫色	pH为9时呈绿色

附录3 普通酸碱溶液的配制

附表3-1 普通酸碱溶液的配制

名称(分子式)	密度/(g/mL)	质量分数/%	近似浓度/(mol/L)	欲配溶液的浓度/(mol/L)			
				6	3	2	1
				配制1 L溶液所需要的体积(或质量)			
盐酸(HCl)	1.18～1.19	36～38(36.46)	12	540	270	180	90
硝酸(HNO_3)	1.39～1.4	65～68	15	381	191	128	64
硫酸(H_2SO_4)	1.83～1.84	95～98(98.08)	18	360	180	120	60
冰醋酸(HAc)	1.05	60.05	17	358	177	118	59
磷酸(H_3PO_4)	1.69	98	15	39	19	12	6
氨水($NH_3 \cdot H_2O$)	0.90～0.91	28	15	400	200	134	77
氢氧化钠(NaOH)		40		240	120	80	40
氢氧化钾(KOH)		56.11		336.6	68.3	112.2	56.1

附录 4　容量分析基准物质的干燥条件

附表 4-1　容量分析基准物质的干燥条件

基准物质	干燥温度和时间	基准物质	干燥温度和时间
碳酸钠(Na_2CO_3)	270～300 ℃,干燥 40～50 min	氯化物(NaCl)	500～650 ℃,干燥 40～50 min
草酸钠($Na_2C_2O_4$)	130 ℃,干燥 1～1.5 h	硝酸银($AgNO_3$)	室温,在硫酸干燥器中干燥至恒重
草酸($H_2C_2O_4 \cdot 2H_2O$)	室温,空气干燥 2 h	碳酸钙($CaCO_3$)	120 ℃,干燥至恒重
四硼酸钠($Na_2B_4O_7 \cdot 10H_2O$)	室温,放在盛有 NaCl 和蔗糖饱和溶液的干燥器中干燥 48 h 以上	氧化锌(ZnO)	800 ℃,灼烧至恒重
邻苯二甲酸氢钾($KHC_6H_4O_4$)	100～120 ℃,干燥至恒重	锌(Zn)	室温,在干燥器中干燥 24 h 以上
重铬酸钾($K_2Cr_2O_7$)	100～110 ℃,干燥 3～4 h	氧化镁(MgO)	800 ℃,灼烧至恒重

附录 5　化学试剂　滴定分析(容量分析)用标准溶液的制备

一、一般规定

①配制试剂所用水,在没有注明其他要求时,应符合《分析实验室用水规格和试验方法》(GB/T 6682—2008)中三级水的规格。

②所用试剂的纯度都在分析纯以上。

③工作中所用分析天平的砝码、滴定管、容量瓶和移液管均需定期校正。

④标定所用的基准试剂为容量分析工作基准试剂;制备标准溶液时所用试剂为分析纯以上试剂。

⑤所制备的标准溶液的浓度均指 20 ℃时的浓度。

⑥“标定”或“比较”标准溶液浓度时,平行实验不得少于 8 次,2 人各做 4 个平行,每人 4 个平行测定结果的极差(这组数据中最大值与最小值之间的差值)与平均值之比不得大于 0.1%。2 人测定结果的差值与平均值之比不得大于 0.1%,最终取 2 人测定结果的平均值。浓度值取 4 位有效数字。

⑦凡规定用“标定”或“比较”2 种方法测定浓度时,不得略去其中任何一种,且 2 种方法测得的浓度值之差与平均值之比不得大于 0.2%,以标定结果为准。

⑧制备标准溶液浓度与规定浓度之差不得大于 5%。

⑨配制浓度等于或低于 0.02 mol/L 标准溶液时,应于临用前将浓度高的标准溶液用煮沸并冷却的水稀释,必要时重新标定。

⑩碘量法反应时,溶液浓度不能过高,一般在 15～20 ℃时进行滴定。

⑪滴定分析(容量分析)用标准溶液在室温(15～25 ℃)下,保存时间一般不得超过 2 个月。

二、标准溶液的配制和标定

(一)氢氧化钠标准溶液

$c(NaOH)=1$ mol/L

$c(NaOH)=0.5$ mol/L

$c(NaOH)=0.1$ mol/L

1. 配制

称取 100 g 氢氧化钠,溶于 100 mL 水中,摇匀,注入聚乙烯容器,密闭放置至溶液清亮。按附表 5-1 吸取规定体积的上层清液,注入 1 000 mL 无二氧化碳的水中,摇匀。

附表 5-1 氢氧化钠标准溶液的配制

$c(NaOH)$/(mol/L)	氢氧化钠饱和溶液/mL
1	52
0.5	26
0.1	5

引自:《化学试剂 标准滴定溶液的制备》(GB/T 601—2016)。

2. 标定

(1)测定方法 按附表 5-2 称取规定量的于 105～110 ℃烘至恒重的基准邻苯二甲酸氢钾,精确至 0.000 1 g,溶于规定体积的无二氧化碳的水中,加 2 滴酚酞指示液(10 g/L),用配制好的氢氧化钠溶液滴定至溶液呈粉红色,同时做空白实验。

附表 5-2 氢氧化钠标准溶液的标定

$c(NaOH)$/(mol/L)	基准邻苯二甲酸氢钾/g	无二氧化碳的水/mL
1	6	80
0.5	3	80
0.1	0.6	50

引自:《化学试剂 标准滴定溶液的制备》(GB/T 601—2016)。

(2)计算 氢氧化钠标准溶液浓度按公式(1)计算。

$$c(NaOH)=(m\times 1\,000)/[(V_1-V_2)\times 204.22] \quad (1)$$

式中:$c(NaOH)$为氢氧化钠标准溶液物质的量浓度,mol/L;m 为邻苯二甲酸氢钾质量,g;V_1 为氢氧化钠溶液用量,mL;V_2 为空白实验氢氧化钠溶液用量,mL;204.22 为邻苯二甲酸氢钾的摩尔质量,g/mol。

3. 比较

(1)测定方法 按附表 5-3 量取 30～35 mL 规定浓度的盐酸标准溶液、50 mL 无二氧化碳的水及 2 滴酚酞指示液(10 g/L),用配制好的氢氧化钠溶液滴定,近终点时加热至 80 ℃,继续滴定至溶液呈粉红色。

附表 5-3　氢氧化钠标准溶液的浓度检验　mol/L

c(NaOH)	c(HCl)
1	1
0.5	0.5
0.1	0.1

引自:《化学试剂　标准滴定溶液的制备》(GB/T 601—2016)。

(2)计算　氢氧化钠标准溶液浓度按公式(2)计算。

$$c(\mathrm{NaOH})=V_1\times c_1/V \tag{2}$$

式中:c(NaOH)为氢氧化钠标准溶液物质的量浓度,mol/L;V_1 为盐酸标准溶液用量,mL;c_1 为盐酸标准溶液的物质的量浓度,mol/L;V 为氢氧化钠溶液用量,mL。

(二)盐酸标准溶液

c(HCl)=1 mol/L

c(HCl)=0.5 mol/L

c(HCl)=0.1 mol/L

1. 配制

按附表 5-4 量取下述规定体积的盐酸,注入 1 000 mL 水中,摇匀。

附表 5-4　盐酸标准溶液的配制

c(HCl)/(mol/L)	盐酸/mL
1	90
0.5	45
0.1	9

引自:《化学试剂　标准滴定溶液的制备》(GB/T 601—2016)。

2. 标定

(1)测定方法　按附表 5-5 称取规定量的于 270～300 ℃灼烧至恒重的基准无水碳酸钠,精确至 0.000 1 g,溶于 50 mL 水中,加 10 滴溴甲酚绿-甲基红混合指示液,用配制好的盐酸溶液滴定至溶液由绿色变为暗红色,煮沸 2 min,冷却后继续滴定至溶液呈暗红色。同时做空白实验。

附表 5-5　盐酸标准溶液的标定

c(HCl)/(mol/L)	基准无水碳酸钠/g
1	1.9
0.5	0.95
0.1	0.2

引自:《化学试剂　标准滴定溶液的制备》(GB/T 601—2016)。

(2)计算　盐酸标准溶液浓度按公式(3)计算。

$$c(\mathrm{HCl})=(m\times 1\,000)/[(V_1-V_2)\times 52.994] \tag{3}$$

式中：$c(HCl)$为盐酸标准溶液物质的量浓度，mol/L；m 为无水碳酸钠质量，g；V_1 为盐酸溶液用量，mL；V_2 为空白实验盐酸溶液用量，mL；52.994 为无水碳酸钠的摩尔质量，g/mol。

3. 比较

(1)测定方法　按附表 5-6 量取 30～35 mL 配制好的盐酸溶液，加入 50 mL 无二氧化碳的水及 2 滴酚酞指示液(10 g/L)，用规定浓度的氢氧化钠标准溶液滴定，近终点时加热至 80 ℃，继续滴定至溶液呈粉红色。

附表 5-6　盐酸标准溶液的浓度检验　mol/L

$c(HCl)$	$c(NaOH)$
1	1
0.5	0.5
0.1	0.1

引自：《化学试剂　标准滴定溶液的制备》(GB/T 601—2016)。

(2)计算　盐酸标准溶液浓度按公式(4)计算。

$$c(HCl)=V_1\times c_1/V \tag{4}$$

式中：$c(HCl)$为盐酸标准溶液物质的量浓度，mol/L；V_1 为氢氧化钠标准溶液用量，mL；c_1 为氢氧化钠标准溶液物质的量浓度，mol/L；V 为盐酸溶液用量，mL。

(三)硫酸标准溶液

$c(1/2H_2SO_4)=1$ mol/L

$c(1/2H_2SO_4)=0.5$ mol/L

$c(1/2H_2SO_4)=0.1$ mol/L

1. 配制

按附表 5-7 量取规定体积的硫酸，缓缓注入 1 000 mL 水中，冷却，摇匀。

附表 5-7　硫酸标准溶液的配制

$c(1/2H_2SO_4)$/(mol/L)	硫酸/mL
1	30
0.5	15
0.1	3

引自：《化学试剂　标准滴定溶液的制备》(GB/T 601—2016)。

2. 标定

(1)测定方法　按附表 5-8 称取规定量的于 270～300 ℃灼烧至恒重的基准无水碳酸钠，精确至 0.000 1 g，溶于 50 mL 水中，加 10 滴溴甲酚绿-甲基红混合指示液，用配制好的硫酸溶液滴定至溶液由绿色变为暗红色，煮沸 2 min，冷却后继续滴定至溶液再呈暗红色。同时做空白实验。

附表 5-8　硫酸标准溶液的标定

$c(1/2H_2SO_4)/(mol/L)$	基准无水碳酸钠/g
1	1.6
0.5	0.8
0.1	0.2

引自:《化学试剂　标准滴定溶液的制备》(GB/T 601—2016)。

(2)计算　硫酸标准溶液浓度按公式(5)计算。

$$c(1/2H_2SO_4)=(m\times 1\ 000)/[(V_1-V_2)\times 52.994] \quad (5)$$

式中:$c(1/2H_2SO_4)$为硫酸标准溶液物质的量浓度,mol/L;m 为无水碳酸钠质量,g;V_1 为硫酸溶液用量,mL;V_2 为空白实验硫酸溶液用量,mL;52.994 为无水碳酸钠的摩尔质量,g/mol。

3. 比较

(1)测定方法　按照附表 5-9 量取 30～35 mL 配制好的硫酸溶液,加入 50 mL 无二氧化碳的水及 2 滴酚酞指示液(10 g/L),用规定浓度的氢氧化钠标准溶液滴定,近终点时加热至 80 ℃,继续滴定至溶液呈粉红色。

附表 5-9　硫酸标准溶液的浓度检验　mol/L

$c(1/2H_2SO_4)$	$c(NaOH)$
1	1
0.5	0.5
0.1	0.1

引自:《化学试剂　标准滴定溶液的制备》(GB/T 601—2016)。

(2)计算　硫酸标准溶液浓度按公式(6)计算。

$$c(1/2H_2SO_4)=V_1\times c_1/V \quad (6)$$

式中:$c(1/2H_2SO_4)$为硫酸标准溶液物质的量浓度,mol/L;V_1 为氢氧化钠标准溶液用量,mL;c_1 为氢氧化钠标准溶液物质的量浓度,mol/L;V 为硫酸溶液用量,mL。

(四)碳酸钠标准溶液

$c(1/2Na_2CO_3)=1\ mol/L$

$c(1/2Na_2CO_3)=0.1\ mol/L$

1. 配制

按附表 5-10 称取规定量的无水碳酸钠,注入 1 000 mL 水中,摇匀。

附表 5-10　碳酸钠标准溶液的配制

$c(1/2Na_2CO_3)/(mol/L)$	无水碳酸钠/g
1	53
0.1	5.3

引自:《化学试剂　标准滴定溶液的制备》(GB/T 601—2016)。

2. 标定

(1)测定方法　按附表5-11量取30～35 mL配制好的碳酸钠溶液,加入下述规定量的水,加10滴溴甲酚绿-甲基红混合指示液,用规定浓度的盐酸标准溶液滴定至溶液由绿色变为暗红色,煮沸2 min,冷却后继续滴定至溶液再呈红色。

附表5-11　碳酸钠标准溶液的标定

$c(1/2Na_2CO_3)$/(mol/L)	水/mL	$c(HCl)$/(mol/L)
1	50	1
0.1	20	0.1

引自:《化学试剂　标准滴定溶液的制备》(GB/T 601—2016)。

(2)计算　碳酸钠标准溶液浓度按公式(7)计算。

$$c(1/2Na_2CO_3)=V_1\times c_1/V \tag{7}$$

式中:$c(1/2Na_2CO_3)$为碳酸钠标准溶液物质的量浓度,mol/L;V_1为盐酸标准溶液用量,mL;c_1为盐酸标准溶液的物质的量浓度,mol/L;V为碳酸钠溶液用量,mL。

(五)重铬酸钾标准溶液

$c(1/6K_2Cr_2O_7)=0.1$ mol/L

1. 配制

称取5 g重铬酸钾,溶于1 000 mL水中,摇匀。

2. 标定

(1)测定方法　量取30～35 mL配制好的重铬酸钾溶液[$c(1/6K_2Cr_2O_7)=0.1$ mol/L],置于碘量瓶中,加2 g碘化钾及20 mL硫酸溶液(20%),摇匀,于暗处放置10 min。加150 mL水,用硫代硫酸钠标准溶液[$c(Na_2S_2O_3)=0.1$ mol/L]滴定,近终点时加3 mL淀粉指示液(5 g/L),继续滴定至溶液由蓝色变为亮绿色。同时做空白实验。

(2)计算　重铬酸钾标准溶液浓度按公式(8)计算。

$$c(1/6\ K_2Cr_2O_7)=(V_1-V_2)\times c_1/V \tag{8}$$

式中:$c(1/6\ K_2Cr_2O_7)$为重铬酸钾标准溶液物质的量浓度,mol/L;V_1为硫代硫酸钠标准溶液用量,mL;V_2为空白实验硫代硫酸钠标准溶液用量,mL;c为硫代硫酸钠标准溶液物质的量浓度,mol/L;V为重铬酸钾溶液用量,mL。

(六)硫代硫酸钠标准溶液

$c(Na_2S_2O_3)=0.1$ mol/L

1. 配制

称取26 g硫代硫酸钠($Na_2S_2O_3\cdot H_2O$)(或16 g无水硫代硫酸钠),溶于1 000 mL水中,缓缓煮沸10 min,冷却,放置2周后过滤备用。

2. 标定

(1)测定方法　称取0.15 g于120 ℃烘至恒重的基准重铬酸钾,精确至0.001 g,置于碘量瓶中，溶于 25 mL 水，加 2 g 碘化钾及 20 mL 硫酸溶液(20%)，摇匀，于暗处放置 10 min。加 150 mL 水，用配制好的硫代硫酸钠[$c(Na_2S_2O_3)$=0.1 mol/L]滴定。近终点时加 3 mL 淀粉指示液(5 g/L)，继续滴定至溶液由蓝色变为亮绿色。同时做空白实验。

(2)计算　硫代硫酸钠标准溶液浓度按公式(9)计算。

$$c(Na_2S_2O_3)=(m\times1\,000)/[(V_1-V_2)\times49.031] \tag{9}$$

式中：$c(Na_2S_2O_3)$为硫代硫酸钠标准溶液物质的量浓度，mol/L；m 为重铬酸钾质量，g；V_1 为硫代硫酸钠标准溶液用量，mL；V_2 为空白实验硫代硫酸钠标准溶液用量，mL；49.031 为重铬酸钾的摩尔质量，g/mol。

3. 比较

(1)测定方法　准确量取 30～35 mL 碘标准溶液[$c(1/2I_2)$=1 mol/L]置于碘量瓶中，加 150 mL 水，用配置好的硫代硫酸钠溶液[$c(Na_2S_2O_3)$=0.1 mol/L]滴定，近终点时加 3 mL 淀粉指示液(5 g/L)，继续滴定至溶液蓝色消失。

同时做空白实验：取 250 mL 水，加 0.05 mL 碘标准溶液[$c(1/2I_2)$=1 mol/L]及 3 mL 淀粉指示液(5 g/L)，用配制好的硫代硫酸钠溶液[$c(Na_2S_2O_3)$=0.1 mol/L]滴定，滴定至溶液蓝色消失。

(2)计算　硫代硫酸钠标准溶液浓度按公式(10)计算。

$$c(Na_2S_2O_3)=(V_1-0.05)\times c_1/(V-V_2) \tag{10}$$

式中：$c(Na_2S_2O_3)$为硫代硫酸钠标准溶液物质的量浓度，mol/L；V_1 为碘标准溶液用量，mL；c_1 为碘标准溶液物质的量浓度，mol/L；V 为硫代硫酸钠溶液用量，mL；V_2 为空白实验硫代硫酸钠溶液用量，mL；0.05 为空白实验中碘标准溶液用量，mL。

(七)溴标准溶液

$c(1/2\ Br_2)$=0.1 mol/L

1. 配制

称取 3 g 溴酸钾及 25 g 溴化钾，溶于 1 000 mL 水中，摇匀。

2. 标定

(1)测定方法　量取 30～35 mL 配制好的溴溶液[$c(1/6KBrO_3)$=0.1 mol/L]，置于碘量瓶中，加 2 g 碘化钾及 5 mL 盐酸溶液(20%)，摇匀，于暗处放置 5 min，加 150 mL 水，用硫代硫酸钠标准溶液[$c(Na_2S_2O_3)$=0.1 mol/L]滴定，近终点时加 3 mL 淀粉指示液(5 g/L)，继续滴定至溶液蓝色消失。同时做空白实验。

(2)计算　溴标准溶液浓度按公式(11)计算。

$$c(1/2\ Br_2)=(V_1-V_2)\times c_1/V \tag{11}$$

式中：$c(1/2\ Br_2)$为溴标准溶液物质的量浓度，mol/L；V_1 为硫代硫酸钠标准溶液用量，mL；V_2 为空白实验硫代硫酸钠标准溶液用量，mL；c_1 为硫代硫酸钠标准溶液物质的量浓度，mol/L；V 为溴溶液用量，mL。

(八)溴酸钾标准溶液

$c(1/6\ KBrO_3)$=0.1 mol/L

1. 配制

称取 3 g 溴酸钾，溶于 1 000 mL 水中，摇匀。

2. 标定

(1)测定方法　量取 30～35 mL 配制好的溴酸钾溶液[$c(1/6\ KBrO_3)=0.1$ mol/L]，置于碘量瓶中，加 2 g 碘化钾及 5 mL 盐酸溶液(20%)，摇匀，于暗处放置 5 min，加 150 mL 水，用硫代硫酸钠标准溶液[$c(Na_2S_2O_3)=0.1$ mol/L]滴定，近终点时加 3 mL 淀粉指示液(5 g/L)，滴定至溶液蓝色消失。同时做空白实验。

(2)计算　溴酸钾标准溶液浓度按公式(12)计算。

$$c(1/6\ KBrO_3)=(V_1-V_2)\times c_1/V \tag{12}$$

式中：$c(1/6\ KBrO_3)$为溴酸钾标准溶液物质的量浓度，mol/L；V_1 为硫代硫酸钠标准溶液用量，mL；V_2 为空白实验硫代硫酸钠标准溶液用量，mL；c_1 为硫代硫酸钠标准溶液的物质的量浓度，mol/L；V 为溴酸钾溶液用量，mL。

(九)碘标准溶液

$c(1/2\ I_2)=0.1$ mol/L

1. 配制

称取 13 g 碘及 35 g 碘化钾，溶于 100 mL 水中，稀释至 1 000 mL，摇匀，保存于棕色具塞瓶中。

2. 标定

(1)测定方法　称取 0.15 g 预先在硫酸干燥器中干燥至恒重的基准三氧化二砷，精确至 0.000 1 g，置于碘量瓶中，加 4 mL 氢氧化钠溶液[$c(NaOH)=1$ mol/L]溶液，加 50 mL 水，加 2 滴酚酞指示液(10 g/L)，用硫酸溶液[$c(1/2H_2SO_4)=1$ mol/L]中和，加 3 g 碳酸氢钠及 3 mL 淀粉指示液(5 g/L)，用配制好的碘溶液[$c(1/2I_2)=0.1$ mol/L]滴定至溶液呈浅蓝色。同时做空白实验。

(2)计算　碘标准溶液浓度按公式(13)计算。

$$c(1/2\ I_2)=(m\times 1\ 000)/[(V_1-V_2)\times 49.46] \tag{13}$$

式中：$c(1/2I_2)$为碘标准溶液物质的量浓度，mol/L；m 为三氧化二砷质量，g；V_1 为碘溶液用量，mL；V_2 为空白实验碘溶液用量，mL；49.46 为三氧化二砷的摩尔质量，g/mol。

3. 比较

(1)测定方法　准确量取 30～35 mL 配制好的碘溶液[$c(1/2I_2)=0.1$ mol/L]，置于碘量瓶中，加 150 mL 水，用硫代硫酸钠标准溶液[$c(Na_2S_2O_3)=0.1$ mol/L]滴定，近终点时加 3 mL 淀粉指示液(5 g/L)，继续滴定至溶液蓝色消失。

同时做水所消耗碘的空白实验，取 250 mL 水，加 0.05 mL 配制好的碘溶液[$c(1/2I_2)=0.1$ mol/L]、3 mL 淀粉指示液(5 g/L)，用硫代硫酸钠标准溶液[$c(Na_2S_2O_3)=0.1$ mol/L]滴定至溶液蓝色消失。

(2)计算　碘标准溶液浓度按公式(14)计算。

$$c(1/2\ I_2)=(V-V_2)\times c_1/(V_1-0.05) \tag{14}$$

式中：$c(1/2\ I_2)$为硫代硫酸钠物质的量浓度，mol/L；V 为硫代硫酸钠标准溶液用量，mL；V_2 为空白实验硫代硫酸钠标准溶液用量，mL；c_1 为硫代硫酸钠标准溶液物质的量浓度，mol/L；V_1 为碘溶液用量，mL；0.05 为空白实验中碘溶液用量，mL。

(十)碘酸钾标准溶液

$c(1/6\ KIO_3)=0.3$ mol/L

$c(1/6\ KIO_3)=0.1$ mol/L

1. 配制

按附表 5-12 称取规定量的碘酸钾，溶于 1 000 mL 水中，摇匀。

附表 5-12　碘酸钾标准溶液的配制

$c(1/6\ KIO_3)$/(mol/L)	碘酸钾/g
0.3	11
0.1	3.6

引自：《化学试剂　标准滴定溶液的制备》(GB/T 601—2016)。

2. 标定

(1)测定方法　按附表 5-13 量取规定体积的配制好的碘酸钾溶液，置于碘量瓶中，加规定体积的水及规定量的碘化钾，加 5 mL 盐酸溶液(20%)，摇匀，于暗处放置 5 min，加 150 mL 水，用硫代硫酸钠标准溶液[$c(Na_2S_2O_3)=0.1$ mol/L]滴定，近终点时加 3 mL 淀粉指示液(5 g/L)，继续滴定至溶液蓝色消失。同时做空白实验。

附表 5-13　碘酸钾标准溶液的标定

$c(1/6\ KIO_3)$/(mol/L)	碘酸钾/mL	水/mL	碘化钾/g
0.3	11～13	20	3
0.1	30～35	0	2

引自：《化学试剂　标准滴定溶液的制备》(GB/T 601—2016)。

(2)计算　碘酸钾标准溶液浓度按公式(15)计算。

$$c(1/6\ KIO_3)=(V_1-V_2)\times c_1/V \quad (15)$$

式中：$c(1/6\ KIO_3)$为碘酸钾标准溶液物质的量浓度，mol/L；V_1 为硫代硫酸钠标准溶液用量，mL；V_2 为空白实验硫代硫酸钠标准溶液用量，mL；c_1 为硫代硫酸钠标准溶液物质的量浓度，mol/L；V 为碘酸钾溶液用量，mL。

(十一)草酸标准溶液

$c(1/2C_2H_2O_4)=0.1$ mol/L

1. 配制

称取 6.4 g 草酸($C_2H_2O_4\cdot 2H_2O$)溶于 1 000 mL 水中，摇匀。

2. 标定

(1)测定方法　量取 30～35 mL 配制好的草酸溶液[$c(1/2C_2H_2O_4)=0.1$ mol/L]，加

100 mL 硫酸溶液(8+92)，用高锰酸钾标准溶液[$c(1/5\ KMnO_4)=0.1$ mol/L]滴定，近终点时加热至 65 ℃，继续滴定至溶液呈粉红色保持 30 s。同时做空白实验。

(2)计算　草酸标准溶液浓度按公式(16)计算。

$$c(1/2\ C_2H_2O_4)=(V_1-V_2)\times c_1/V \tag{16}$$

式中：$c(1/2\ C_2H_2O_4)$为草酸标准溶液物质的量浓度，mol/L；V_1 为高锰酸钾标准溶液用量，mL；V_2 为空白实验高锰酸钾标准溶液用量，mL；c_1 为高锰酸钾标准溶液物质的量浓度，mol/L；V 为草酸溶液用量，mL。

(十二)高锰酸钾标准溶液

$c(1/5\ KMnO_4)=0.1$ mol/L

1. 配制

称取 3.3 g 高锰酸钾，溶于 1 050 mL 水中，缓缓煮沸 15 min，冷却后置于暗处保存 2 周，用玻璃滤埚过滤于干燥的棕色瓶中。

注：过滤高锰酸钾溶液所使用的 4 号玻璃滤埚预先应以同样的高锰酸钾溶液缓缓煮沸 5 min，收集瓶也要用此高锰酸钾溶液洗涤 2 或 3 次。

2. 标定

(1)测定方法　称取 0.2 g 于 105～110 ℃烘至恒重的基准草酸钠，精确至 0.000 1 g，溶于 100 mL 硫酸(8+92)溶液中，用配制好的高锰酸钾[$c(1/5\ KMnO_4)=0.1$ mol/L]滴定，近终点时加热 65 ℃，继续滴定至溶液呈粉红色保持 30 s。同时做空白实验。

(2)计算　高锰酸钾标准溶液浓度按公式(17)计算。

$$c(1/5\ KMnO_4)=(m\times 1\ 000)/[(V_1-V_2)\times 67.999] \tag{17}$$

式中：$c(1/5\ KMnO_4)$为高锰酸钾标准溶液物质的量浓度，mol/L；m 为草酸钠质量，g；V_1 为高锰酸钾溶液用量，mL；V_2 为空白实验高锰酸钾溶液用量，mL；67.999 为草酸钠的摩尔质量，g/mol。

3. 比较

(1)测定方法　量取 30～35 mL 配制好的高锰酸钾溶液[$c(1/5\ KMnO_4)=0.1$ mol/L]置于碘量瓶中，加 2 g 碘化钾及 20 mL 硫酸溶液(20%)，摇匀，于暗处放置 5 min，加 150 mL 水，用硫代硫酸钠标准溶液[$c(Na_2S_2O_3)=0.1$ mol/L]滴定，近终点时加 3 mL 淀粉指示液(5 g/L)，继续滴定至溶液蓝色消失。同时做空白实验。

(2)计算　高锰酸钾标准溶液浓度按公式(18)计算。

$$c(1/5\ KMnO_4)=(V_1-V_2)\times c_1/V \tag{18}$$

式中：$c(1/5\ KMnO_4)$为高锰酸钾标准溶液物质的量浓度，mol/L；V_1 为硫代硫酸钠标准溶液用量，mL；V_2 为空白实验硫代硫酸钠标准溶液用量，mL；c_1 为硫代硫酸钠标准溶液的物质的量浓度，mol/L；V 为高锰酸钾溶液用量，mL。

(十三)硫酸亚铁铵溶液

1. 配制

称取 40 g 硫酸亚铁铵[$(NH_4)_2(FeSO_4)_2\cdot 6H_2O$]溶于 300 mL 硫酸溶液(20%)中，加

700 mL 水，摇匀。

2. 标定

(1)测定方法　本标准溶液使用前标定，量取 30～35 mL 配制好的硫酸亚铁铵溶液(0.1 mol/L)，加 25 mL 无氧的水，用高锰酸钾标准溶液[c(1/5 $KMnO_4$)=0.1 mol/L]滴定至溶液呈粉红色，保持 30 s。

(2)计算　硫酸亚铁铵标准溶液浓度按公式(19)计算。

$$c[(NH_4)_2Fe(SO_4)_2]=V_1\times c_1/V \tag{19}$$

式中：$c[(NH_4)_2Fe(SO_4)_2]$为硫酸亚铁铵标准溶液物质的量浓度，mol/L；V_1 为高锰酸钾标准溶液用量，mL；c_1 为高锰酸钾标准溶液物质的量浓度，mol/L；V 为硫酸亚铁铵溶液用量，mL。

(十四)硫酸铈(或硫酸铈铵)标准溶液

$c[Ce(SO_4)_2]$=0.1 mol/L

1. 配制

称取 40 g 硫酸铈[$Ce(SO_4)_2\cdot4H_2O$]{或 67 g 硫酸铈铵[$2(NH_4)_2SO_4\cdot Ce(SO_4)_2\cdot 4H_2O$]}，加 31 mL 水及 28 mL 硫酸，再加 300 mL 水，加热溶解，再加 650 mL 水，摇匀。

2. 标定

(1)亚铁-邻菲罗啉指示液的配制　称取 0.7 g 硫酸亚铁($FeSO_4\cdot7H_2O$)置于小烧杯中，加 30 mL 硫酸溶液[c(1/2 H_2SO_4)=0.02 mol/L]溶液，再加 1.5 g 邻菲罗啉振摇溶解后，用硫酸溶液[c(1/2 H_2SO_4)=0.02 mol/L]冲稀至 100 mol/L。

(2)测定方法　称取 0.2 g 于 105～110 ℃烘至恒重的基准草酸钠，精确至 0.000 1 g，溶于 75 mL 水中，加 4 mL 硫酸溶液(20%)及 10 mL 盐酸，加热至 65～70 ℃，用配制好的硫酸铈(或硫酸铈铵)溶液(0.1 mol/L)滴定至溶液呈浅黄色，加入 3 滴亚铁-邻菲罗啉指示液，使溶液变为橘红色，继续滴定至溶液呈浅蓝色。同时做空白实验。

(3)计算　硫酸铈(或硫酸铈铵)标准溶液按公式(20)计算。

$$c[Ce(SO_4)_2]=m/[(V_1-V_2)\times0.067] \tag{20}$$

式中：$c[Ce(SO_4)_2]$为硫酸铈标准溶液物质的量浓度，mol/L；m 为草酸钠质量，g；V_1 为硫酸铈溶液用量，mL；V_2 为空白实验硫酸铈溶液用量，mL；0.067 为与 1 mL 硫酸铈标准溶液(0.1 mol/L)相当的以克表示草酸钠的质量。

3. 比较

(1)测定方法　量取 30～35 mL 配制好的硫酸铈(或硫酸铈铵)溶液(0.1 mol/L)置于碘量瓶中，加 2 g 碘化钾及 20 mL 硫酸溶液(20%)，摇匀，于暗处放置 5 min，加 150 mL 水，用硫代硫酸钠标准溶液(0.1 mol/L)滴定近终点时加 3 mL 淀粉指示液(5 g/L)，继续滴定至溶液蓝色消失。同时做空白实验。

(2)计算　硫酸铈(或硫酸铈铵)标准溶液浓度按公式(21)计算。

$$c[Ce(SO_4)_2]=(V_1-V_2)\times c_1/V \tag{21}$$

式中：$c[Ce(SO_4)_2]$为硫酸铈标准溶液物质的量浓度，mol/L；V_1 为硫代硫酸钠标准溶液用量，mL；V_2 为空白实验硫代硫酸钠标准溶液用量，mL；c_1 为硫代硫酸钠标准溶液物质的量浓度，

mol/L；V 为硫酸铈溶液用量，mL。

(十五)乙二胺四乙酸二钠标准溶液

c(EDTA·2Na)=0.1 mol/L

c(EDTA·2Na)=0.05 mol/L

c(EDTA·2Na)=0.02 mol/L

1. 配制

按附表5-14称取规定量的乙二胺四乙酸二钠，加热溶于1 000 mL水中，冷却，摇匀。

附表5-14 乙二胺四乙酸二钠标准溶液的配制

c(EDTA·2Na)/(mol/L)	乙二胺四乙酸二钠/g
0.1	40
0.05	20
0.02	8

引自：《化学试剂 标准滴定溶液的制备》(GB/T 601—2016)。

2. 标定

(1)测定方法

①乙二胺四乙酸二钠标准溶液(0.1 mol/L)的测定：称取0.25 g于800 ℃灼烧至恒重的基准氧化锌，精确至0.000 2 g。用少量水润湿，加2 mL盐酸溶液(20%)使样品溶解，加100 mL水，用氨水溶液(10%)中和pH至7～8，加10 mL氨-氯化铵缓冲溶液甲(pH=10)及5滴铬黑T指示液(5 g/L)，用配制好的乙二胺四乙酸二钠溶液(0.1 mol/L)滴定至溶液由紫色变为纯蓝色。同时做空白实验。

②乙二胺四乙酸二钠标准溶液(0.05 mol/L，0.02 mol/L)的测定：按附表5-15称取规定量的于800 ℃灼烧至恒重的基准氧化锌，精确至0.000 2 g。用少量水润湿，加盐酸溶液(20%)至样品溶解，移入250 mL容量瓶中，稀释至刻度，摇匀。量取30～35 mL，加700 mL水，用氨水溶液(10%)中和pH至7～8，加10 mL氨-氯化铵缓冲溶液甲(pH=10)及5滴铬黑T指示液(5 g/L)，用配制好的乙二胺四乙酸二钠溶液滴定至溶液由紫色变为纯蓝色。同时做空白实验。

附表5-15 乙二胺四乙酸二钠标准溶液的测定

c(EDTA·2Na)/(mol/L)	基准氧化锌/g
0.05	1
0.02	0.4

引自：《化学试剂 标准滴定溶液的制备》(GB/T 601—2016)。

(2)计算 乙二胺四乙酸二钠标准溶液浓度按公式(22)计算

$$c(\text{EDTA}\cdot 2\text{Na})=(m\times 1\,000)/[(V_1-V_2)\times 81.39] \tag{22}$$

式中：c(EDTA·2Na)为乙二胺四乙酸二钠标准溶液物质的量浓度，mol/L；m 为氧化锌质量，

g；V_1 为乙二胺四乙酸二钠溶液用量，mL；V_2 为空白实验乙二胺四乙酸二钠溶液用量，mL；81.39为氧化锌的摩尔质量，g/mol。

（十六）氯化锌标准溶液

$c(ZnCl_2)=0.1$ mol/L

1. 配制

称取 14 g 氯化锌于 1 000 mL 盐酸溶液（0.05%）中，摇匀。

2. 标定

（1）测定方法　量取 30～35 mL 配制好的氯化锌溶液[$c(ZnCl_2)=0.1$ mol/L]，加入 70 mL 水及 10 mL 氨-氯化铵缓冲溶液（pH=10）及 5 滴铬黑 T 指示液（5 g/L），用乙二胺四乙酸二钠标准溶液（0.1 mol/L）滴定至溶液由紫色变为纯蓝色。同时做空白实验。

（2）计算　氯化锌标准溶液浓度按公式（23）计算。

$$c(ZnCl_2)=(V_1-V_2)\times c_1/V \tag{23}$$

式中：$c(ZnCl_2)$ 为氯化锌标准溶液物质的量浓度，mol/L；V_1 为乙二胺四乙酸二钠标准溶液用量，mL；V_2 为空白实验乙二胺四乙酸二钠标准溶液用量，mL；c_1 为乙二胺四乙酸二钠标准溶液物质的量浓度，mol/L；V 为氯化锌溶液之用量，mL。

（十七）氯化镁（或硫酸镁）标准溶液

$c(MgCl_2)=0.1$ mol/L

1. 配制

称取 21 g 氯化镁（$MgC_{12}\cdot 6H_2O$）[或 25 g 硫酸镁（$MgSO_4\cdot 7H_2O$）]溶于 1 000 mL 盐酸（0.5∶999.5，体积比）中，放置 1 个月后，用 3 号玻璃滤埚过滤，摇匀。

2. 标定

（1）测定方法　量取 30～35 mL 配制好的氯化镁溶液（0.1 mol/L），加 70 mL 水及 10 mL 氨-氯化铵缓冲溶液（pH=10），加 5 滴铬黑 T 指示液（5 g/L），用乙二胺四乙酸二钠标准溶液（0.1 mol/L）滴定至溶液由紫色变为纯蓝色。同时做空白实验。

（2）计算　氯化镁（或硫酸镁）标准溶液浓度按公式（24）计算。

$$c(MgCl_2)=(V_1-V_2)\times c_1/V \tag{24}$$

式中：$c(MgCl_2)$ 为氯化镁标准溶液物质的量浓度，mol/L；V_1 为乙二胺四乙酸二钠标准溶液用量，mL；V_2 为空白实验乙二胺四乙酸二钠标准溶液用量，mL；c_1 为乙二胺四乙酸二钠标准溶液物质的量浓度，mol/L；V 为氯化镁溶液用量，mL。

（十八）硝酸铅标准溶液

$c[Pb(NO_3)_2]=0.05$ mol/L

1. 配制

称取 17 g 硝酸铅溶于 1 000 mL 硝酸溶液（0.5∶999.5，体积比）中，摇匀。

2. 标定

（1）测定方法　量取 30～35 mL 配制好的硝酸铅溶液（0.05 mol/L），加 3 mL 冰乙酸及

5 mg 六次甲基四胺，加 70 mL 水及 2 滴二甲酚橙指示液（2 g/L），用乙二胺四乙酸二钠标准溶液（0.05 mol/L）滴定至溶液呈亮黄色。

（2）计算　硝酸铅标准溶液浓度按公式（25）计算。

$$c[Pb(NO_3)_2]=V_1\times c_1/V \quad (25)$$

式中：$c[Pb(NO_3)_2]$为硝酸铅标准溶液浓度，mol/L；V_1 为乙二胺四乙酸二钠标准溶液用量，mL；c_1 为乙二胺四乙酸二钠标准溶液浓度，mol/L；V 为硝酸铅溶液用量，mL。

（十九）氯化钠标准溶液

$c(NaCl)=0.1$ mol/L

1. 配制

称取 5.9 g 氯化钠，溶于 1 000 mL 水中，摇匀。

2. 标定

（1）测定方法　量取 30～35 mL 配制好的氯化钠溶液（0.1 mol/L），加 40 mL 水及 10 mL 淀粉溶液（10 g/L），用硝酸银标准溶液（0.1 mol/L）滴定。用 216 型银电极作指示电极，用 217 型双盐桥饱和甘汞电极作参比电极，按《化学试剂　电位滴定法通则》（GB/T 9725—2007）中二级微商法确定终点。

（2）计算　氯化钠标准溶液浓度按公式（26）计算。

$$c(NaCl)=V_1\times c_1/V \quad (26)$$

式中：$c(NaCl)$为氯化钠标准溶液物质的量浓度，mol/L；V_1 为硝酸银标准溶液用量，mL；c_1 为硝酸银标准溶液物质的量浓度，mol/L；V 为氯化钠溶液用量，mL。

（二十）硫氰酸钠（硫氰酸钾）标准溶液

$c(NaCNS)=0.1$ mol/L

1. 配制

称取 8.2 g 硫氰酸钠（或 9.7 g 硫氰酸钾）溶于 1 000 mL 水中，摇匀。

2. 标定

（1）测定方法　称取 0.5 g 于硫酸干燥器中干燥至恒重的基准硝酸银，精确至 0.000 1 g，溶于 100 mL 水中，加 2 mL 硫酸铁铵指示液（80 g/L）及 10 mL 硝酸溶液（25%），在摇动下用配制好的硫氰酸钠（或硫氰酸钾）溶液（0.1 mol/L）滴定。终点前摇动溶液至完全清亮后，继续滴定至溶液呈浅棕红色且保持 30 s 不褪色。

（2）计算　硫氰酸钠（硫氰酸钾）标准溶液浓度按公式（27）计算。

$$c(NaCNS)=(m\times 1\,000)/(V\times 169.87) \quad (27)$$

式中：$c(NaCNS)$为硫氰酸钠标准溶液物质的量浓度，mol/L；m 为硝酸银质量，g；V 为硫氰酸钠溶液用量，mL；169.87 为硝酸银的摩尔质量，g/mol。

3. 比较

（1）测定方法　量取 30～35 mL 硝酸银标准溶液（0.1 mol/L），加 7 mL 水、1 mL 硫酸铁铵指示液（80 g/L）及 10 mL 硝酸溶液（25%），在摇动下用配制好的硫氰酸钠（或硫氰酸钾）溶液(0.1 mol/L)滴定。终点前摇动溶液至完全清亮后,继续滴定至溶液呈浅棕红色且保持 30 s 不褪色。

(2)计算　硫氰酸钠(硫氰酸钾)标准溶液浓度按公式(28)计算。

$$c(\mathrm{NaCNS})=V_1\times c_1/V \tag{28}$$

式中:$c(\mathrm{NaCNS})$为硫氰酸钠标准溶液物质的量浓度,mol/L;V_1 为硝酸银标准溶液用量,mL;c_1 为硝酸银标准溶液物质的量浓度,mol/L;V 为硫氰酸钠溶液用量,mL。

(二十一)硝酸银标准溶液

$c(\mathrm{AgNO_3})=0.1$ mol/L

1. 配制

称取 17.5 g 硝酸银,溶于 1 000 mL 水中,摇匀。溶液保存于棕色瓶中。

2. 标定

(1)测定方法　称取 0.2 g 于 500～600 ℃烧至恒重的基准氯化钠,精确至 0.000 1 g,溶于 70 mL 水中,加 10 mL 淀粉溶液(10 g/L),用配制好的硝酸银溶液(0.1 mol/L)滴定。用 216 型银电极作指示电极,用 217 型双盐桥饱和甘汞电极作参比电极,按《化学试剂　电位滴定法通则》(GB/T 9725—2007)中二级微商法确定终点。

(2)计算　硝酸银标准溶液浓度按公式(29)计算。

$$c(\mathrm{AgNO_3})=(m\times 1\,000)/(V\times 58.442) \tag{29}$$

式中:$c(\mathrm{AgNO_3})$为硝酸银标准溶液物质的量浓度,mol/L;m 为氯化钠质量,g;V 为硝酸银溶液用量,mL;58.442 为氯化钠的摩尔质量,g/mol。

3. 比较

(1)测定方法　量取 30～35 mL 配制好的硝酸银溶液(0.1 mol/L),加 40 mL 水、1 mL 硝酸,用硫氰酸钾标准溶液(0.1 mol/L)滴定。用 216 型银电极作指示电极,用 217 型双盐桥饱和甘汞电极作参比电极,按《化学试剂　电位滴定法通则》(GB/T 9725—2007)中二级微商法确定终点。

(2)计算　硝酸银标准溶液浓度按公式(30)计算。

$$c(\mathrm{AgNO_3})=V_1\times c_1/V \tag{30}$$

式中:$c(\mathrm{AgNO_3})$为硝酸银标准溶液物质的量浓度,mol/L;V_1 为硫氰酸钾标准溶液用量,mL;c_1 为硫氰酸钾标准溶液物质的量浓度,mol/L;V 为硝酸银溶液用量,mL。

(二十二)亚硝酸钠标准溶液

$c(\mathrm{NaNO_2})=0.5$ mol/L

$c(\mathrm{NaNO_2})=0.1$ mol/L

1. 配制

按照附表 5-16 称取规定量的亚硝酸钠、氢氧化钠及无水碳酸钠,溶于 1 000 mL 水中,摇匀。

附表 5-16 亚硝酸钠标准溶液的配制

$c(NaNO_2)$/(mol/L)	亚硝酸钠/g	氢氧化钠/g	无水碳酸钠/g
0.5	36	0.5	1
0.1	7.2	0.1	0.2

引自:《化学试剂 标准滴定溶液的制备》(GB/T 601—2016)。

2. 标定

(1)测定方法 按附表 5-17 称取规定量的于 120 ℃烘至恒重的基准无水对氨基苯磺酸，精确至 0.000 1 g。按附表 5-17 加规定体积的氨水溶解，加 200 mL 水及 20 mL 盐酸，按永停滴定法安装好电极和测量仪表(附图 5-1)。将装有配制好的亚硝酸钠溶液的滴管下口插至溶液内约 10 mm 处，在搅拌下于 15～20 ℃进行滴定，近终点时，将滴管的尖端提出液面，用少量水淋洗尖端，洗液并入溶液中，继续慢慢滴定，并观察检流计读数和指针偏转情况，直至加入滴定液搅拌后电流突增，并不再恢复时为滴定终点。本标准溶液使用前标定。

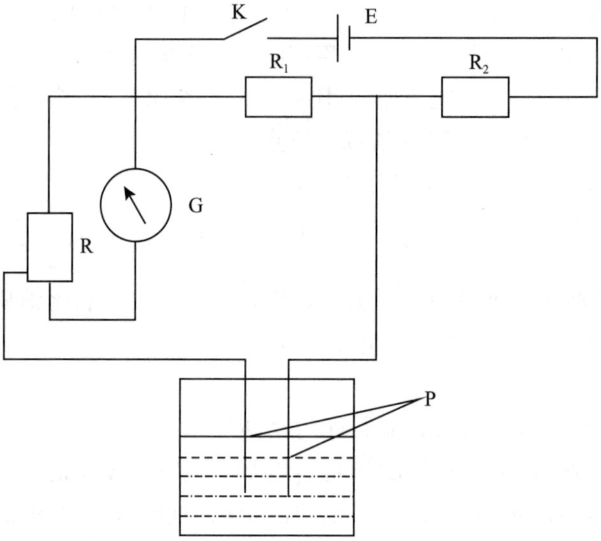

R. 电阻，其电阻值与检流计临界阻尼电阻值近似 R_1. 电阻，60～70 Ω(或用可变电阻)，使加于二电极上的电压约为 50 mV R_2. 电阻，2 000 Ω E. 1.5 V 干电池 K. 开关 G. 检流计，灵敏度为 10^{-9} A/格 P. 铂电极

附图 5-1 测定仪表安装示意图

附表 5-17 亚硝酸钠标准溶液的标定

$c(NaNO_2)$/(mol/L)	基准无水对氨基苯磺酸/g	氨水/mL
0.5	2.5	3
0.1	0.5	2

引自:《化学试剂 标准滴定溶液的制备》(GB/T 601—2016)。

(2)计算 亚硝酸钠标准溶液浓度按公式(31)计算。

$$c(NaNO_2)=(m\times 1\ 000)/(V\times 173.19) \tag{31}$$

式中：$c(NaNO_2)$为亚硝酸钠标准溶液物质的量浓度，mol/L；m 为无水对氨基苯磺酸质量，g；V 为亚硝酸钠溶液用量，mL；173.19 为无水对氨基苯磺酸的摩尔质量，g/mol。

(二十三)高氯酸标准溶液

$c(HClO_4)=0.1$ mol/L

1. 配制

量取 8.5 mL 高氯酸，在搅拌下加到 500 mL 冰乙酸中，混匀。在室温下滴加 20 mL 乙酸酐，搅拌至溶液均匀，冷却后用冰乙酸稀释至 1 000 mL，摇匀。

2. 标定

(1)测定方法　称取 0.6 g 于 105～110 ℃烘至恒重的基准邻苯二甲酸氢钾，精确至 0.000 1 g，置于干锥形瓶中，加 50 mL 冰乙酸，温热溶解，加 2～3 滴结晶紫指示液(5 g/L)，用配制好的高氯酸溶液(0.1 mol/L)滴定至溶液由紫色变为蓝色(微带紫色)。本溶液使用前标定，标定高氯酸标准溶液时的温度应与使用该标准溶液滴定时温度相同。

(2)计算　高氯酸标准溶液浓度按公式(32)计算。

$$c(HClO_4)=(m\times 1\,000)/(V\times 204.22) \tag{32}$$

式中：$c(HClO_4)$为高氯酸标准溶液物质的量浓度，mol/L；m 为邻苯二甲酸氢钾质量，g；V 为高氯酸溶液用量，mL；204.22 为邻苯二甲酸氢钾的摩尔质量，g/mol。